高等职业教育"十四五"系列教材

河南省"十二五"普通高等教育规划教材

# Excel 在会计工作中的应用

## （第三版）

主　编　赵艳莉　耿聪慧

副主编　吕永霞　沈净瑄　肖森森

中国水利水电出版社

www.waterpub.com.cn

·北京·

## 内 容 提 要

本书是中小企业财务会计人员利用 Excel 电子表格处理软件进行会计日常工作和相关数据表格处理的工具书和学习用书。本书主要介绍了利用 Excel 进行会计凭证制作、会计核算、会计账簿制作、工资管理、固定资产核算、产品成本核算、会计报表制作、投资决策等的方法与技巧。

本书力求内容先进实用、通俗易懂，让财务会计人员学会直接使用 Excel 进行会计记账和财务分析工作。

本书的第二版在 2015 年被遴选为河南省"十二五"普通高等教育规划教材。

本书既可作为全国各类职业院校会计信息化专业、商务类专业及会计学类专业用书，也可作为没有购买专业财务软件的中小企业在职财务会计从业人员的培训、自学和参考用书。

**本书配有丰富的数字化教学资源：微视频、PPT 课件、所有案例的表格及教学指南，**读者可以扫描书中二维码或者从中国水利水电出版社网站（www.waterpub.com.cn）或万水书苑网站（www.wsbookshow.com）免费下载。

### 图书在版编目（CIP）数据

Excel在会计工作中的应用 / 赵艳莉，耿聪慧主编
. -- 3版. -- 北京 : 中国水利水电出版社，2021.10（2024.11 重印）
高等职业教育"十四五"系列教材　河南省"十二五"
普通高等教育规划教材
ISBN 978-7-5170-9894-2

Ⅰ. ①E… Ⅱ. ①赵… ②耿… Ⅲ. ①表处理软件－应
用－会计－高等职业教育－教材 Ⅳ. ①F232

中国版本图书馆CIP数据核字(2021)第172874号

策划编辑：石永峰　　责任编辑：张玉玲　　封面设计：梁　燕

| | |
|---|---|
| 书　　名 | 高等职业教育"十四五"系列教材<br>河南省"十二五"普通高等教育规划教材<br>**Excel 在会计工作中的应用（第三版）**<br>Excel ZAI KUAIJI GONGZUO ZHONG DE YINGYONG |
| 作　　者 | 主　编　赵艳莉　耿聪慧<br>副主编　吕永霞　沈净瑄　肖森森 |
| 出版发行 | 中国水利水电出版社<br>（北京市海淀区玉渊潭南路 1 号 D 座　100038）<br>网址：www.waterpub.com.cn<br>E-mail: mchannel@263.net（答疑）<br>　　　　sales@mwr.gov.cn<br>电话：（010）68545888（营销中心）、82562819（组稿） |
| 经　　售 | 北京科水图书销售有限公司<br>电话：（010）68545874、63202643<br>全国各地新华书店和相关出版物销售网点 |
| 排　　版 | 北京万水电子信息有限公司 |
| 印　　刷 | 三河市鑫金马印装有限公司 |
| 规　　格 | 184mm×260mm　16 开本　17 印张　424 千字 |
| 版　　次 | 2009 年 2 月第 1 版　　2009 年 2 月第 1 次印刷<br>2021 年 10 月第 3 版　　2024 年 11 月第 2 次印刷 |
| 印　　数 | 2001—3000 册 |
| 定　　价 | 45.00 元 |

# 第三版前言

在信息技术飞速发展的今天，会计信息化是会计从业人员必备的技能，而 Excel 强大的计算能力和数据分析能力为会计工作实现信息化提供了有力支持。本书在前两版的基础上，根据目前会计新准则要求对书中会计工作所涉及的内容进行了更新和补充。

本书是中小企业财务会计人员利用 Excel 电子表格处理软件进行会计日常工作和相关数据表格处理的工具书和学习用书，可帮助会计人员减少烦琐的重复工作，提高工作效率，降低财务成本，轻松实现会计工作信息化。

本书力求内容先进实用、通俗易懂，让财务会计人员学会直接使用 Excel 进行会计记账和财务分析工作。书中第一部分是 Excel 预备知识，通过初识 Excel、Excel 的初级应用、Excel 的高级应用 3 个项目介绍了与会计应用相关的基础知识，案例紧密结合会计工作实际，尤其是财务函数和条件格式的使用，方便快捷地帮助用户解决财务会计日常工作中所遇到的问题；第二部分是财务会计操作实例，根据财务会计工作的实际工作需求和新的会计准则，依次介绍了 Excel 在会计凭证制作、会计核算、会计账簿制作、工资管理、固定资产核算、产品成本核算、会计报表制作、投资决策中的应用，最后形成一个完整的会计账簿。并且在每个实例之后增加了实战训练内容，以加强会计实务操作的练习。

本书由赵艳莉、耿聪慧任主编，吕永霞、沈净瑄、肖森森任副主编，具体分工如下：第一部分由赵艳莉编写，第二部分项目 1、项目 5 由丁雅敏编写，项目 2 由肖森森编写，项目 3、项目 4 由刘伏玲编写，项目 6 由沈净瑄编写，项目 7、项目 8 由董延蕊编写，耿聪慧、吕永霞对本书的编写提出了建设性意见。

由于编者水平有限，书中难免存在疏漏和不足之处，敬请读者批评指正。

编　者
2021 年 7 月

# 第一版前言

目前，国内多数中小型企业和私营企业不会花钱购买大型的会计电算化软件，而是利用电子表格处理软件来进行日常的工作，而很多会计人员又不会正确使用计算机来进行相关数据表格的处理。为解决以上问题，我们组织编写了这本书。

本书既可以作为工具用书为广大会计人员服务，又可以作为不会使用计算机进行日常工作的初级会计人员的学习用书。本书使用 Excel 电子表格处理软件，利用它的特点可以很方便地将会计人员从传统的工作模式中解脱出来，利用 Excel 进行数据录入、统计计算、绘制图表，帮助会计人员减少烦琐的重复计算，减轻会计核算的工作量，降低财务成本，轻松实现会计电算化。

本书的特点是实用、方便，由长期从事一线教学和会计工作的会计老师和会计从业人员编写，采用目前国内流行的 Excel 2003 操作环境，第一部分是 Excel 预备知识介绍，从初识 Excel、Excel 的初级应用和 Excel 的高级应用三方面将与会计有关的知识进行了详细的介绍；第二部分是会计操作实例，根据会计工作的实际需求，重点介绍了会计科目余额表、科目汇总表、银行存款余额调节表、原材料收发存明细账、工资结算单和工资核算表、固定资产折旧计算表和核算表、产品成本计算和会计报表等常用的典型会计业务。力求内容先进实用、通俗易懂、操作方便，教会会计人员直接利用 Excel 记账和进行财务分析。

本书由赵艳莉、耿聪慧任主编，舒中华、贺坤丽任副主编，陈思、张祥云也参加了部分内容的编写工作。

本书适合作为中等职业学校财会、会计类专业学生用书，以及没有购买专业会计电算化软件的中、小私营企业在职会计人员作为培训和参考用书。

由于编者水平有限，书中难免存在疏漏和不足之处，敬请广大读者批评指正。

编 者
2008 年 12 月

# 目　　录

# 第二部分 财务会计操作实例

# 第一部分　Excel 预备知识

# 项目 1　初识 Excel

**知识点**

- 掌握 Excel 的启动和退出
- 熟悉 Excel 工作窗口
- 掌握工作簿的基本操作
- 掌握工作表的基本操作
- 掌握工作表的输出

Microsoft Excel 是美国微软公司开发的 Windows 环境下的电子表格系统，是目前应用较为广泛的办公表格处理软件之一。Excel 自诞生以来历经了各种不同的版本，本书以中文版 Excel 2016 为例，对 Excel 的工作环境、文件操作、工作簿和工作表、数据输入和单元格、表格操作、图表与图形、数据计算与分析、高级运算与财务函数、打印数据、与其他办公软件的协同使用等相关内容进行详细的讲解。Excel 的基本功能是对数据进行记录、计算与分析。在现实生活中，Excel 广泛应用于财务、生产、销售、统计以及贸易等领域，它可以帮助用户制作各种复杂的电子表格，计算个人收支情况及贷款或储蓄情况，进行财务预测及制订投资、筹资决策等，还可以进行专业的科学统计运算，通过对大量数据的计算分析及预测，为公司财务管理提供有效的参考。

## 任务 1　启动和退出 Excel

启动和退出 Excel

### 1.1　启动 Excel

（1）通过"开始"菜单启动。单击"开始"菜单按钮，在弹出的开始菜单中选择"Excel 2016"选项，如图 1-1-1 所示，即可启动 Excel。

（2）通过快捷方式启动。双击 Windows 桌面 Excel 2016 快捷方式图标，即可启动 Excel，如图 1-1-2 所示。

（3）通过双击 Excel 文件启动。在计算机中双击任意一个 Excel 2016 文件图标，在打开该文件的同时即可启动 Excel，如图 1-1-3 所示。

（4）在 Windows 10 中可通过程序磁贴面板启动。程序磁贴面板位于"开始"菜单的右侧，用户经常使用的软件固定在该区域。如果想启动 Excel 软件，只需单击该软件图标即可，如图 1-1-4 所示。

图 1-1-1　通过"开始"菜单启动　　图 1-1-2　通过快捷方式图标启动　　图 1-1-3　通过双击 Excel 文件启动

图 1-1-4　通过程序磁贴面板启动

## 1.2　退出 Excel

（1）双击工作簿窗口左上角的"控制菜单"图标，在弹出的快捷菜单中选择"关闭"选项，如图 1-1-5 所示，或按 Alt+F4 组合键即可退出 Excel。

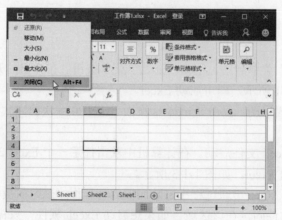

图 1-1-5　"控制菜单"选项

（2）直接单击 Excel 标题栏右侧的"关闭"按钮 ✕ 即可退出 Excel。

（3）右击任务栏上的 Excel 程序图标，在弹出的快捷菜单中选择"关闭窗口"命令即可退出 Excel。

# 任务 2　认识 Excel 工作窗口

认识 Excel 窗口

启动后的 Excel 工作窗口如图 1-1-6 所示。

图 1-1-6　Excel 工作窗口

Excel 工作窗口主要由标题栏、功能区、编辑区、工作表区、工作表标签、滚动条和状态栏等组成。

## 1. 标题栏

标题栏位于操作界面的最顶部，主要由程序控制图标、快速访问工具栏、工作簿名称及窗口控制按钮组成。其中快速访问工具栏显示了 Excel 中常用的几个命令按钮，如"保存"按钮 、"撤销"按钮 、"恢复"按钮 等。快速访问工具栏中的命令按钮可以根据需要自行设置，单击其后的"自定义快速访问工具栏"按钮 ，弹出下拉列表，单击其中需要的命令即可将其添加到快速访问工具栏中，再次单击即可将其去除。而程序控制图标和窗口控制按钮则是用来控制工作窗口的大小和退出 Excel 程序。

贴心提示　　一个 Excel 文件就是一个扩展名为".xlsx"的工作簿文件，而一个工作簿文件又是由若干个工作表或图表构成。当新建工作簿时，其默认的名称为"工作簿 1"，可在保存时对其进行重新命名。

## 2. 功能区

功能区将常用功能和命令以选项卡、按钮、图标或下拉列表的形式分门别类地进行显示。另外，将文件的新建、保存、打开、关闭及打印等功能整合在"文件"选项卡下，便于使用。在功能区的右上角还有"功能区设置"按钮 、控制窗口大小和关闭的按钮。

### 3. 编辑区

编辑区主要由"名称框"和"编辑栏"组成。"名称框"显示当前单元格或当前区域的名称，也可用于快速定位单元格或区域。"编辑栏"用于输入或编辑当前单元格的内容。

 **贴心提示**　单击编辑栏，在名称框和编辑栏之间将出现"取消"按钮✕、"输入"按钮✓和"插入函数"按钮 $f_x$。如果 Excel 窗口中没有编辑栏，可通过在"视图"选项卡下单击"显示"按钮，在弹出的面板中勾选"编辑栏"即可打开编辑栏。

### 4. 工作表区

工作表区是由若干个单元格组成的。用户可以在"工作表区"中输入各种信息，Excel 的强大功能主要就是通过对"工作表区"中的数据进行编辑和处理来实现的。

 **贴心提示**　单元格是工作表的基本单元，由行和列表示。一张工作表可以有 1～1048576 行，A～XFD 列。活动单元格即为当前工作的单元格。

### 5. 工作表标签

工作表标签位于工作表区左下方，用于显示正在编辑的工作表名称，在同一个工作簿内单击相应的工作表标签可在不同的工作表间进行选择与转换。

 **贴心提示**　新建的工作簿默认情况下有 3 张工作表，名称分别为 Sheet1、Sheet2 和 Sheet3。可以对它们重新命名。如果想改变默认的工作表数，可以执行"文件"/"选项"命令，在打开的"Excel 选项"对话框中单击"常规"选项，在"包含的工作表数"框内进行设置即可，如图 1-1-7 所示。

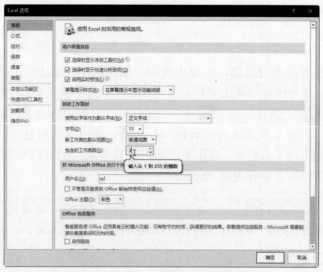

图 1-1-7　"Excel 选项"对话框

### 6. 滚动条

滚动条主要用来移动工作表的位置，有水平滚动条和垂直滚动条两种，都包含滚动箭头和滚动框。

7. 状态栏

状态栏位于操作界面底部，其中最左侧显示的是与当前操作相关的状态，分为就绪、输入和编辑。状态栏右侧显示了工作簿的"普通" ⊞、"页面布局" 🔳 和"分页预览" ⊔ 3 种视图模式和显示比例，系统默认的是"普通"视图模式。

# 任务 3　使用工作簿

工作簿是工作表的集合，Excel 中的每一个文件都是以工作簿的形式保存的。一个工作簿最多可包含 255 张相互独立的工作表。

## 3.1　新建工作簿

Excel 启动后会自动建立一个名为"工作簿 1"的空白工作簿，用户也可以另外建立一个新的工作簿。

1. 新建空白工作簿

执行"文件"/"新建"命令，在弹出的"新建空白工作簿"窗格中单击"空白工作簿"选项，如图 1-1-8 所示，即可创建一个空白工作簿，或在快速访问工具栏中单击"新建"按钮 📄，或按 Ctrl+N 组合键，均可以直接新建一个空白工作簿。

图 1-1-8　"新建空白工作簿"窗格

2. 根据模板新建工作簿

执行"文件"/"新建"命令，在弹出的窗格中单击所需模板，将弹出根据该模板创建工作簿的对话框，可以单击"向后"按钮 ▶ 或"向前"按钮 ◀ 更换模板，单击"创建"按钮，如图 1-1-9 所示，即可根据模板新建一个工作簿。

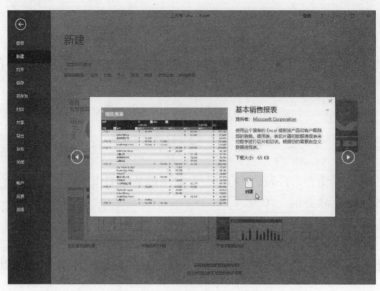

图 1-1-9　根据模板新建工作簿

### 3.2　保存工作簿

　　要保存新建的工作簿，可执行"文件"/"保存"命令，在弹出的"另存为"界面中双击"这台电脑"选项，如图 1-1-10 所示，在弹出的"另存为"对话框中选择文件保存的位置并输入文件名，然后单击"保存"按钮即可保存文件，如图 1-1-11 所示。

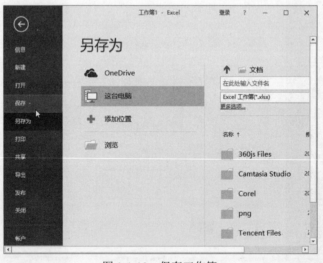

图 1-1-10　保存工作簿

贴心提示　　对已保存过的工作簿，如果在修改后还要按原文件名进行保存，可直接单击快速访问工具栏中的"保存"按钮，或执行"文件"/"保存"命令或按 Ctrl+S 组合键；如果要对修改后的工作簿进行重命名，可执行"文件"/"另存为"命令，弹出"另存为"对话框，然后按照保存新建工作簿的方法进行相同操作即可。

图 1-1-11 　"另存为"对话框

## 3.3　打开与关闭工作簿

### 1. 打开工作簿

执行"文件"/"打开"命令，双击右侧"这台电脑"选项，如图 1-1-12 所示，弹出"打开"对话框，如图 1-1-13 所示，在左侧列表中选择工作簿所在的位置，在中间列表中选择用户要打开的工作簿，然后单击"打开"按钮或双击用户所选择的工作簿即可打开该文件。

图 1-1-12 　双击"这台电脑"选项

图 1-1-13 　"打开"对话框

 贴心提示　　对用户最近编辑过的工作簿，可以通过"最近所用文件"命令快速地找到并将其打开。执行"文件"/"打开"命令，单击右侧"最近"选项，在右侧弹出的列表中单击所需工作簿即可将其打开，如图 1-1-14 所示。

### 2. 关闭工作簿

（1）执行"文件"/"关闭"命令，关闭打开的工作簿。

（2）单击工作簿窗口的"关闭窗口"按钮，也可关闭工作簿。

图 1-1-14　打开最近编辑过的工作簿

### 3.4　保护含有重要数据的工作簿

为了防止他人对一些存放重要数据的工作簿随意进行更改、移动或删除，可通过 Excel 提供的保护功能对重要工作簿设置保护密码。

具体操作步骤如下所述。

（1）打开需要保护的工作簿，单击"审阅"/"更改"组中的"保护工作簿"按钮，打开"保护结构和窗口"对话框，如图 1-1-15 所示。

（2）在"密码（可选）"框中输入密码，单击"确定"按钮，打开"确认密码"对话框，如图 1-1-16 所示。

图 1-1-15　"保护结构和窗口"对话框

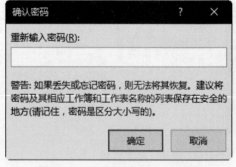

图 1-1-16　"确认密码"对话框

（3）在"重新输入密码"框中输入与上一步骤中相同的密码，单击"确定"按钮即对工作簿设置了保护密码。

贴心提示　在"保护结构和窗口"对话框中，除了可以设置保护密码外，还可以设置工作簿的保护范围。若要防止对工作簿结构进行更改，则需要勾选"结构"复选框；若要使工作簿窗口在每次打开时大小和位置都相同，则需要勾选"窗口"复选框。当然也可以同时勾选这两个复选框，这样就可以同时保护工作簿的结构和窗口。

# 任务 4　使用工作表

## 4.1　重命名工作表

当 Excel 建立一张新的工作簿时,所有的工作表都是自动以系统默认的表名 Sheet1、Sheet2 和 Sheet3 来命名的。但在实际工作中,这种命名方式不方便记忆和管理,因此需要更改这些工作表的名称以便在工作时能进行更为有效的管理。

具体操作步骤如下所述。

（1）双击要重命名的工作表标签或在要重命名的工作表标签上右击。

（2）在弹出的快捷菜单中选择"重命名"命令,如图 1-1-17 所示,此时,选中的工作表标签将反灰显示,如图 1-1-18 所示。

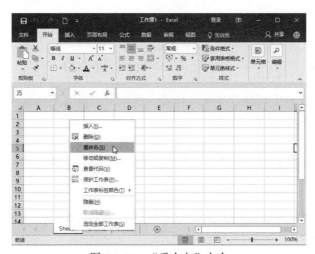

图 1-1-17　"重命名"命令

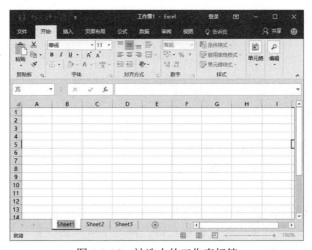

图 1-1-18　被选中的工作表标签

（3）输入所需的工作表名称，按 Enter 键即可看到新的工作表名称出现在工作表标签处，如图 1-1-19 所示。

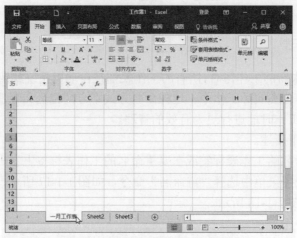

图 1-1-19　改名后的工作表标签

## 4.2　切换工作表

由于一个工作簿文件中可包含多张工作表，所以用户需要不断地在这些工作表中进行切换，以完成在不同工作表中的各种操作。

在工作表的切换过程中，首先要保证工作表名称出现在底部的工作表标签中，然后直接单击该工作表名即可切换到该工作表中；或通过按 Ctrl+PageUp 组合键和 Ctrl+PageDown 组合键，切换到当前工作表的前一张或后一张工作表。

贴心提示　　对已保存过的工作簿，如果工作簿中的工作表数目太多，用户需要的工作表没有显示在工作表选项卡中，可以通过滚动按钮来进行切换；也可以通过向右拖拽选项卡分割条来显示更多的工作表标签，如图 1-1-20 所示。

滚动按钮　　　　　　　　　　　　　　　　　　　　　　　分割条

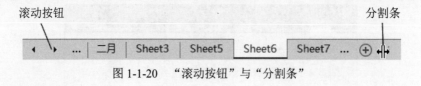

图 1-1-20　"滚动按钮"与"分割条"

## 4.3　移动工作表

移动操作可以调整工作表的排放次序。

1. 在同一个工作簿中移动工作表

方法 1：

（1）在工作表选项卡上单击选中的工作表标签。

（2）在选中的工作表标签上按住鼠标左键，拖拽至所需的位置，松开鼠标左键即可将选中的工作表移动到新的位置。

方法 2：

（1）在工作表选项卡上单击选中的工作表标签。

（2）在选中的工作表标签上右击，在弹出的快捷菜单中选择"移动或复制"命令，打开如图 1-1-21 所示的"移动或复制工作表"对话框。

（3）在"工作簿"列表框中选择当前工作簿，在"下列选定工作表之前"列表框中选择工作表移动后的位置，单击"确定"按钮即可。

 **贴心提示**　移动后的工作表将插在所选择的工作表之前。在移动过程中，屏幕上会出现一个黑色的小三角形，来指示工作表要被插入的位置。

**2. 在不同工作簿中移动工作表**

（1）在工作表选项卡上选中要移动的工作表标签。

（2）单击"开始"/"单元格"组中的"格式"按钮，在弹出的下拉菜单中选择"移动或复制工作表"命令，打开如图 1-1-22 所示的"移动或复制工作表"对话框。

图 1-1-21　在同一工作簿中移动工作表　　　　图 1-1-22　在不同工作簿中移动工作表

（3）在"工作簿"列表框中选择要移至的目标工作簿，在"下列选定工作表之前"列表框中选择工作表移动后的位置，然后单击"确定"按钮即可。

 **贴心提示**　如果在目标工作簿中含有与被移对象同名的工作表，则移动过去的工作表的名字会自动改变。

### 4.4　复制工作表

复制操作可以将一张工作表中的内容复制到另一张工作表中，避免了对相同内容的重复输入，从而提高了工作效率。例如对于单位的"工资表"而言，因为每月的工资表几乎没有什么大的变化，因此无需每月都重新建立一张新的工资表，只需将上月的工资表复制一份，然后对其中发生变化的个别项目进行修改即可，其他固定不变的项目则不必改动。

**1. 在同一工作簿中复制工作表**

方法 1：

（1）单击选中要复制的工作表的标签。

（2）按住 Ctrl 键的同时利用鼠标将选中的工作表沿着选项卡行拖拽至所需的位置，然后松开鼠标左键即可完成对该工作表的复制操作。

方法 2：

（1）单击选中要复制的工作表的标签。

（2）在选中的工作表标签上右击，在弹出的快捷菜单中选择"移动或复制"命令，打开如图 1-1-23 所示的"移动或复制工作表"对话框。

（3）在"工作簿"列表框中选择当前工作簿，在"下列选定工作表之前"列表框中选择工作表复制到的位置，选择"建立副本"复选框，然后单击"确定"按钮即可。

 **贴心提示**　使用该方法相当于插入一张含有数据的新表，该张工作表以"源工作表的名字+（2）"命名。

2. 复制工作表到其他工作簿中

（1）单击选中要复制的工作表的标签。

（2）单击"开始"/"单元格"组中的"格式"按钮，在弹出的下拉菜单中选择"移动或复制工作表"命令，打开"移动或复制工作表"对话框。

（3）在"工作簿"列表框中选择要复制到的目标工作簿，在"下列选定工作表之前"列表框中选择工作表复制到的位置，勾选"建立副本"复选框，如图 1-1-24 所示，单击"确定"按钮即可。

　　　　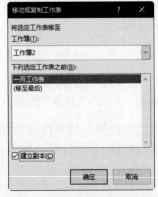

图 1-1-23　在同一工作簿中复制工作表　　　　图 1-1-24　在不同工作簿中复制工作表

## 4.5　插入工作表

Excel 的所有操作都是在工作表中进行的，在实际工作中往往需要建立多张工作表。

方法 1：首先选择一张工作表，然后单击"开始"/"单元格"组中的插入按钮，在弹出的下拉菜单中选择"插入工作表"命令即可在当前工作表之前插入一张新的工作表，新工作表默认名称为 Sheet4。

方法 2：在工作表标签上右击，在弹出的快捷菜单中选择"插入"命令，如图 1-1-25 所示，在弹出的"插入"对话框中选择"工作表"，如图 1-1-26 所示，单击"确定"按钮即可在当前工作表之前插入一张新的工作表。

图 1-1-25　"工作表标签"快捷菜单

图 1-1-26　"插入"对话框

以上两种方法中，一次操作只能插入一张工作表，因此只适用工作表数量较少的情况，如果在一个工作簿中需要创建 10 张以上的工作表，那么使用上述两种方法就比较麻烦，此时可以采用更改默认工作表数的方法。

### 4.6　删除工作表

**1．删除单张工作表**

方法 1：单击选中要删除的工作表标签，然后单击"开始"/"单元格"组中的"删除"按钮，在弹出的下拉菜单中选择"删除工作表"命令进行删除。

方法 2：在要被删除的工作表标签上右击，在弹出的快捷菜单中选择"删除"命令，选中的工作表便被删除了。

贴心提示　在完成以上的删除操作后，被删除的工作表后面的工作表将成为当前工作表。

**2．删除多张工作表**

选中要被删除的一张工作表标签，在按住 Ctrl 键的同时单击选择其他需要删除的工作表标签，然后按照上述方法进行删除即可。

贴心提示　一旦工作表被删除便属于永久性删除，无法再找回。

### 4.7　保护工作表数据安全

为了防止他人对工作表进行插入、重命名、移动和复制等操作，为工作表设置密码是保护工作表中数据安全的最好办法。

具体操作方法如下所述。

（1）打开需要进行保护设置的工作表，单击"审阅"/"更改"组中的"保护工作表"按钮，打开"保护工作表"对话框，如图 1-1-27 所示。

（2）在"取消工作表保护时使用的密码"文本框中输入设置的密码；在"允许此工作表的所有用户进行"列表框中通过勾选不同的选项，设置用户对工作表的操作；最后单击"确定"按钮，打开"确认密码"对话框，如图 1-1-28 所示。

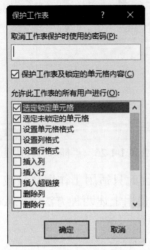

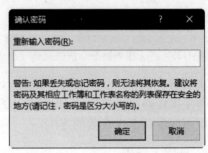

图 1-1-27　"保护工作表"对话框　　　　图 1-1-28　"确认密码"对话框

（3）在"重新输入密码"文本框中输入刚才设置的密码，然后单击"确定"按钮即可完成工作表的保护设置。

## 4.8　引用工作表

在对工作表的单元格的数据进行计算时，由于可以引用不同工作簿的不同工作表，这里就涉及如何引用工作簿和工作表。

如果是引用当前工作簿或工作表，可以省略工作簿或工作表的名称。如果是引用非当前的工作簿或工作表，则需要在工作簿或工作表的名称后面加上"!"。

例如，当前工作表是 Sheet1，想引用 Sheet2 工作表的 A3 单元格，则可以写成 Sheet2!A3。

## 4.9　拆分窗口

当需要查看规模较大的工作表时，用户很难对其中的各部分数据进行比较，此时可以使用工作表窗口的拆分功能。

拆分工作表窗口是把当前的一张工作表窗口拆分为 2 个或 4 个独立的窗格，在各个窗格中都可以通过拖拽滚动条来显示其中的内容，从而可以显示同一张大工作表的不同区域。

方法 1：手动拆分窗口。将光标移至水平拆分框▱（垂直滚动条顶端）或垂直拆分框▯（水平滚动条右端）上。当光标变为 ≑ 形状后，按住鼠标左键向下拖拽水平拆分框（或光标变为 ↔ 形状后向左拖拽垂直拆分框）至所需的位置后松开鼠标左键即可完成窗口的拆分工作，图 1-1-29 所示为将窗口拆分为 4 个独立窗格后的效果。

方法 2：单击任意单元格（譬如 D2），再单击"视图"/"窗口"组的"拆分"按钮▦，即可出现如图 1-1-30 所示的效果。将光标放置在"十字"上，当光标变为 ✛ 形状时向右下移动光标进行窗口拆分，当光标移到要拆分的位置处松开鼠标，效果如图 1-1-31 所示。

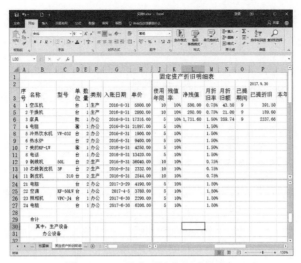

图 1-1-29　手动"拆分"后的窗口

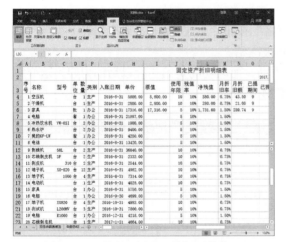

图 1-1-30　单击"拆分"按钮后的窗口

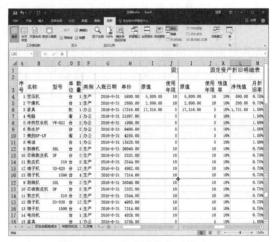

图 1-1-31　移动拆分条后的窗口

贴心提示　如要取消窗口的拆分，只需将光标移至水平或垂直拆分线上双击或再次单击"视图"/"窗口"组的"拆分"按钮 ⫶⫶⫶⫶，即可取消拆分。

### 4.10　冻结窗口

在实际操作中，有时需要保持工作表中的部分行或列不随滚动条的移动而移动，这时就需要用到窗口的冻结功能。

例如：要查看员工档案资料，窗口中只能显示前 20 行数据，如图 1-1-32 所示，如果用户要查看 20 行以后的数据就必须向下拖拽滚动条，这样一来数据项名称所在的第 2 行就无法在屏幕上显现出来，此时要将数据与项目名进行对照就比较麻烦，需要不断地来回拖拽滚动条进行查看，解决此问题的最好办法就是将前两行进行冻结，这样再拖拽滚动条时，前两行依然可以显现在屏幕上。具体操作方法如下所述。

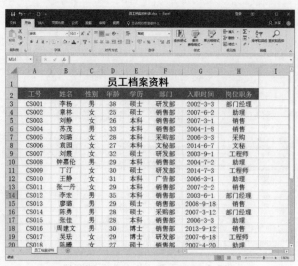

图 1-1-32　员工档案资料

（1）选中需要冻结的行或列以下的单元格，这里选择 **A3**。

（2）单击"视图"/"窗口"组的"冻结窗格"按钮，在弹出的下拉列表中执行"冻结拆分窗格"命令，如图 **1-1-33** 所示，则前两行被冻结。

（3）当再移动滚动条时被冻结部分将固定不动，而滚动的是第 2 行以后的内容，这样第 20 行以后的内容也可以调出查看，效果如图 **1-1-34** 所示。

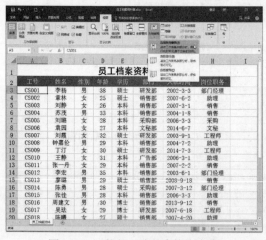

图 1-1-33　执行"冻结窗格"命令

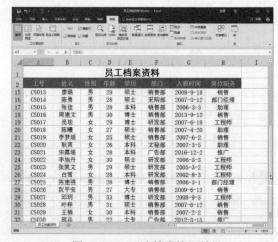

图 1-1-34　"冻结窗格"效果

贴心提示　　如要撤消冻结，只需单击"视图"/"窗口"组的"冻结窗格"按钮，在弹出的下拉列表中选择"取消冻结窗格"命令即可。

### 4.11　隐藏数据

在实际工作中，有些数据是用户不希望被别人看到或修改的，这时就要用到 Excel 中的数据隐藏功能来对这些数据进行保护。

1. 隐藏单元格中的数据

（1）选中要隐藏的单元格，譬如 D3。

（2）单击"开始"/"单元格"组的"格式"按钮，在弹出的下拉列表中选择"设置单元格格式"命令，如图 1-1-35 所示。

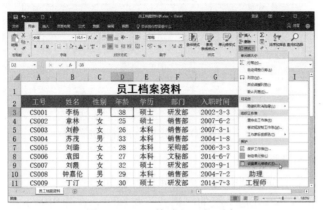

图 1-1-35　"格式"下拉列表

（3）在打开的"设置单元格格式"对话框中选择"数字"选项卡，在"分类"列表框中单击"自定义"选项，再在"类型"文本框中输入;;;，如图 1-1-36 所示。

图 1-1-36　"设置单元格格式"对话框

（4）单击"确定"按钮，此时所选单元格中的内容便被隐藏了，如图 1-1-37 所示。

**贴心提示**　　如要撤消隐藏单元格，只需在图 1-1-36 的"数字"选项卡中选择"常规"选项，再单击"确定"按钮即可。

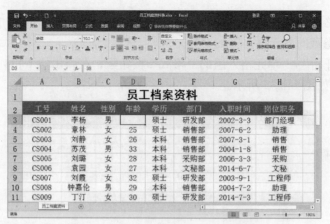

图 1-1-37　D3 单元格中的内容被隐藏

2．隐藏行或列中的数据

（1）单击需要隐藏的行或列中的任一单元格，譬如 D3。

（2）单击"开始"/"单元格"组的"格式"按钮，在弹出的下拉列表中选择"隐藏和取消隐藏"命令，如图 1-1-38 所示，在级联菜单中选择"隐藏行"或"隐藏列"命令即可隐藏所选的行或列。譬如选择"隐藏列"，则 D 列内容被隐藏，如图 1-1-39 所示。

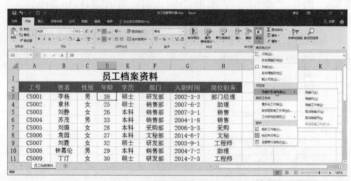

图 1-1-38　"隐藏和取消隐藏"命令

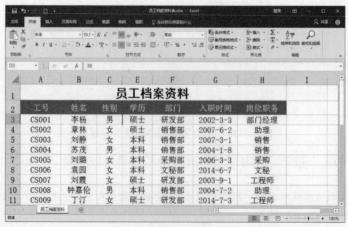

图 1-1-39　D 列内容被隐藏

**贴心提示**　　如要撤消隐藏行或列，只需单击"开始"／"单元格"组的"格式"按钮，在弹出的下拉列表中选择"隐藏和取消隐藏"命令，在级联菜单中选择"取消隐藏行"或"取消隐藏列"命令，即可恢复显示原来行或列中的内容。

### 3. 隐藏工作表

（1）单击要隐藏的工作表标签。

（2）单击"开始"／"单元格"组的"格式"按钮，在弹出的下拉列表中选择"隐藏和取消隐藏"命令，在级联菜单中选择"隐藏工作表"命令，此时选中的工作表被隐藏。

 **贴心提示**　　如要撤消隐藏工作表，只需单击"开始"／"单元格"组的"格式"按钮，在弹出的下拉列表中选择"隐藏和取消隐藏"命令，在其级联菜单中选择"取消隐藏工作表"命令即可。

### 4. 隐藏工作簿

只需单击"视图"／"窗口"组的"隐藏"按钮即可隐藏工作簿。

 **贴心提示**　　如要撤消隐藏工作簿，可单击"视图"／"窗口"组的"取消隐藏"按钮，打开"取消隐藏"对话框，如图 1-1-40 所示，选择需要取消隐藏的工作簿，单击"确定"按钮即可。

图 1-1-40　"取消隐藏"对话框

## 4.12　打印工作表

在日常工作中，当建立好一张工作表后，有时需要将它打印出来，例如，单位每月的工资条。为了使打印的结果符合用户的要求，在打印之前需要对工作表进行一些设置。

### 1. 设置页面

（1）设置页面包括设置纸张方向、纸张大小、页边距、打印区域、工作表背景等，用户可以根据自己的需要进行设置。具体设置方法如下所述。

1）选中需要设置的工作表。

2）单击"页面布局"菜单项，如图 1-1-41 所示，在弹出的"页面设置"组中选择相应的命令就可以对页面进行设置。

3）单击"纸张方向"下三角按钮，在弹出的下拉列表框中选择"纵向"或"横向"选项来选择打印方向。

4）单击"纸张大小"下三角按钮，在弹出的下拉列表框中选择打印所需的纸张的类型。

5）单击"页边距"下三角按钮，在弹出的下拉列表框中选择所需的边距类型。

6）单击"打印区域"下三角按钮，在弹出的下拉列表框中选择要打印的范围。

7）单击"分隔符"下三角按钮，在弹出的下拉列表框中选择在工作表中插入分页符。

8）单击"背景"按钮为工作表插入背景图片。

9）单击"打印标题"按钮将打开"页面设置"对话框，如图 1-1-42 所示。

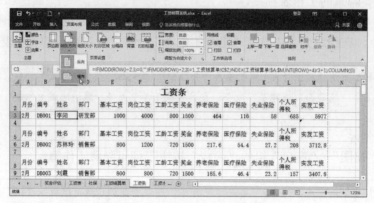

图 1-1-41　"页面布局"选项卡

（2）设置页边距。页边距是指正文与页面边缘的距离，其具体设置方法如下所述。

1）在"页面设置"对话框中单击"页面"选项卡，在"缩放"选项组中，可以通过调整"缩放比例"单选按钮后面的数值框来设置打印时所需的缩放比例；通过改变"调整为"单选按钮后面"页宽"和"页高"数值框中的数值，可以调整打印页面的宽度和高度；在"打印质量"下拉列表框中选择打印的质量；在"起始页码"文本框中选择打印起始页的页码，默认为"自动"。

 贴心提示　缩放比例为 100%是按原比例缩放，小于 100%为缩小进行打印，大于 100%为放大进行打印。

2）在"页面设置"对话框中选择"页边距"选项卡，如图 1-1-43 所示。

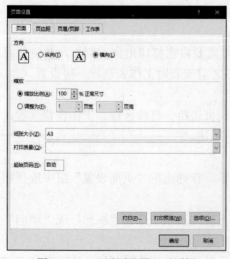

图 1-1-42　"页面设置"对话框

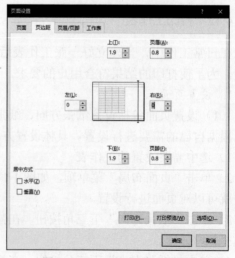

图 1-1-43　"页边距"选项卡

- 分别在"上""下""左""右"4 个数值框中输入所需的相应页边距值。
- 通过在"页眉"和"页脚"数值框中输入数值来设置页眉、页脚与纸张边缘的距离。
- 从"居中方式"中选择工作表在页面的居中方式：如果勾选"水平"复选框，则该工作表在页面上水平居中；如果勾选"垂直"复选框，则该工作表在页面上垂直居中。
- 设置完毕后单击"确定"按钮。

（3）设置页眉和页脚。页眉用于标明文档名称、报表标题或书名、章节名、公司名称等需要在每页的顶部重复显示的信息，页脚用于标明页码、日期和时间等需要在每页的底部重复显示的信息，具体设置方法如下所述。

1）在"页面设置"对话框中选择"页眉/页脚"选项卡，如图 1-1-44 所示。

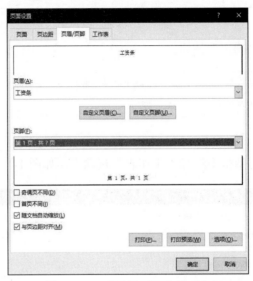

图 1-1-44　"页眉/页脚"选项卡

2）分别在"页眉"和"页脚"文本框中输入所需内容或从下拉列表框中选择内置的格式。

3）如果要自行定义页眉或页脚，可单击"自定义页眉"或"自定义页脚"按钮，在打开的"页眉"对话框（图 1-1-45）中，或"页脚"对话框（图 1-1-46）中，根据需要进行设置。

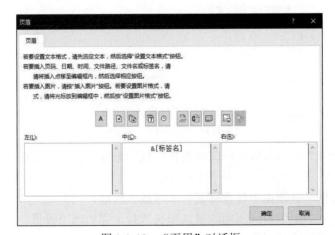

图 1-1-45　"页眉"对话框

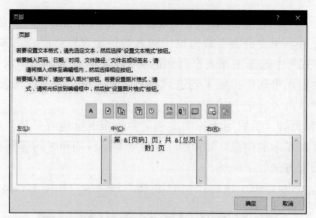

图 1-1-46　"页脚"对话框

4）设置完毕后单击"确定"按钮。

**贴心提示**　　如要删除页眉和页脚，只需选中相应工作表，再将"页面设置"对话框中的"页眉"和"页脚"下拉列表框中的选择设为"无"即可。

（4）设置工作表。

1）在"页面设置"对话框中选择"工作表"选项卡，如图 1-1-47 所示。

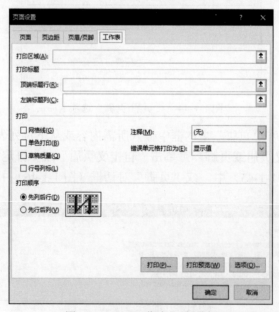

图 1-1-47　"工作表"选项卡

2）在"打印区域"中输入需要打印的表格区域的地址或直接在表格中按住鼠标左键框选一个打印区域。

3）在"打印标题"选项组中设置标题行和标题列区域。

4）在"打印"选项组中勾选相应的复选框来选择所需的选项设置。

5）在"打印顺序"选项组中选择表格的打印顺序。

2．打印预览

在打印之前应先对所需打印的内容进行预览，这样既可以查看文档打印后的外观，又有助于及时发现排版中存在的格式问题。

执行"文件"/"打印"命令或按 Ctrl+F2 组合键或单击快速访问工具栏中的"打印预览和打印"按钮，即可进入"打印预览"界面，如图 1-1-48 所示。

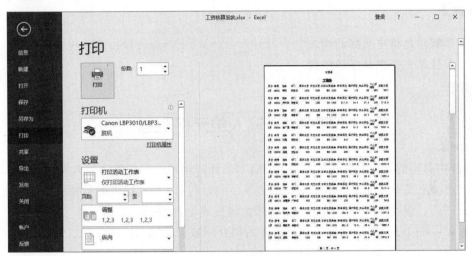

图 1-1-48　"打印预览"界面

可以通过"上一页"按钮◀和"下一页"按钮▶查看其他页的打印效果；通过"缩放到页面"按钮进行放大查看；通过"显示边距"按钮显示页面边距线。如果不满意预览效果，可以在图 1-1-48 界面左侧重新进行页面设置。

3．打印

在打印预览中查看完毕并确认无误后，在左侧设置完打印份数及选择所要连接的打印机，直接单击"打印"按钮便可进行打印了。

# 项目2　Excel 的初级应用

**知识点**

- 了解单元格中数据的输入
- 掌握单元格中数据的编辑

输入单元格数据

## 任务1　输入单元格数据

Excel 中数据的输入是一项非常重要的工作。用户可以在单元格中输入文本、数值、日期、时间、批注、公式和迷你图等多种类型的数据，同时利用 Excel 提供的各种特殊输入方法（如自动填充序列、快速填充相同数据）可以极大地提高输入效率。

下面就以图 1-2-1 所示"职工信息表"为例介绍数据的输入。

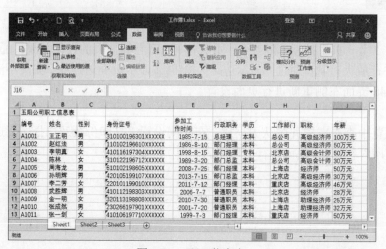

图 1-2-1　职工信息表

### 1.1　输入文本

文本包括文字、数字、数值以及各种特殊符号等。

1. 输入文字

单击或双击需要输入文字的单元格，直接输入文字并按 Enter 键结束即可。

在 Excel 中，单元格内最多可容纳 32767 个字符，但不能全部显示，而编辑栏中则可以全部显示。

默认情况下，所有文本在单元格内都为左对齐，但可以根据需要更改其对齐方式。如果单元格中文字过长超出单元格宽度，而相邻的右边单元格中又无数据，则可以允许超出的文字覆盖在右边单元格上，如图 1-2-2 所示。

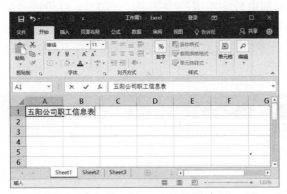

图 1-2-2　输入文本过长覆盖右侧单元格

若右边的单元格中有数据，则文本在单元格中就不会全部显示，但在编辑栏中会显示全部内容，如图 1-2-3 所示。

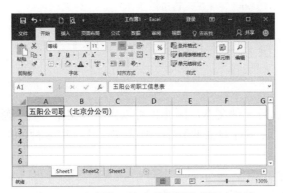

图 1-2-3　右侧单元格有数据则隐藏超出内容

若在单元格中输入多行文字，则输入一行文字后，可按 Alt+Enter 组合键换行，然后再输入下一行文字，如图 1-2-4 所示。

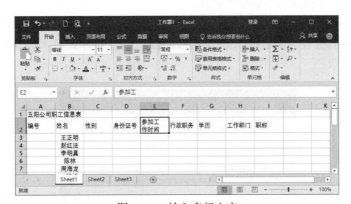

图 1-2-4　输入多行文字

在 Excel 中，若要更改单元格中的数据，可直接双击单元格进行更改，或者选中需要更改的单元格，通过编辑栏进行更改。

2. 输入数字文本

在 Excel 中，对于全部由数字组成的字符串，如编号、身份证号码、邮政编码、手机号码等，为了避免其被认为是数字型数据，Excel 要求在这些输入项前添加 "'" 以示区别。文本在单元格中默认位置是左对齐，如图 1-2-5 所示的 "身份证号" 列，此时，单元格左上角显示为绿色三角。

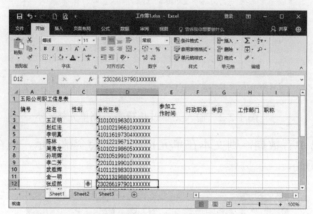

图 1-2-5    输入数字文本

## 1.2 输入数字

在 Excel 中，数字也是一种文本，因此也可以像输入文本一样来输入数字。数字在 Excel 中扮演的角色十分重要，许多计算需要数字，其表现方式有很多种，例如：阿拉伯数字、分数、负数、小数等。

1. 输入阿拉伯数字

阿拉伯数字与文字输入方法相同，但在单元格中默认右对齐。若输入的数字较大，则以指数形式显示。

2. 输入分数

若要输入分数，譬如 1/2，有两种方法。

方法 1：先输入一个空格，再输入 1/2，输入完成后按 Enter 键结束，则单元格中显示分数 1/2。但这种输入方式会使分数在单元格中不按照默认的对齐方式显示（既不左对齐也不右对齐），如图 1-2-6 所示。

图 1-2-6    分数无对齐方式

　　方法 2：在单元格中先输入一个 0 和一个空格，再输入分数，输入完成后按 Enter 键结束。此输入方式使分数在单元格中右对齐，如图 1-2-7 所示。

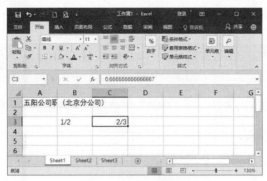

图 1-2-7　分数右对齐

 **贴心提示**　　若直接输入 1/2，则 Excel 会把该数据默认为日期，并显示为"1 月 2 日"。

　　若输入假分数，则需要在整数和分数之间以空格隔开。

3．输入负数

　　在单元格中输入负数有两种方法。若要输入–1，既可以直接输入，也可以输入(1)。

## 1.3　输入日期和时间

　　用户有时需要在工作表中输入时间或者日期，此时就要用 Excel 中定义的格式来输入。

1．输入日期

　　(1) 单击"开始"/"单元格"组的"格式"按钮 ，在弹出的下拉列表中选择"设置单元格格式"命令，打开"设置单元格格式"对话框。

　　(2) 选择"数字"选项卡，并在"分类"列表框中选择"日期"选项。

　　(3) 在"类型"列表框中选择合适的日期格式，如图 1-2-8 所示，单击"确定"按钮即可。

图 1-2-8　设置日期格式

贴心
提示
　　在单元格中输入日期，日期各部分间的间隔可以用/或者–来实现。

图 1-2-9 所示为"参加工作时间"列的输入。

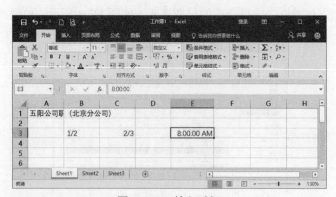

图 1-2-9　输入日期数据

## 2. 输入时间

时间的输入方法与日期的输入方法类似，不同的是，在"设置单元格格式"对话框中要切换到"时间"分类，并在"类型"选项中选择合适的时间格式。

贴心
提示
　　用户输入时间时需要注意：时间的显示格式有两种，一种是按照 12 小时显示，一种是按照 24 小时显示。若选择的是 12 小时显示方式，一定要注明是上午还是下午，即输入时间后在时间数字后面加一个空格，然后输入 A 或 P，并按 Enter 键结束，如图 1-2-10 所示。如果不加以注明，Excel 会默认其为 AM（上午）。若选择的是 24 小时显示方式，用户可直接输入。

图 1-2-10　输入时间

## 1.4　输入公式和批注

在 Excel 中，用户不仅可以输入文本、数字，还可以输入公式对工作表中的数据进行计算，输入批注对单元格进行注释。当在某个单元格中添加批注后，该单元格的右上角将会显示一个小红三角，只要将鼠标指针指向该单元格，就会显示批注的内容，移开鼠标指针，批注的内容将消失。

1．输入公式

公式是在工作表中对数据进行运算、分析的等式，它可以对工作表中的数据进行加、减、乘、除等四则运算。公式可以应用在同一工作表的不同单元格中、同一工作簿的不同工作表的单元格中或其他工作簿的工作表的单元格中。

公式是以=开始的数学式子，其输入方法很简单。

（1）单击需要输入公式的单元格，直接输入公式，譬如=1+2。

（2）按 Enter 键或单击编辑区中的"输入"按钮✔，此时选中的单元格中就会显示计算结果。

2．输入批注

在 Excel 中，用户还可以为工作表中某些单元格添加批注，用以说明该单元格中数据的含义或强调某些信息。

（1）选中需要输入批注的单元格。

（2）单击"审阅"/"批注"组的"新建批注"按钮 或在此单元格右击，在弹出的快捷菜单中选择"插入批注"命令。

（3）在该单元格旁弹出的批注框内输入批注内容，如图 1-2-11 所示，输入完成后单击批注框外的任意工作表区域即可关闭批注框。此时，单元格右上角会显示红色三角，表示本单元格有批注。将鼠标指针指向该单元格，会显示批注内容。

图 1-2-11　插入批注

 **贴心提示**　　如果要编辑批注，则通过单击"审阅"/"批注"组的"编辑批注"按钮 完成；如果要删除批注，则先选择要删除批注的单元格，然后单击"审阅"/"批注"组的"删除"按钮 即可。

## 1.5　输入特殊符号

在制作表格时，有时需要输入一些键盘上没有的符号，例如商标符号、版权符号、段落标记等，此时就需要借助"符号"对话框来完成输入，其步骤如下所述。

（1）在工作表中单击需要输入符号的单元格。

（2）单击"插入"/"符号"组的"符号"按钮 Ω，打开"符号"对话框，如图 1-2-12 所示。

图 1-2-12    "符号"对话框

（3）单击"符号"选项卡，在"字体"下拉列表中选择字体样式，在中间列表中选择需要插入的符号，单击"插入"按钮即可。

### 1.6  使用自动填充

**1. 自动填充序列**

可以利用 Excel 中的自动填充功能来简化繁杂的数据输入工作。自动填充是 Excel 中很有特色的一大功能。

在会计工作的信息统计中，有时会有大量有规律的数据需要输入，此时可以利用 Excel 中的自动填充功能来提高输入效率。例如，"职工信息表"的"编号"和"学历"列的数据的输入。

（1）输入"编号"列的内容时，由于编号范围是 A1001～A1026，具有一定的规律，在输入的时候可以用 Excel 的自动填充功能以提高输入效率，其步骤如下所述。

1）在"编号"列的第 1 行先输入 A1001。

2）将鼠标指针移至单元格右下角，当鼠标指针变为➕形状时，拖拽鼠标指针到所需位置，序列自动填充完成。

（2）输入"学历"列时，由于列中内容大部分为"本科"，只有一个是"专科"，为提高效率，可以用上述类似的方法来输入，其步骤如下所示。

1）在"学历"列的第 1 行输入"本科"。

2）将鼠标指针移至单元格右下角，当鼠标指针变为➕时，拖拽鼠标指针至所需位置，自动完成输入。

3）单击 G5 单元格，输入"专科"，如图 1-2-13 所示。

 **贴心提示**　　在 Excel 填充序列中除了可对数字进行有规律的填充外，对月份、星期、季度等一些传统序列也有预先的设置，方便用户使用。

图 1-2-13　自动填充序列

**2. 利用"序列"对话框填充数据**

利用"序列"对话框只需在工作表中输入一个起始数据便可以快速填充有规律的数据。其设置步骤如下所述。

（1）在起始单元格输入起始数据。

（2）单击"开始"/"编辑"组的"填充"按钮，在弹出的下拉列表中选择"序列"命令，打开"序列"对话框，如图 1-2-14 所示。

图 1-2-14　"序列"对话框

（3）在"序列产生在"栏中选择序列产生的方向，在"类型"栏中选择序列的类型，如果是日期型，还要在右侧设置日期的单位，输入步长值和序列的终止值，单击"确定"按钮即可按定义的序列填充数据。

### 1.7　使用快速填充

有时在输入数据时会遇到排序并不十分规律，但内容有重复的情况。这时就需要用到 Excel 中的另一种提高输入效率的快速填充方式，即在不同的单元格内输入相同的数据。

譬如，输入"性别"和"工作部门"列时的步骤如下所述。

（1）按住 Ctrl 键不放，通过鼠标指针在"性别"列依次选中需要输入"男"的单元格。

（2）在被选中的最后单元格中输入"男"，然后按 Ctrl+Enter 组合键，此时，被选中的单元格内都填充了相同的内容——男。

（3）同理，按住 Ctrl 键，依次选择"性别"列剩余单元格，在最后选择的单元格中输入"女"，按 Ctrl+Enter 组合键，此时，被选中的单元格内都填充了相同的内容——女，如图 1-2-15 所示。

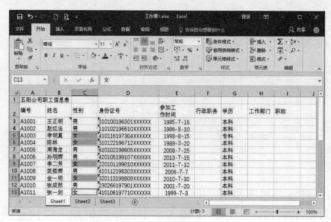

图 1-2-15    快速填充相同内容

## 1.8    单元格数据管理

为防止在单元格中输入无效数据，保证数据输入的正确性，单元格中输入的数值，如数据类型、数据内容、数据长度等都可以通过数据验证来进行限制，进行数据的有效管理。如可以拒绝无效日期或不在范围内的数据的输入，强制从下拉列表中选择数据等。

1. 限定输入的数据长度

在实际工作中为了避免输入错误，需要对输入文本的长度进行限定，譬如"职工信息表"中的"身份证号"列要限定长度为 18 位。

操作步骤如下所述。

（1）选中"身份证号"列需要输入数据的区域，单击"数据"/"数据工具"组中的"数据验证"按钮，打开"数据验证"对话框。

（2）单击"设置"选项卡，在"允许"列表中选择"文本长度"，在"数据"列表中选择"等于"，在"长度"框中输入 18，如图 1-2-16 所示，单击"确定"按钮即可。

图 1-2-16    限定输入的数据长度

2. 限定输入的数据内容

当一个单元格中只允许输入指定内容时，可以通过数据验证的序列功能来实现。譬如"职工信息表"中的"行政职务"列只允许输入总经理、部门总监、部门经理和普通职员 4 个职位，操作步骤如下所述。

（1）选取"行政职务"列的需要输入数据的区域，单击"数据"/"数据工具"组中的"数据验证"按钮，打开"数据验证"对话框。

（2）单击"设置"选项卡，在"允许"列表中选择"序列"，在"来源"框中输入"总经理,部门总监,部门经理,普通职员"，如图 1-2-17 所示。

图 1-2-17　限定输入的数据内容

（3）单击"确定"按钮设定完毕，此时单击该列相应单元格，其后会出现下三角按钮，单击该按钮将弹出下拉列表供选择输入，如图 1-2-18 所示。

图 1-2-18　通过下拉列表选择输入数据

（4）根据需要选择列表内的相应内容，完成"行政职务"列内容的输入。

由于"工作部门"列只允许输入总公司、北京店、上海店、重庆店，因此也可以采用限定输入的数据内容的方法，防止数据输入错误。

同理，"职称"列只允许输入高级经济师、高级会计师、经济师、会计师、助理经济师，故也可以采用限定输入的数据内容的方法完成数据的输入。输入完成后的结果如图 1-2-19 所示。

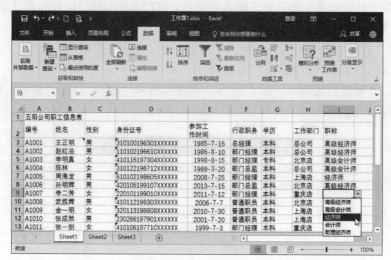

图 1-2-19　限定输入的数据内容输入完成后的结果

### 3. 限定输入的数据类型

在输入数据时，有的项目需要限定数据类型，譬如"职工信息表"中的"参加工作时间"列的内容要限定为日期类型，具体操作步骤如下所述。

（1）选中"参加工作时间"列需要输入数据的区域，单击"数据"/"数据工具"组中的"数据验证"按钮⬚，打开"数据验证"对话框。

（2）单击"设置"选项卡，在"允许"列表中选择"日期"，在"数据"列表中选择"介于"，在"开始日期"框中输入 1958/1/1，在"结束日期"框中输入 2017/12/31，如图 1-2-20 所示，单击"确定"按钮。

图 1-2-20　限定输入的数据类型

### 4. 限制包含某些字符

在输入数据时，有的项目要求必须包含某些文字或符号，譬如，在"职工信息表"中输入"年薪"列内容时，要求必须包含"万元"两个字，具体操作步骤如下所述。

（1）在工作表 J2 单元格中输入"年薪"，选中"年薪"列中需要输入数据的区域 J3:J16，单击"数据"/"数据工具"组中的"数据验证"按钮，打开"数据验证"对话框。

（2）单击"设置"选项卡，在"允许"列表中选择"自定义"，在"公式"框中输入 =COUNTIF(J3,"*万元")>=1，如图 1-2-21 所示，单击"确定"按钮。

（3）输入具体数据时必须包含"万元"，否则将给出如图 1-2-22 所示的输入错误提示信息。

图 1-2-21　限定输入时包含某些字符　　　　　图 1-2-22　输入错误信息提示框

### 5. 限制重复输入

在输入数据时，为防止重复输入表中已经存在的内容，需要对重复输入进行限制。譬如，"职工信息表"中的"身份证号"信息不能重复输入，就要限制身份证号出现重复。操作步骤如下所述。

（1）选中"身份证号"列中需要输入数据的区域 D3:D16，单击"数据"/"数据工具"组中的"数据验证"按钮，打开"数据验证"对话框。

（2）单击"设置"选项卡，在"允许"列表中选择"自定义"，在"公式"框中输入 =COUNTIF(D:D,D2)=1，如图 1-2-23 所示，单击"确定"按钮即可。

图 1-2-23　限制重复输入

编辑单元格数据

# 任务 2　编辑单元格数据

当用户在 Excel 单元格中输入数据时，会或多或少地出现错误，此时就需要对单元格中的数据进行编辑。编辑操作包括数据的删除与修改。

## 2.1　删除单元格数据

当单元格中的数据不需要时，就要将其全部删除，有以下两种方法。

（1）选中需要删除数据的单元格，按 Delete 键删除即可。

（2）选中需要删除数据的单元格，右击，在弹出的快捷菜单中选择"清除内容"命令即可。

## 2.2　修改单元格数据

对单元格数据的修改，有时是对单元格中的全部数据进行修改，有时只是对单元格中的部分数据进行修改。

1. 修改单元格中的全部数据

（1）用清除的方式进行修改。直接清除单元格中的原始数据，再输入新数据即可。

（2）用覆盖的方式进行修改。首先选中单元格中需要修改的数据，然后输入新的数据，新数据将会覆盖单元格中原来的数据。

2. 修改单元格中的个别数据

如果单元格中的数据只出现个别错误，只需稍加修改即可。

首先双击需要修改数据的单元格，将光标定位到需要修改的数据处，如图 1-2-24 所示；然后按 Backspace 键或 Delete 键删除错误的数据；最后输入新的数据，按 Enter 键结束修改，如图 1-2-25 所示。

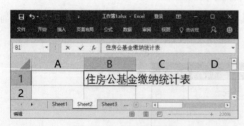

图 1-2-24　定位数据

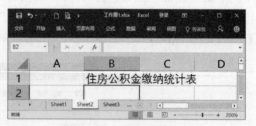

图 1-2-25　删除错误数据

格式化单元格数据

# 任务 3　格式化单元格数据

当工作表中的数据输入完成后，用户可以使用 Excel 对单元格进行格式化，使其更加美观。

格式化单元格就是重新设置单元格的格式，一方面是数字格式，另一方面是对数据进行字体、背景颜色、边框等多种格式的设置。

### 3.1　格式化数字

在 Excel 中可以对数字（包括时间、日期）的显示格式进行设置。一般情况下，数字的默认格式为"常规"格式。用户可以通过"设置单元格格式"对话框中的"数字"选项卡对数字重新进行显示格式的设置。

**1.　设置小数点后保留位数**

在会计账本中，经常会对数值的小数点后的位数（小数位数）进行设置，即小数点后保留几位小数。其设置步骤如下。

（1）选中需要设置小数位数的单元格或单元格区域。

（2）单击"开始"/"单元格"组的"格式"按钮，在弹出的下拉列表中选择"设置单元格格式"命令，打开"设置单元格格式"对话框，单击"数字"选项卡。

（3）在"分类"列表框中选择"数值"选项，在"小数位数"数值框中选择相应的位数，如图 1-2-26 所示，单击"确定"按钮即可。

图 1-2-26　小数位数设置

贴心
提示　　　"货币"和"会计专用"等一些数字显示格式，其小数点后的保留位数也可使用类似的方式来设置。

**2.　设置货币符号**

常用的做账货币是人民币，但有时也会用其他货币来做账，这时就需要改变货币符号。设置步骤如下所述。

（1）选择需要更改货币符号的单元格或单元格区域。

（2）单击"开始"/"单元格"组的"格式"按钮，在弹出的下拉列表中选择"设置单元格格式"命令，打开"设置单元格格式"对话框，单击"数字"选项卡。

（3）在"分类"列表框中选择"货币"选项，在"示例"列表下的"货币符号"选项中选择相应的货币符号，如图 1-2-27 所示。

（4）单击"确定"按钮完成设置。

图 1-2-27    设置货币符号

 贴心
提示    对"分数""百分数""科学计数"等数学表示方法的设置也可按上述步骤进行。

### 3. 设置千位分隔符

如果单元格中的数据过大，可以使用千位分隔符来分隔数据，其方法与设置小数点保留位数相似，但需在"设置单元格格式"对话框中勾选"使用千位分隔符"复选框，如图 1-2-28 所示。

图 1-2-28    设置千位分隔符

## 3.2    格式化文字

为了美化工作表，在 Excel 中可以对文字的字体、字号、颜色等进行设置。用户既可以通过"功能区"按钮进行设置，也可以通过"设置单元格格式"对话框进行设置。

### 1. 通过"功能区"按钮进行设置

单击"开始"/"字体"组的功能区按钮可以直接设置文字的字体、字号及加粗、斜体和下划线等，如图 1-2-29 所示。

图 1-2-29　"功能区"中字体格式化按钮

**2.　通过"设置单元格格式"对话框进行设置**

通过"设置单元格格式"对话框可以完成文字格式的多项设置。具体操作步骤如下所述。

（1）选中需要设置格式的单元格或者单元格区域。

（2）单击"开始"/"单元格"组的"格式"按钮，在弹出的下拉列表中选择"设置单元格格式"命令，打开"设置单元格格式"对话框，切换到"字体"选项卡。

（3）分别在"字体""字形""字号"选项中完成对文字的设置，如图 1-2-30 所示。

图 1-2-30　"字体"选项卡

依据以上方法对"职工信息表"中的文字进行格式化，效果如图 1-2-31 所示。

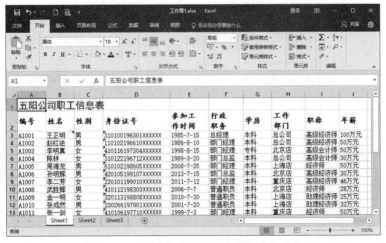

图 1-2-31　格式化"职工信息表"中的文字

### 3.3　设置文本的对齐方式

在 Excel 中，文本有其默认的对齐方式。但有时为了工作表的美观，用户可以对文本的对齐方式及文本方向进行更改。

**1. 通过"功能区"按钮来设置文本的对齐方式**

首先选中需要设置对齐方式的单元格或单元格区域，然后单击"开始"/"对齐方式"组的功能区上相应的对齐方式按钮即可，如图 1-2-32 所示。

图 1-2-32　"功能区"中的对齐方式按钮

贴心提示　当设置单元格合并居中对齐时，需要先选中要合并的单元格区域，再单击工具栏上的"合并后居中"按钮。

**2. 通过"单元格格式"对话框设置文本对齐方式**

（1）选中需要设置对齐方式的单元格或单元格区域。

（2）单击"开始"/"单元格"组的"格式"按钮，在弹出的下拉列表中选择"设置单元格格式"命令，打开"设置单元格格式"对话框，切换到"对齐"选项卡。

（3）在"文本对齐方式"选项组的"水平对齐"与"垂直对齐"下拉列表中选择需要的对齐方式，如图 1-2-33 所示。

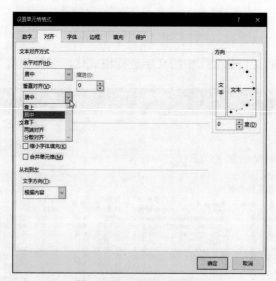

图 1-2-33　设置对齐方式

（4）单击"确定"按钮完成设置。

依据以上方法对"职工信息表"的文字进行对齐方式设置，效果如图 1-2-34 所示。

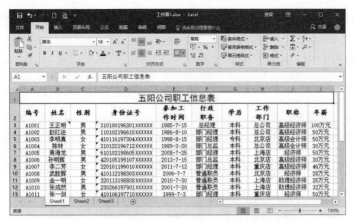

图 1-2-34　设置"职工信息表"的文字对齐方式

### 3.4　设置单元格边框

**1. 添加单元格边框**

用户可以对工作表中的单元格或单元格区域添加边框，操作步骤如下所述。

方法 1：

（1）选中需要设置边框的单元格或单元格区域。

（2）单击"开始"/"字体"组的"下框线"按钮 旁的下三角按钮，弹出"边框"面板，如图 1-2-35 所示。

（3）在"边框"面板中选择相应的命令即可添加单元格的边框。

方法 2：

（1）选中需要设置边框的单元格或单元格区域。

（2）单击"开始"/"单元格"组的"格式"按钮 ，在弹出的下拉列表中选择"设置单元格格式"命令，打开"设置单元格格式"对话框，切换到"边框"选项卡，如图 1-2-36 所示。

图 1-2-35　"边框"面板

图 1-2-36　"边框"选项卡

（3）在"预置"选项中选择预设样式，在"线条"的"样式"和"颜色"选项中设置线条样式与颜色。

（4）单击"边框"区域中左侧和下侧的边框选项，并在边框预览区内预览设置的边框样式。

 **贴心提示**　边框线和颜色要在选择边框类型之前设置，即先选择线型和颜色，然后在"边框"选项卡中添加边框样式。

依据以上方法对"职工信息表"设置边框，效果如图 1-2-37 所示。

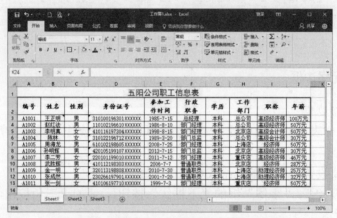

图 1-2-37　设置"职工信息表"边框后的效果

**2．删除单元格边框**

方法 1：

（1）选择需要删除边框的单元格或单元格区域。

（2）单击"开始"/"字体"组的"下框线"按钮 旁的下三角按钮，在弹出的"边框"面板中选择"擦除边框"命令，此时光标变为"橡皮擦"形状，单击需要删除的边框线即可，如图 1-2-38 所示。

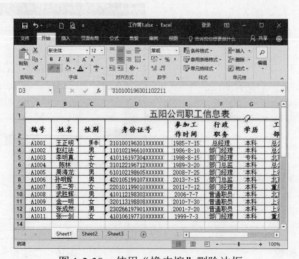

图 1-2-38　使用"橡皮擦"删除边框

方法 2：

（1）选择需要删除边框的单元格或单元格区域。

（2）单击"开始"/"单元格"组的"格式"按钮，在弹出的下拉列表中选择"设置单元格格式"命令，在打开的"设置单元格格式"对话框的"边框"选项卡中单击边框区域内需要删除的边框线，如图 1-2-39 所示。

（3）单击"确定"按钮。

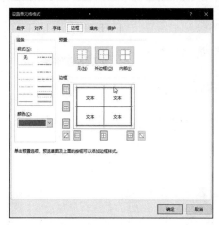

图 1-2-39　在"设置单元格格式"对话框中删除边框

## 3.5　设置单元格底纹

在 Excel 中可以对单元格或单元格区域的背景进行设置。背景既可以是纯色，也可以是图案。

1. 设置纯色背景填充

方法 1：

在"开始"/"字体"组的功能区中单击"填充颜色"按钮旁的下三角按钮，在其下拉列表中选择所需的背景填充色，如图 1-2-40 所示。

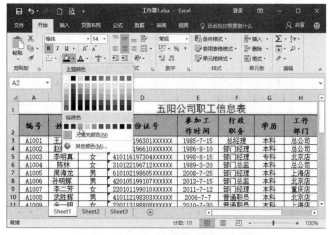

图 1-2-40　设置单元格纯色背景填充

**方法 2：**

（1）选择需要添加背景的单元格或单元格区域。

（2）单击"开始"/"单元格"组的"格式"按钮，在弹出的下拉列表中选择"设置单元格格式"命令，在打开的"设置单元格格式"对话框的"填充"选项卡中选择需要填充的背景颜色，如图 1-2-41 所示，单击"确定"按钮即可。

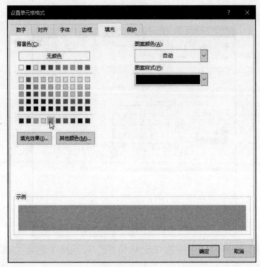

图 1-2-41　通过"设置单元格格式"对话框设置填充背景

2. 设置底纹填充

（1）选择需要设置底纹填充的单元格或单元格区域。

（2）单击"开始"/"单元格"组的"格式"按钮，在弹出的下拉列表中选择"设置单元格格式"命令，在打开的"设置单元格格式"对话框的"填充"选项卡中选择相应的图案样式及图案颜色，如图 1-2-42 所示。

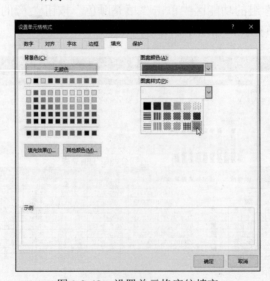

图 1-2-42　设置单元格底纹填充

（3）如果填充的是两个以上的颜色，则单击"填充效果"按钮，在打开的"填充效果"对话框中选择底纹的颜色和样式，如图 1-2-43 所示。

图 1-2-43　"填充效果"对话框

（4）单击"确定"按钮完成设置。

### 3.　删除设置的背景填充

删除单元格或者工作表中设置的背景填充的方法与添加背景填充的方法基本相同。

首先选中需要删除背景的区域，然后打开"设置单元格格式"对话框，切换到"填充"选项卡，在"背景色"区域中单击"无颜色"按钮，或在"图案样式"框中选择"实心"，单击"确定"按钮即可。

## 3.6　设置单元格的行高和列宽

在 Excel 中，单元格的行高和列宽都有相同的默认值，行高为 14.25mm，列宽为 8.38mm。但有时输入的单元格数据过长，会超出单元格区域，此时用户需要对单元格的行高和列宽重新进行设置。

### 1.　手动设置行高和列宽

首先，将鼠标指针放置在行与行或列与列之间的分隔线上，当鼠标指针变为 ✛ 或 ✚ 形状时，按住鼠标左键不放，然后拖拽鼠标调整到需要的行高或列宽处松开鼠标即可。

### 2.　用命令设置行高和列宽

手动设置行高列宽时，只能粗略设置，要想精确设置行高或者列宽，就需要用命令了，其操作步骤如下所述。

（1）选定需要设置行高或列宽的单元格或者单元格区域。

（2）单击"开始"/"单元格"组的"格式"按钮 ▦，在弹出的下拉列表中选择"行高"或"列宽"命令，打开"行高"或"列宽"对话框。

（3）在打开的"行高"或"列宽"对话框中输入相应的数值，如图 1-2-44 所示。

图 1-2-44　设置单元格行高和列宽

（4）单击"确定"按钮。

# 任务 4　设置单元格条件格式

设置单元格条件格式

## 4.1　条件格式的设置

条件格式是 Excel 中非常重要的功能之一，由于它可以根据单元格内容自动设置格式，是财务会计人员提高工作效率的一大法宝。

所谓条件格式就是在工作表中设置带有条件的格式，当条件满足时，单元格将应用所设置的格式。

以"职工信息表"为例，把"年薪"低于 30 万元的用绿色填充，而超过 90 万元的用红色填充，其操作步骤如下所述。

（1）选中"年薪"单元格区域，单击"开始"/"样式"，在"样式"组中单击"条件格式"按钮，弹出"条件格式"面板，如图 1-2-45 所示。

图 1-2-45　"条件格式"面板

（2）在"条件格式"面板中选择"突出显示单元格规则"选项，在弹出的级联面板中选择"小于"选项，打开"小于"对话框，在文本框中输入"30 万元"，在"设置为"下拉列表中选择"绿填充色深绿色文本"，如图 1-2-46 所示。

图 1-2-46　"小于"对话框

（3）单击"确定"按钮。在"条件格式"面板中再次单击"突出显示单元格规则"选项，在弹出的级联列表中选择"大于"选项，打开"大于"对话框，在文本板中输入"90 万元"，在"设置为"下拉列表中选择"浅红填充色深红色文本"，如图 1-2-47 所示。

图 1-2-47　"大于"对话框

（4）设置完成后单击"确定"按钮，效果如图 1-2-48 所示。

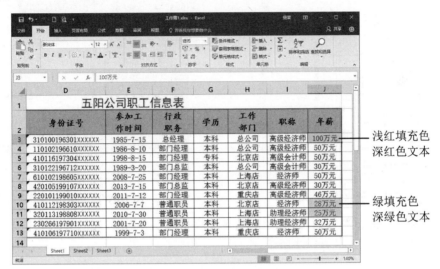

图 1-2-48　突出显示效果

**贴心提示**　　单元格条件格式的删除是在"条件格式"面板中选择"清除规则"选项，在弹出的级联列表中选择"清除所选单元格的规则"命令。

### 4.2　条件格式的应用实例

对于从事财务会计工作的人员而言，条件格式在日常工作中有着广泛的应用。下面介绍几个常用的实例供大家参考。

**1. 应收账款催款提醒**

应收账款催款提醒

在应收账款的管理中，需要工作人员在 Excel 工作表中设置自动催款提醒功能，根据实际情况来设置要催缴欠款的客户。

假设某公司要在如图 1-2-49 所示的"应收账款明细表"中设置应收账款催款提醒功能，要求是，若超过还款日期一个月还没还款，就将该单位所在的行以红色背景显示，以示提醒。

操作步骤如下所述。

（1）拖拽鼠标框选 A3:D16 单元格区域，单击"开始"/"样式"组的"条件格式"按钮，在弹出的菜单中选择"突出显示单元格规则"/"其他规则"命令，如图 1-2-50 所示，打开"新建格式规则"对话框。

（2）在"选择规则类型"列表中选择"使用公式确定要设置格式的单元格"，在"为符合此公式的值设置格式"文本框中输入=AND((TODAY()-$C3)>30,$D3="否")，如图 1-2-51 所示。

> **贴心提示** 这里的 AND 是逻辑运算符，表示括号里的两个条件都要满足；TODAY()为系统日期函数，将返回查询当天的日期，这里的一个月以 30 天为准。这里所用的运算符和函数将在项目 3 中详细介绍。

图 1-2-49　应收账款明细表

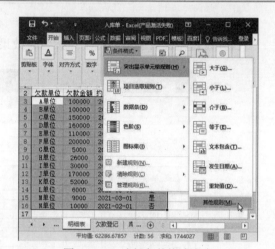

图 1-2-50　选择条件格式命令

（3）单击"格式"按钮，打开"设置单元格格式"对话框，在"填充"选项卡下单击"色板"中的"红色"，如图 1-2-52 所示。

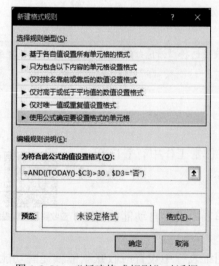

图 1-2-51　"新建格式规则"对话框 1

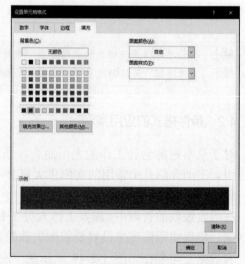

图 1-2-52　"设置单元格格式"对话框

（4）单击"确定"按钮，返回"新建格式规则"对话框，此时该对话框界面如图 1-2-53 所示。

（5）单击"确定"按钮，效果如图 1-2-54 所示。

图 1-2-53　"新建格式规则"对话框 2

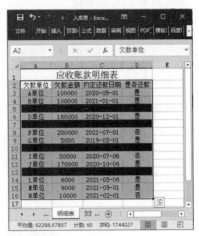

图 1-2-54　应收账款催款提醒效果

2. 监视重复数据

在向工作表中输入数据时，可以利用数据的有效性来避免重复数据的输入。事实上，对于已经输入完数据的工作表来说，利用条件格式可以帮助用户找出重复输入的数据。

假设某商场要在如图 1-2-55 所示的"手机供货商名单"表（表中数据非准确信息，只为讲解功能使用，下同）中查找是否有重复的供货商，若有，则视为重复输入了数据，该供货商将以橙色背景显示，以示警告。

监视重复数据

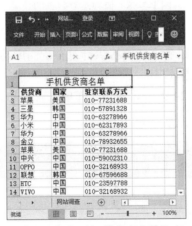

图 1-2-55　"手机供货商名单"表

操作步骤如下所述。

（1）拖拽鼠标框选 A3:A14 区域，单击"开始"/"样式"组中的"条件格式"按钮，在弹出的菜单中选择"突出显示单元格规则"/"重复值"命令，打开"重复值"对话框，在左侧下拉列表框中选择"重复"，如图 1-2-56 所示。

（2）单击"设置为"列表框，在弹出的列表中选择"自定义格式"命令，打开"设置单元格格式"对话框，单击"填充"选项卡，在色板中选择"橙色"，单击"确定"按钮，返回"重复值"对话框，如图 1-2-57 所示。

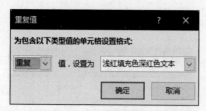

图 1-2-56　"重复值"对话框

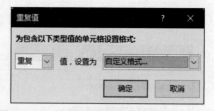

图 1-2-57　设置了格式的"重复值"对话框

（3）单击"确定"按钮，效果如图 1-2-58 所示。

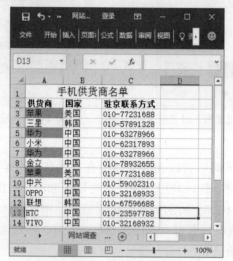

图 1-2-58　监视重复数据的效果

库龄的跟踪提示

3. 库龄的跟踪提示

仓库的货物管理人员需要财务上能够提供针对存货的库龄跟踪提示的服务，以便能准确、有效地进行数据分析，提高工作效率。

假设某企业要针对如图 1-2-59 所示的"入库单"表中的商品进行库龄的分析，根据分析结果通过不同颜色提供跟踪提示。

图 1-2-59　"入库单"表

要求：①库龄在 60 天以内（小于 60 天）的以绿色背景显示；②库龄在 60 天以上（大于等于 60 天），在 300 天以下（小于 300 天）的以黄色背景显示；③库龄在 300 天以上（大于等于 300 天）的一律以红色背景显示。

操作步骤如下所述。

（1）拖拽鼠标框选 E3:E11 区域，单击"开始"/"样式"组的"条件格式"按钮 ，在弹出的菜单中选择"突出显示单元格规则"/"小于"命令，打开"小于"对话框，在文本框中输入 60，在"设置为"列表中选择"自定义格式"命令，打开"设置单元格格式"对话框，单击"填充"选项卡，在"色板"中选择"绿色"，单击"确定"按钮，返回"小于"对话框，如图 1-2-60 所示。

图 1-2-60　"小于"对话框

（2）单击"确定"按钮，完成第 1 个要求的颜色提示。

（3）单击"开始"/"样式"组的"条件格式"按钮 ，在弹出的菜单中选择"突出显示单元格规则"/"介于"命令，打开"介于"对话框，分别输入 60 和 300，在"设置为"列表中选择"自定义格式"命令，打开"设置单元格格式"对话框，在"色板"中选择"黄色"，单击"确定"按钮，返回"介于"对话框，如图 1-2-61 所示。

图 1-2-61　"介于"对话框

（4）单击"确定"按钮，完成第 2 个要求的颜色提示。

（5）再次单击"开始"/"样式"组的"条件格式"按钮 ，在弹出的菜单中选择"突出显示单元格规则"/"大于"命令，打开"大于"对话框，输入 300，在"设置为"列表中选择"自定义格式"命令，打开"设置单元格格式"对话框，在"色板"中选择"红色"，单击"确定"按钮，返回"大于"对话框，如图 1-2-62 所示。

图 1-2-62　"大于"对话框

（6）单击"确定"按钮，完成第 3 个要求的颜色提示。最后效果如图 1-2-63 所示。

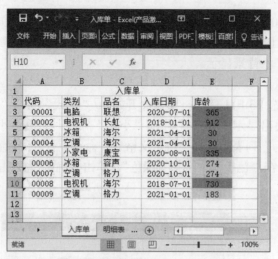

图 1-2-63    库龄的跟踪提示效果

### 4. 代码输入错误的显示

在进行材料或货品入库登记时，常常需要输入它们的代码。输入时，如果不采取监控措施监视代码的输入，很容易出现高品代码输入错误的情况，如多一位或少一位，这将给后期的工作带来很大麻烦。通过条件格式的设置可以轻松地实现监控商品代码的输入，在输入商品代码时能够及时发现并提醒输入的错误，方便工作人员快捷地完成工作。

假设某企业要在如图 1-2-64 所示的"入库清单"表中设置条件，以防输入商品代码时发生错误。要求商品代码位数均为 8 位且不能为空，否则视为无效代码，以红色显示。

代码输入错误的显示

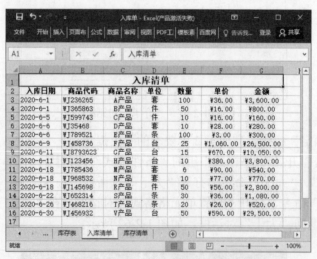

图 1-2-64    "入库清单"表

操作步骤如下所述。

（1）拖拽鼠标框选 B3:B16 区域，单击"开始"/"样式"组的"条件格式"按钮，在弹出的菜单中选择"突出显示单元格规则"/"其他规则"命令，打开"新建格式规则"对话框。

（2）在"选择规则类型"列表中选择"使用公式确定要设置格式的单元格"，在"为符

合此公式的值设置格式"文本框中输入=AND(LEN($B3)<>8,$B3<>0),单击"格式"按钮,打
开"设置单元格格式"对话框,在"填充"选项卡下单击"色板"中的"红色",单击"确定"
按钮,返回"新建格式规则"对话框,如图 1-2-65 所示。

图 1-2-65　"新建格式规则"对话框

 贴心
提示　　LEN()是求给定字符串长度的函数,即求字符串中所含字符的个数。

　　(3)单击"确定"按钮,对商品代码多位的情况或者少位的情况均进行了颜色提示,结
果如图 1-2-66 所示。

图 1-2-66　商品代码输入错误的显示效果

5. 动态显示价值排行
条件格式功能还可以轻松实现对工作表数据进行自动显示前 N 条或后 M 条记录。

　　假设某企业要在如图 1-2-64 所示的"入库清单"表中设置条件，以浅绿色显示金额在前 5 位的商品。

　　操作步骤如下所述。

　　（1）拖拽鼠标框选 G3:G16 区域，单击"开始"/"样式"组的"条件格式"按钮 ，在弹出的菜单中选择"突出显示单元格规则"/"其他规则"命令，打开"新建格式规则"对话框。

　　（2）在"选择规则类型"列表中选择"仅对排名靠前或靠后的数值设置格式"，在"为以下排名内的值设置格式"栏的列表框中选择"最高"，在文本框中输入 5。

　　（3）单击"格式"按钮，打开"设置单元格格式"对话框，在"填充"选项卡下单击"色板"中的"浅绿色"，单击"确定"按钮，返回"新建格式规则"对话框，如图 1-2-67 所示。

图 1-2-67　设置了格式的"新建格式规则"对话框

　　（4）单击"确定"按钮，结果如图 1-2-68 所示。

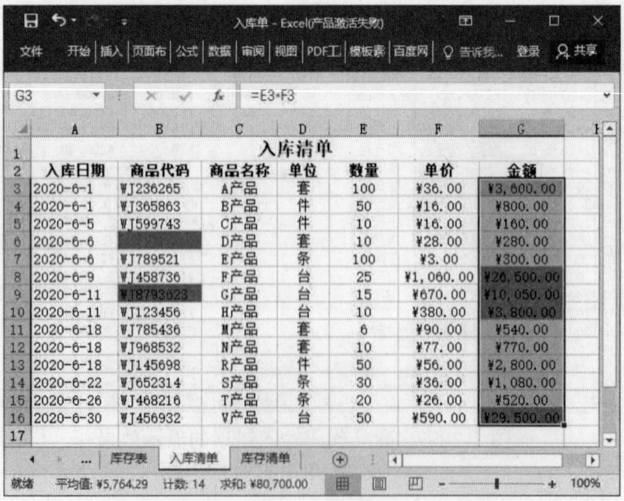

图 1-2-68　动态显示价值排行的效果

# 项目3　Excel 的高级应用

*知识点*

- 掌握公式的构成及使用
- 掌握函数的分类及引用
- 掌握常用函数的格式、功能及应用
- 掌握数据的分类汇总
- 掌握使用透视表进行数据分析

作为当前最流行的办公自动化软件之一，Excel 具有灵活的数据计算、精确的信息分析、管理电子表格或网页中的列表及协同办公等功能，这使得它在会计工作中大有作为。用户可以根据需要编制一些运算公式，Excel 将按公式自动完成这些运算。Excel 强大的数值计算、数据分析及管理功能，使用起来既快速又方便。

## 任务 1　认识 Excel 公式

Excel 公式是由数值、字符、单元格引用、函数以及运算符等组成的能够进行计算的表达式。这里，单元格引用指在公式中输入单元格地址时，该单元格中的内容也参加运算。当引用的单元格中的数据发生变化时，公式将自动重新进行计算并自动更新计算结果，用户可以随时观察数据之间的相互关系。

Excel 规定，公式必须以=（等号）开头，系统会将=号后面的字符串识别为公式。

### 1.1　公式中的运算符

公式中的运算符主要有算术运算符、字符运算符、比较运算符和引用运算符 4 种。运算符决定了公式的运算性质。

1. 算术运算符

算术运算符用来完成基本的数学运算。它连接数值，产生数值结果。主要的算术运算符见表 1-3-1。

表 1-3-1　算术运算符

| 运算符 | 功能 | 举例 | 运算结果 |
| --- | --- | --- | --- |
| +（加号） | 加法 | =20+30 | 50 |
| −（减号） | 减法 | =B3−E7 | 单元格 B3 的值减去单元格 E7 的值 |
| *（乘号） | 乘法 | =5*A4 | 5 乘以单元格 A4 的值 |
| /（除号） | 除法 | =25/5 | 5 |
| %（百分比运算） | 求百分数 | =20% | 0.2 |
| ^（指数运算） | 乘方 | =4^2 | 16 |

运算的优先次序：括号>指数>乘除>加减。

对于同级的运算符按照从左到右的顺序进行计算。

2. 字符运算符

字符运算符用于将两个字符串或多个字符串连接、合并为一个组合字符串，其运行结果为字符串。字符运算符见表 1-3-2。

表 1-3-2    字符运算符

| 运算符 | 功能 | 举例 | 运算结果 |
|---|---|---|---|
| &（连接） | 字符串的连接、合并 | ="中国"&"北京" | 中国北京 |

要连接或合并字符串，就需要进行字符运算。在字符运算的式子中除运算符和字符串外，还可以包含单元格引用。例如，假设 A2 单元格中有字符串"张山"，B2 单元格中有字符串"工资清单"，现要在两个字符串中间加上字符串"这个月的"，并将它们合并为一个字符串放在 C2 单元格中，我们可以在 C2 单元格中输入公式=A2&"这个月的"&B2，然后按 Enter 键即可。

3. 比较运算符

比较运算符用于比较两个数值的大小，其运算结果是逻辑值，即 True 或 False 两者之一，其中，True 为逻辑真，False 为逻辑假。比较运算符如表 1-3-3 所列。

表 1-3-3    比较运算符

| 运算符 | 功能 | 举例 | 运算结果 |
|---|---|---|---|
| =（等于） | 等于 | =50+6=56 | True（真） |
| >（大于） | 大于 | =50+46>100 | False（假） |
| <（小于） | 小于 | =50+77<200 | True（真） |
| >=（大于等于） | 大于等于 | =25+5>=115 | False（假） |
| <=（小于等于） | 小于等于 | =20+77<=97 | True（真） |
| <>（不等于） | 不等于 | =4<>2^2 | False（假） |

4. 引用运算符

引用运算符用于对单元格区域进行合并计算，其运算结果与被引用单元格性质相同。引用运算符如表 1-3-4 所列。

表 1-3-4    引用运算符

| 运算符 | 运算功能 | 举例 | 运算说明 |
|---|---|---|---|
| : | 区域运算 | =A1:C4 | A1 到 C4 单元区域 |
| , | 并集运算 | =B3,E7 | 单元格 B3 并 E7 |
| 空格 | 交集运算 | =A4 B5 | 单元格 A4 和 B5 的交集 |

### 1.2    各类运算符的优先级

运算符优先级是一套规则，该规则在进行表达式运算时用来控制运算符执行的顺序。具有较高优先级的运算符先于较低优先级的运算符执行。同级运算符按从左到右的顺序执行。

Excel 中，运算符的优先级由高到低如下所示：

引用运算符>算术运算符>字符运算符>比较运算符。

| 贴心提示 | 括号可以改变优先级。 |
|---|---|

### 1.3　单元格的引用

在对单元格进行操作或运算时，有时需要指出使用的是哪一个单元格，这就是引用。引用一般用单元格的地址来表示。

Excel 提供了 3 种不同的单元格引用：绝对引用、相对引用和混合引用。

1. 绝对引用

绝对引用指对单元格内容的完全套用，不加任何更改。无论公式被移动或复制到何处，所引用的单元格地址始终不变。绝对引用的表示形式为，在引用单元格列号和行号之前增加符号$。

例如，计算图 1-3-1 所示的"一月份管理费用开支"表的各项目在总费用中所占比例时，在单元格 C3 中输入公式=B3/$B$7，将此公式复制到 C4 单元格以后，被引用的公式变为=B4/$B$7，分母保持不变，因此，对 C3 单元格通过自动填充功能可计算出 C4～C6 的值。绝对引用的效果如图 1-3-2 所示。

图 1-3-1　一月份管理费用开支

图 1-3-2　绝对引用的效果

2. 相对引用

相对引用指引用的内容是相对而言的，其引用的是数据的相对位置。建立公式的单元格和被公式引用的单元格之间的相对位置关系始终保持不变。即在复制或移动公式时，随着公式所在单元格的位置改变，被公式引用的单元格的位置也进行相应调整以满足相对位置关系不变的要求。相对引用的表示形式为列号与行号。

例如，计算如图 1-3-3 所示的第一季度各月管理费用开支情况，则可以在 B7 单元格中输入公式=B3+B4+B5+B6，将此公式复制到 C7 单元格以后变为=C3+C4+C5+C6，将此公式复制到 D7 单元格后变为=D3+D4+D5+D6，因此，利用自动填充功能就可以通过 B7 的值复制并计算出 C7 和 D7 的值。相对引用的效果如图 1-3-4 所示。

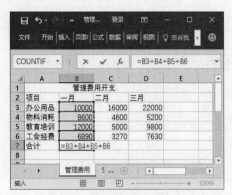
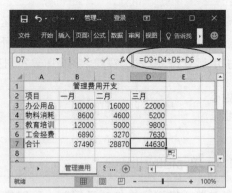

图 1-3-3　管理费用开支　　　　　　　　　　　图 1-3-4　相对引用的效果

### 3. 混合引用

混合引用指在一个单元格引用中既有绝对引用又有相对引用。当公式所在单元格位置改变时，相对引用的单元格改变，绝对引用的单元格不改变。

例如，计算如图 1-3-5 所示的折扣价时，在 C4 单元格中输入公式=B4/B\$1，B\$1 表示列引用为相对引用，行引用为绝对引用，利用自动填充功能计算 C5～C7 的值时，折扣率保持不变。混合引用效果如图 1-3-6 所示。

图 1-3-5　计算折扣价　　　　　　　　　　　图 1-3-6　混合引用效果

### 4. 地址类型的转换

在编辑公式时，当单击并选中某个单元格地址时是相对引用，按 F4 功能键，则可以将公式中用到的相对地址转换为绝对地址，即加上\$符号，再次按 F4 功能键，则变成混合引用。通过以上操作可以将公式中的单元格地址的类型进行转换。

例如，假设单元格 D1 中有公式=B1/C1，现想将其改为=B1/\$C\$1，可以进行如下操作：

（1）在编程栏中输入公式时单击 C1 单元格，输入 C1 的相对地址。

（2）按 F4 功能键，此时编辑栏上 C1 将自动变为\$C\$1。

（3）按 Enter 键，公式修改完毕。

**贴心提示**　　对于单元格地址，依次按下 F4 功能键可以循环改变公式中地址的类型，例如，对单元格 \$C\$1 连续按 F4 功能键，结果如下：\$C\$1→C\$1→\$C1→C1→\$C\$1。

# 任务 2　认识 Excel 函数

Excel 函数是预先定义好的特定计算公式，按照这个特定的计算公式
对一个或多个参数进行计算可得出一个或多个计算结果，即函数值。使用函数不仅可以完成许
多复杂的计算，而且还可以简化公式。

## 2.1　函数的格式

Excel 函数由等号、函数名和参数组成，其格式如下：

=函数名(参数 1,参数 2,参数 3,…)。

这里，函数名指明函数要执行的运算，例如，SUM 和 MAX 分别表示求和与求最大值；
参数为指定函数使用的数值、单元格引用或表达式；参数要用英文圆括号括起来，而且括号前
后不能有空格；当函数的参数在一个以上时，必须用逗号将它们分隔开。

例如，公式=PRODUCT(A1,A3,A5,A7,A9)表示将单元格 A1、A3、A5、A7、A9 中的数据
进行乘积运算。

另外，函数的每一个参数必须能产生一个有效值，函数的返回值就是计算结果。

## 2.2　函数的分类

Excel 为用户提供了十几类数百个函数，包括常用函数、财务函数、日期与时间函数、数
学与三角函数、统计函数、查找与引用函数、数据库函数、文本函数、逻辑函数以及信息函数
等。用户可以在公式中使用函数进行运算。在图 1-3-7 所示的"插入函数"对话框中可以查看
有关函数的分类及各类函数的函数名。

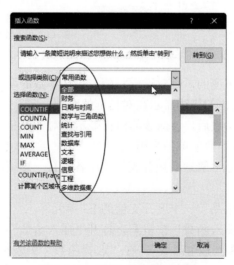

图 1-3-7　"插入函数"对话框

## 2.3　函数的引用

Excel 函数既可以被单独引用也可以在公式中被引用。

1. 单独引用

当用户要单独使用函数时，可以通过单击编辑区的"插入函数"按钮*fx*，打开"插入函数"对话框或单击"公式"/"函数库"组中的相应按钮选择所需类型函数。具体操作步骤如下所述。

（1）单击编辑区的"插入函数"按钮*fx*，打开"插入函数"对话框，在对话框的"或选择类别"下拉列表中选择函数类别，譬如"常用函数"，然后在"选择函数"列表框中选择该类函数的某个函数，譬如 SUM 函数，如图 1-3-8（a）所示，此时该函数被选中，其功能将显示在对话框的下面。

（2）单击"确定"按钮或按 Enter 键，打开"函数参数"对话框，如图 1-3-8（b）所示。利用单元格的引用方式输入参加计算的单元格区域，譬如 C4:F4，或单击 📷 按钮，在打开的工作表中利用鼠标指针框选参数所在区域。

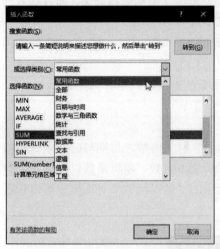

（a）"插入函数"对话框　　　　　　（b）"函数参数"对话框

图 1-3-8　插入函数及设置参数

（3）若函数的参数是可变的，则对话框将随着可选参数的增多而扩大，但参数最多为 5 组。含有插入点的参数编辑框的描述显示在对话框的底部。

（4）在编辑框中输入参数后，该函数的值将显示在对话框左下方的"计算结果="之后，单击"确定"按钮即可完成函数的单独引用。

例如，计算图 1-3-3 所示"管理费用开支"表中各项目一季度的开支，具体操作步骤如下所述。

（1）选中存放"办公用品"一季度开支值的 E3 单元格。

（2）单击编辑区的"插入函数"按钮*fx*，打开"插入函数"对话框，在该对话框的"或选择类别"下拉列表中选择"常用函数"，在"选择函数"列表框中选择 SUM 函数，如图 1-3-8（a）所示。

（3）单击"确定"按钮，在打开的"函数参数"对话框中输入 B3:D3，或单击"折叠"按钮 ⬆ 折叠"函数参数"对话框，在工作表中框选出计算范围，如图 1-3-9 所示。

图 1-3-9 框选出计算范围

（4）单击"展开"按钮 ，展开"函数参数"对话框；单击"确定"按钮，计算"办公用品"一季度总的费用开支。

（5）将光标放置在 E3 单元格右下角，当光标变为 ✚ 形状时拖拽鼠标进行自动填充，计算出其他项目一季度总的费用开支，效果如图 1-3-10 所示。

图 1-3-10 函数应用效果

2. 在公式中引用

函数除了可以单独引用外还可以出现在公式或函数中。如果函数与其他信息一起被编写在公式中，就得到了包含函数的公式。

具体操作步骤如下所述。

（1）单击要输入公式的单元格，输入等号=。

（2）依次输入组成公式的单元格引用、数值、字符、运算符等。

（3）公式中的函数可以直接输入函数名及参数，也可以利用"插入函数" $f_x$ 按钮选择函数输入，或者单击"公式"选项卡，在"函数库"功能区选择函数。

（4）按 Enter 键完成公式运算。

例如，继续计算图 1-3-10 所示"管理费用开支"表中各项目一季度的开支占总开支的比例。具体操作步骤如下所述。

（1）单击 F3 单元格，输入=，单击 E3 单元格引用该单元格地址，输入/，单击地址栏前面的 SUM 函数，如图 1-3-11 所示，弹出"函数参数"对话框。

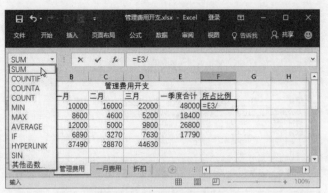

图 1-3-11 选择 SUM 函数

（2）单击  按钮，将"函数参数"对话框折叠，在"管理费用开支"表中框选出计算范围 E3:E6，如图 1-3-12 所示。

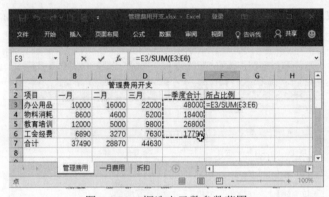

图 1-3-12 框选出函数参数范围

（3）在编辑栏的"（"之后单击进行光标定位，按 F4 功能键，将 E3 转换为 $E$3，再次将光标定位在"："之后，按 F4 功能键，将 E6 转换为 $E$6，如图 1-3-13 所示。

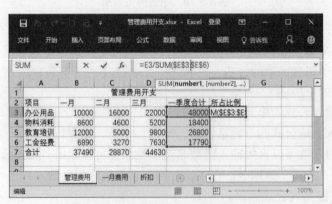

图 1-3-13 将相对地址转换为绝对引用

（4）单击 按钮，展开"函数参数"对话框，单击"确定"按钮，计算结果以小数形式显示。单击"开始"/"数字"组的"百分比"按钮 ％，在弹出的下拉列表中选择"百分比"，结果如图 1-3-14 所示。

图 1-3-14　办公用品一季度支出比例

（5）其他项目的计算公式类似，利用自动填充功能即可完成。最后的计算结果如图 1-3-15 所示。

图 1-3-15　各项目一季度支出比例

### 2.4　通配符的使用

在 Excel 表格中，如果要查找某些字符相同但其他字符不一定相同的文本时，可以使用通配符。一个通配符代表一个或多个未确定的字符。通配符一般有?和*两个符号，它们代表不同的含义。

（1）?（问号）。表示查找与问号所在位置相同的任意一个字符。例如，"入库?"将查找到"入库单""入库表""入库本"或"入库簿"等。

（2）*（星号）。表示查找与星号所在位置相同的任意多个字符。例如，"*店"将查找到"商店""上海店"或"商务饭店"等。

# 任务 3　使用 Excel 函数

使用 Excel 函数

在日常会计工作中，用户经常使用 Excel 提供的常用函数、财务函数、日期与时间函数以及统计函数进行计算和财务分析。这里仅对日常会计工作中用到的函数进行说明。

## 3.1 数学函数

### 1. SUM()函数

[格式] SUM(单元格区域)。

[功能] 求指定单元格区域内所有数值的和。

[举例] 输入= SUM(3,5)，其结果为 8。

输入= SUM(3,"5",TRUE)，由于文本值被转换为数字，逻辑值 TRUE 被转换成数字 1，此时结果为"将 3、5 和 1 相加"，即结果为 9。

输入= SUM(A2:A5)，结果为"将 A2、A3、A4、A5 单元格的内容相加"。

输入= SUM(A2:D5)，结果为"将由 A2 到 D5 的矩形区域内的所有的数值相加"。

输入= SUM(E:E)，结果为"将 E 列所有的数相加"。

贴心提示
- 单元格区域是指 1～30 个需要求和的参数。
- 若在单元格区域中输入数字、逻辑值或由数字组成的文本表达式，它们将直接参与计算。
- 如果单元格区域内为数组或引用，只有其中的数字将被计算，数组或引用中的空白单元格、逻辑值、文本或错误值将被忽略。
- 如果单元格区域内为错误值或是不能转换为数字的文本，将会导致错误。

**实例**    在如图 1-3-16 所示的"往来账户余额对比"表中，要求：①对 B 列 2019 年金额求和；②对单位 1、单位 2、单位 5、单位 7 等 4 个单位的 2019 年金额求和；③对单位 3 和单位 4 的 2020 年金额求和。

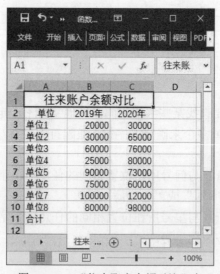

图 1-3-16    "往来账户余额对比"表

具体操作步骤如下所述。

（1）单击 B11 单元格，单击"公式"/"函数库"组的"最近使用的函数"按钮，在弹出的下拉列表中选择 SUM，打开"函数参数"对话框，计算单元格区域自动为 B3:B10，此时，编辑栏显示=SUM(B3:B10)，如图 1-3-17 所示。

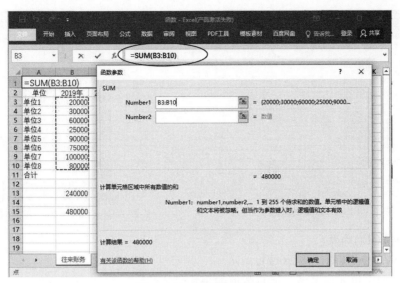

图 1-3-17 选择连续区域

（2）单击"确定"按钮，计算结果将显示在 B11 单元格中。

（3）单击 B13 单元格，单击"公式"/"函数库"组的"插入函数"按钮 $fx$，弹出"插入函数"对话框，在"选择函数"列表中选择 SUM，单击"确定"按钮，弹出"函数参数"对话框，在工作表中选择 B3:B4 区域，按住 Ctrl 键，依次单击 B7、B9 单元格，此时编辑栏显示=SUM(B3:B4,B7,B9)，如图 1-3-18 所示。

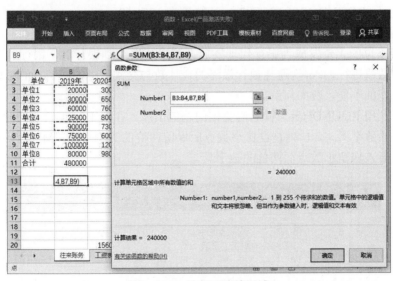

图 1-3-18 选择不连续区域

（4）单击"确定"按钮，计算结果将显示在 B13 单元格中。

（5）单击 C13 单元格，输入=SUM(5:6 C:C)，此时，在工作表中出现交叉区域，如图 1-3-19 所示。由于单位 3 与单位 4 所在行数分别为第 5、6 行，而 2016 年合计数是 C 列，所以计算区域是 5:6 和 C:C 的交叉区域，即 C5:C6 区域。

（6）按 Enter 键，计算结果将显示在 C13 单元格中。最终计算结果如图 1-3-20 所示。

图 1-3-19　选择交叉区域

图 1-3-20　最终计算结果

2. AVERAGE()函数

[格式]　AVERAGE(单元格区域)。

[功能]　求指定单元格区域内所有数值的平均值。

[举例]　输入=AVERAGE(B2:E9)，结果为从左上角 B2 到右下角 E9 的矩形区域内所有数值的平均值。

3. ROUND()函数

[格式]　ROUND(数值表达式,n)。

[功能]　对数值表达式求值并保留小数点后 n 位小数，并对小数点后第 n+1 位进行四舍五入处理。

[举例]　输入=ROUND(1756.68563,2)，其结果为 1756.69。

　　　　输入=ROUND(1756.68563,-2)，其结果为 1800。

**实例**　某单位的工资发放为银行代理发放，将工资表交到银行后，银行的工作人员会按照实际显示的数值进行输入，为避免银行最终的合计数与交到银行的工资表的工资合计数产生误差，造成工作的不便，应如何解决？

事实上，利用 ROUND()函数就能避免该问题的出现。在图 1-3-21 所示的职工工资表中，K 列是常规下的数字格式，L 列是设置小数点后保留两位的数字格式，M 列为利用 ROUND()函数进行四舍五入保留小数点后两位的数字。

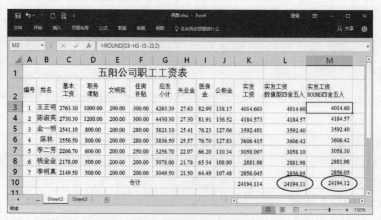

图 1-3-21　职工工资表

L 列与 M 列合计数相差 0.01，哪一个是正确的呢？事实上，两者都没有错。因为 L 列参与运算的是包括小数点后的所有小数，而不只是显示的两位小数；M 列是利用 ROUND 函数把数值变成了实际的两位小数格式，其合计数也是 M 列数据按照实际显示的数值进行运算的。

操作步骤如下所述。

（1）单击 M3 单元格，单击"公式"/"函数库"组的"插入函数"按钮 *fx*，弹出"插入函数"对话框，在"选择函数"列表中选择 ROUND，单击"确定"按钮，弹出"函数参数"对话框，单击 G3 单元格，输入-，单击 H3 单元格，输入-，单击 I3 单元格，输入-，单击 J3 单元格，输入",2"，此时编辑栏显示=ROUND(G3-H3-I3-J3,2)，如图 1-3-22 所示。

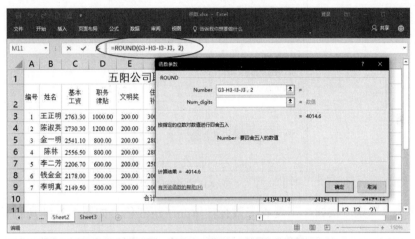

图 1-3-22　输入 ROUND 函数的参数

（2）单击"确定"按钮，计算结果显示在 M3 单元格，将光标移至 M3 右下角，当光标变为╋形状时拖拽鼠标进行自动填充，计算 M 列其他单元格的值。

4. MOD()函数

[格式] MOD(除数,被除数)。

[功能] 返回两数相除的余数，结果的正负号与除数相同。

[举例] 输入= MOD(6,2)，其结果为 0。

输入= MOD(10,-3)，其结果为 1。

输入= MOD(-10,4)，其结果为-2。

实例　在如图 1-3-21 所示的职工工资表中，将奇数行填充为浅红色。

操作步骤如下所述。

（1）拖拽鼠标选择 A1:M10 填充区域，单击"开始"/"样式"组的"条件格式"按钮 ，在弹出的格式列表中选择"新建规则"，打开"新建格式规则"对话框，在"选择规则类型"列表中单击"使用公式确定要设置格式的单元格"选项，在"为符合此公式的值设置格式"文本框中输入=MOD(ROW(),2)。

贴心提示　ROW()函数为返回当前行；MOD(ROW(),2)为取当前行除以 2 的余数，余数为 0 则为偶数行，余数为 1 则为奇数行，即条件为真则填充颜色（浅红色）。

（2）单击"格式"按钮，在弹出的"设置单元格格式"对话框中单击"填充"选项卡，在色板中单击"其他颜色"按钮，弹出"颜色"对话框，在"标准"选项卡下选择"浅红色"色块，单击"确定"按钮返回"设置单元格格式"对话框，单击"确定"按钮返回"新建格式规则"对话框，如图 1-3-23 所示。

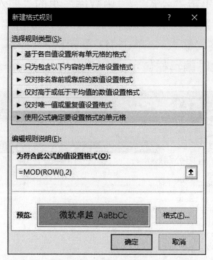

图 1-3-23　"新建格式规则"对话框

（3）单击"确定"按钮，工资表奇数行被填充了浅红色，如图 1-3-24 所示。

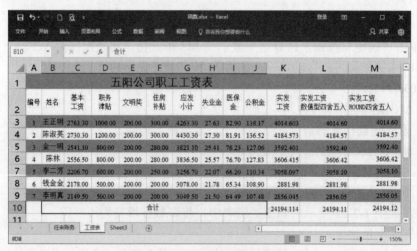

图 1-3-24　奇数行填充浅红色

5. SUMIF()函数

[格式] SUMIF(单元格区域 1,条件,单元格区域 2)。

[功能] 对于"单元格区域 1"范围内的单元格进行条件判断，将满足条件的对应的"单元格区域 2"中的单元格求和。

[举例] 输入=SUMIF(C3:C9,211,F3:F9)，其结果是将 C3:C9 区域中值为 211 的对应在 F3:F9 区域中的同行单元格的值相加。

SUMIF()函数常用于进行分类汇总。

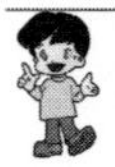

**实例**　图 1-3-25 所示为“公司年终销售业绩统计表”，分别统计各部门的总销售额。

| | A | B | C | D | E |
|---|---|---|---|---|---|
| 1 | 公司年终销售业绩统计表 | | | | |
| 2 | 姓名 | 部门 | 年销售额（万元） | 提成奖金（元） | |
| 3 | 王正明 | 市场一部 | 200.5 | 20050 | |
| 4 | 陈淑英 | 市场三部 | 198.6 | 19860 | |
| 5 | 金一明 | 市场一部 | 150 | 15000 | |
| 6 | 陈林 | 市场二部 | 87.2 | 8720 | |
| 7 | 李二芳 | 市场二部 | 220 | 22000 | |
| 8 | 钱金金 | 市场一部 | 173 | 17300 | |
| 9 | 李明真 | 市场三部 | 97.6 | 9760 | |
| 10 | | | | | |
| 11 | | | | | |
| 12 | | | 总销售额 | | |
| 13 | | 市场一部 | | | |
| 14 | | 市场二部 | | | |
| 15 | | 市场三部 | | | |

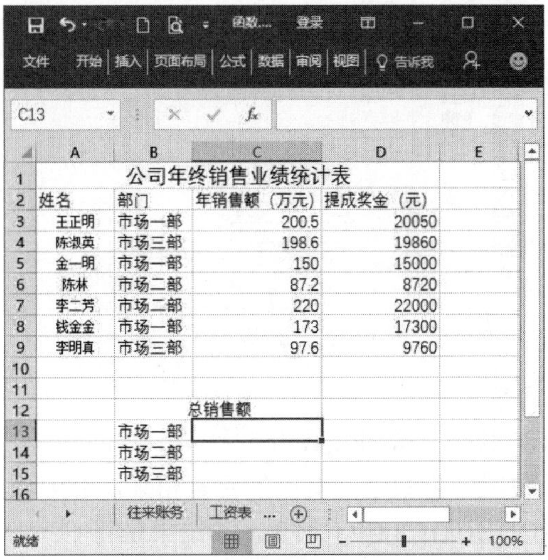

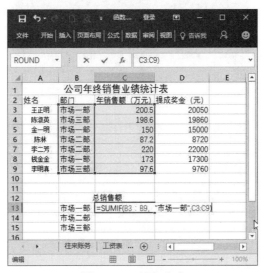

图 1-3-25　公司年终销售业绩统计表

操作步骤如下所述。

（1）单击 C13 单元格，输入公式=SUMIF(B3:B9,"市场一部",C3:C9)，如图 1-3-26 所示，单击“输入”按钮✔，结果将显示在 C13 单元格中。

| | A | B | C | D | E |
|---|---|---|---|---|---|
| 1 | 公司年终销售业绩统计表 | | | | |
| 2 | 姓名 | 部门 | 年销售额（万元） | 提成奖金（元） | |
| 3 | 王正明 | 市场一部 | 200.5 | 20050 | |
| 4 | 陈淑英 | 市场三部 | 198.6 | 19860 | |
| 5 | 金一明 | 市场一部 | 150 | 15000 | |
| 6 | 陈林 | 市场二部 | 87.2 | 8720 | |
| 7 | 李二芳 | 市场二部 | 220 | 22000 | |
| 8 | 钱金金 | 市场一部 | 173 | 17300 | |
| 9 | 李明真 | 市场三部 | 97.6 | 9760 | |
| 10 | | | | | |
| 11 | | | | | |
| 12 | | | 总销售额 | | |
| 13 | | 市场一部 | =SUMIF(B3:B9,"市场一部",C3:C9) | | |
| 14 | | 市场二部 | | | |
| 15 | | 市场三部 | | | |

图 1-3-26　输入公式

（2）单击 C14 单元格，输入公式=SUMIF(B3:B9,"市场二部",C3:C9)，单击“输入”按钮✔，单击 C15 单元格，输入公式=SUMIF(B3:B9,"市场三部",C3:C9)，单击“输入”按钮✔。最终统计结果如图 1-3-27 所示。

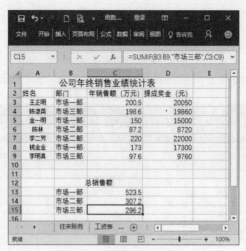

图 1-3-27    最终统计结果

6.  SUMPRODUCT()函数

[格式]  SUMPRODUCT(数组 1,数组 2,数组 3,…)。

[功能]  在给定的几组数组中将数组间对应的元素相乘，并返回乘积之和。

[举例]  输入=SUMPRODUCT(C3:C9,F3:F9)，其结果是将 C3:C9 数组中与对应的 F3:F9 的同行单元格的值相乘，即 C3*F3+C4*F4+C5*F5+C6*F6+C7*F7+C8*F8+C9*F9。

**实例**    在如图 1-3-28 所示的"库存清单"表中，要求：①在不添加金额列情况下计算总金额；②计算供应商 WJ2 入库的空调型号种类；③计算供应商 WJ1 入库的空调数量。

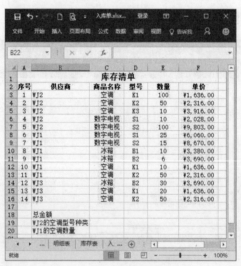

图 1-3-28    "库存清单"表

操作步骤如下所述。

（1）单击 C18 单元格，单击"公式"/"函数库"组的"插入函数"按钮 $f_x$，弹出"插入函数"对话框，在"或选择类别"列表中选择"数学与三角函数"，在"选择函数"列表中选择 SUMPRODUCT，单击"确定"按钮，弹出"函数参数"对话框，在 Array1（数组 1）文本框中输入 E3:E16，在 Array2（数组 2）文本框中输入 F3:F16，如图 1-3-29 所示。

图 1-3-29　"函数参数"对话框

（2）单击"确定"按钮，总金额将显示在 C18 单元格中。单击"开始"/"数字"组的下拉列表，选择"货币"数字格式。

（3）单击 C19 单元格，单击"公式"/"函数库"组的"插入函数"按钮 $fx$，弹出"插入函数"对话框，在"或选择类别"列表中选择"数学与三角函数"，在"选择函数"列表中选择 SUMPRODUCT，单击"确定"按钮，弹出"函数参数"对话框。

（4）在 Array1 文本框中输入(B3:B16="WJ2")*(C3:C16="空调")，此时，编辑栏显示 =SUMPRODUCT((B3:B16="WJ2")*(C3:C16="空调"))，如图 1-3-30 所示。

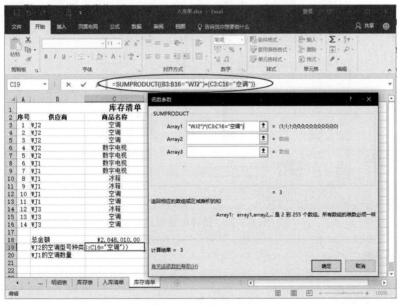

图 1-3-30　输入参数

（5）单击"确定"按钮，供应商 WJ3 的空调型号的种类显示在 C19 单元格中。

（6）单击 C20 单元格，输入=SUMPRODUCT((B3:B16="WJ1")*(C3:C16="空调")*E3:E16)，如图 1-3-31 所示。

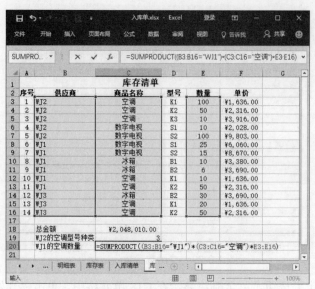

图 1-3-31　输入函数及参数

（7）单击编辑栏的"输入"按钮 ✔，结果将显示在 C20 单元格中。最终的计算结果如图 1-3-32 所示。

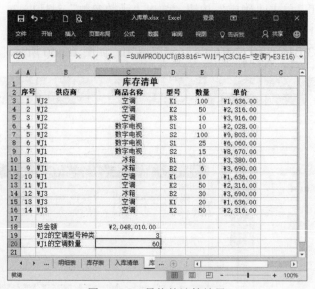

图 1-3-32　最终的计算结果

### 3.2　统计函数

1. COUNTIF()函数

[格式]　COUNTIF(单元格区域,条件)。

[功能]　计算给定单元格区域内满足给定条件的单元格的数目。

[举例]　输入=COUNTIF(C3:C9,211)，其结果是单元格区域 C3:C9 中值为 211 的单元格的个数。

贴心提示　在数据汇总统计分析中，COUNT()函数和 COUNTIF()函数是非常实用的。

**实例**　在如图 1-3-25 所示的"公司年终销售业绩统计表"中，分别统计各部门的销售人员数量。

操作步骤如下所述。

（1）单击 D13 单元格，单击编辑区的"插入函数"按钮 $f_x$，弹出"插入函数"对话框，在"或选择类别"列表中选择"统计"，在"选择函数"列表中选择 COUNTIF，单击"确定"按钮，弹出"函数参数"对话框，单击 Range 栏，在工作表中框选 B3:B9 单元格区域，单击 Criteria 栏，在工作表中单击 B3 单元格，如图 1-3-33 所示。

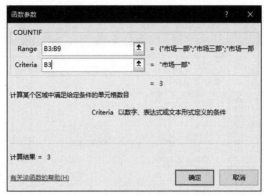

图 1-3-33　"函数参数"对话框

（2）单击"确定"按钮，结果将显示在 D13 单元格中。

（3）同理，单击 D14 单元格，输入公式=COUNTIF(B3:B9,"市场二部")，单击"输入"按钮；单击 D15 单元格，输入公式=COUNTIF(B3:B9,"市场三部")，单击"输入"按钮。最终人数统计结果如图 1-3-34 所示。

图 1-3-34　最终人数统计结果

2. COUNT()函数

[格式] COUNT(单元格区域)。

[功能] 计算指定单元格区域内数值型参数的数目。

[举例] 输入=COUNT(B3:H3)，结果为 B3 到 H3 区域内数值型参数的数目。

3. COUNTA()函数

[格式] COUNTA(单元格区域)。

[功能] 计算指定单元格区域内非空值参数的数目。

[举例] 输入=COUNTA(B3:H3)，结果为 B3 到 H3 区域内数据项的数目。

**实例** 某单位年末清理欠款，在如图 1-3-35 所示的"欠款登记表"中，分别统计已经还款单位数、应还款单位数及未还款单位数。

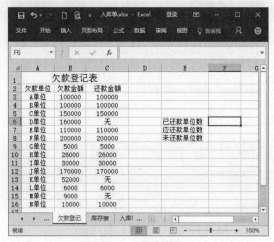

图 1-3-35 欠款登记表

操作步骤如下所述。

（1）单击 F6 单元格，单击"开始"/"编辑"组的"自动求和"按钮 **Σ** 旁的下三角按钮，在弹出的下拉菜单中选择"计数"选项，在"欠款登记表"中框选 C3:C16 单元格区域，此时编辑栏中显示=COUNT(C3:C16)，如图 1-3-36 所示。

图 1-3-36 COUNT()函数计算

（2）按 Enter 键确认，已还款单位数显示在 F6 单元格中。

（3）单击 F7 单元格，单击"公式"/"函数库"组的"其他函数"按钮[插图]，在弹出的下拉菜单中选择"统计"子菜单，在级联菜单中选择 COUNTA 选项，打开"函数参数"对话框。

（4）将光标定位在第 1 个参数处并删除原默认参数，在"欠款登记表"中框选 C3:C16 单元格区域，此时编辑栏中显示=COUNTA(C3:C16)，如图 1-3-37 所示。

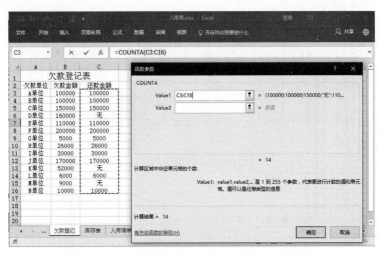

图 1-3-37　"函数参数"对话框（COUNTA()函数）

（5）单击"确定"按钮，应还款单位数显示在 F7 单元格中。

（6）单击 F8 单元格，单击"公式"/"函数库"组的"其他函数"按钮[插图]，在弹出的下拉菜单中选择"统计"子菜单，在级联菜单中选择"COUNTIF"选项，打开"函数参数"对话框。

（7）将光标定位在第 1 个参数处，在"欠款登记表"中框选 C3:C16 单元格区域，光标定位在第 2 个参数处，输入"无"，此时编辑栏中显示=COUNTIF(C3:C16,"无")，如图 1-3-38 所示。

图 1-3-38　"函数参数"对话框（COUNTIF()函数）

（8）单击"确定"按钮，未还款单位数显示在 F8 单元格中。最终计算结果如图 1-3-39 所示。

图 1-3-39 最终计算结果

### 4. MAX()函数

[格式] MAX(单元格区域)。

[功能] 求指定单元格区域内所有数值的最大值。

[举例] 输入=MAX(B3:H6)，结果为从左上角 B3 到右下角 H6 的矩形区域内所有数值的最大值。例如，输入=MAX(3,5,12,33)，结果为 33。

### 5. MIN()函数

[格式] MIN(单元格区域)。

[功能] 求指定单元格区域内所有数值的最小值。

[举例] 输入=MIN(B3:H6)，结果为从左上角 B3 到右下角 H6 的矩形区域内所有数值的最小值。例如，输入=MIN(3,5,12,33)，结果为 3。

**实例** 在如图 1-3-25 所示的"公司年终销售业绩统计表"中，分别统计最高销售额和最低销售额。

操作步骤如下所述。

（1）单击 C11 单元格，单击"开始"/"编辑"组的"自动求和"按钮 **Σ** 旁的下三角按钮，在弹出的下拉菜单中选择"最大值"选项，在"公司年终销售业绩统计表"中框选 C3:C9 单元格区域，此时编辑栏中显示=MAX(C3:C9)，如图 1-3-40 所示。

（2）按 Enter 键确认，最高销售额显示在 C11 单元格中。

（3）单击 C12 单元格，单击"开始"/"编辑"组的"自动求和"按钮 **Σ** 旁的下三角按钮，在弹出的下拉菜单中选择"最小值"选项，在"公司年终销售业绩统计表"中框选 C3:C9 单元格区域，此时编辑栏中显示=MIN(C3:C9)，如图 1-3-41 所示。

图 1-3-40　计算最大值　　　　　　　图 1-3-41　计算最小值

（4）按 Enter 键确认，最低销售额显示在 C12 单元格中。

### 3.3　查找与引用函数

**1. VLOOKUP()函数**

[格式]　VLOOKUP (查找目标,查找区域,相对列数,TRUE 或 FALSE)。

[功能]　在指定查找区域内查找指定的值并返回当前行中指定列的数值。VLOOKUP()函数是常用的函数之一，它可以指定位置查找和引用数据，进行表和表的核对，利用模糊运算进行区间查询。

[举例]　输入=VLOOKUP(B2,$D$2:$F$9,2,0)，结果为在 D2:F9 范围内精确查找与 B2 值相同的在第 2 列的数值。

**实例**　在如图 1-3-42 所示的"职工工资表"中，根据姓名分别从"基本工资"表、"职工信息"表和"提成"表中查找该职工的基本工资、工资级别和提成。

图 1-3-42　职工工资表

操作步骤如下所述。

（1）单击 C3 单元格，单击"公式"/"函数库"组的"查找与引用"按钮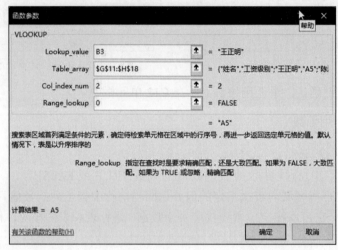，在弹出的下拉菜单中选择 VLOOKUP 选项，打开"函数参数"对话框。

（2）将光标定位在第 1 个参数处，在"职工工资表"中单击 B3 单元格；将光标定位在第 2 个参数处，在"职工信息"表中框选 G11:H18 单元格区域，按 F4 功能键将其转化成绝对地址$G$11:$H$18；将光标定位在第 3 个参数处，输入 2；将光标定位在第 4 个参数处，输入 0，进行精确查找。此时编辑栏中显示=VLOOKUP(B3,$G$11:$H$18,2,0)，如图 1-3-43 所示。

图 1-3-43  "函数参数"对话框 1（VLOOKUP()函数）

（3）单击"确定"按钮，职工"王正明"的工资级别显示在 C3 单元格中，将光标放置在 C3 单元格右下角，当光标变为╋形状时拖拽鼠标至 C9 进行自动填充，计算出其他职工的工资级别。

（4）单击 D3 单元格，单击"公式"/"函数库"组的"查找与引用"按钮，在弹出的下拉菜单中选择 VLOOKUP 选项，打开"函数参数"对话框。

（5）将光标定位在第 1 个参数处，在"职工工资表"中单击 C3 单元格；将光标定位在第 2 个参数处，在"基本工资"表中框选 G2:H9 单元格区域，按 F4 功能键将其转化成绝对地址$G$2:$H$9；将光标定位在第 3 个参数处，输入 2；将光标定位在第 4 个参数处，输入 0，进行精确查找。此时编辑栏中显示=VLOOKUP(C3,$G$2:$H$9,2,0)，如图 1-3-44 所示。

（6）单击"确定"按钮，职工"王正明"的基本工资显示在 D3 单元格中，从 D3 单元格自动填充至 D9 单元格，计算出其他职工的基本工资。

（7）单击 E3 单元格，单击"公式"/"函数库"组的"查找与引用"按钮，在弹出的下拉菜单中选择 VLOOKUP 选项，打开"函数参数"对话框。

（8）将光标定位在第 1 个参数处，在"职工工资表"中单击 B3 单元格；将光标定位在第 2 个参数处，在"提成"表中框选 C11:D18 单元格区域，按 F4 功能键将其转化成绝对地址$C$11:$D$18；将光标定位在第 3 个参数处，输入 2；将光标定位在第 4 个参数处，输入 0，进行精确查找。此时编辑栏中显示=VLOOKUP(B3,$C$11:$D$18,2,0)，如图 1-3-45 所示。

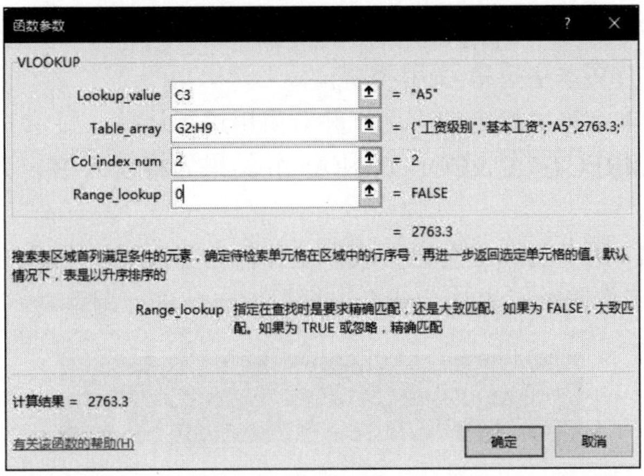

图 1-3-44　"函数参数"对话框 2（VLOOKUP()函数）

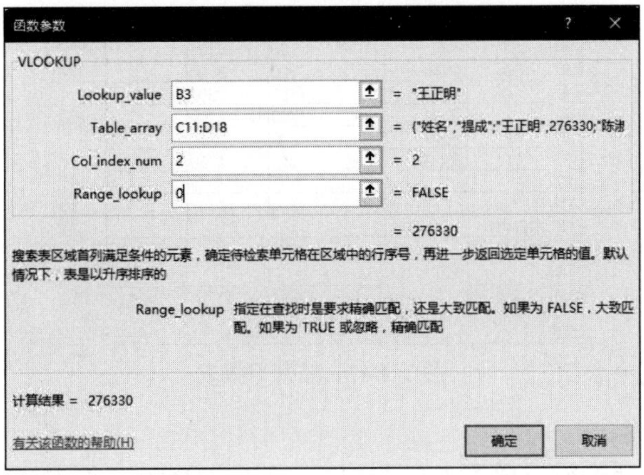

图 1-3-45　"函数参数"对话框 3（VLOOKUP()函数）

（9）单击"确定"按钮，职工"王正明"的提成显示在 E3 单元格中，从 E3 单元格自动填充至 E9 单元格，计算其他职工的提成，最终计算结果如图 1-3-46 所示。

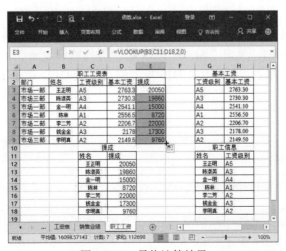

图 1-3-46　最终计算结果

2. INDIRECT()函数

[格式] INDIRECT(文本字符串,引用类型)。

[功能] 返回由文本字符串指定的引用，并对引用进行计算，显示其内容。

[举例] 输入=INDIRECT("A"&COLUMN(A1))，结果为将以 A 字符为列标的单元格按照当前行号进行横向排列。

**实例**    在图 1-3-47 所示的"经营日报表"工作簿中显示了 1 日和 2 日的日报表，请设置累计公式，当新添加工作表时，累计公式会根据日期自动进行调整。

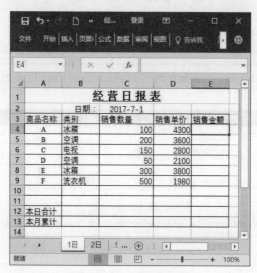

图 1-3-47    经营日报表

操作步骤如下所述。

（1）计算每日销售金额。单击 E4 单元格，输入=C4*D4，按 Enter 键，A 商品的销售金额将显示在 E4 单元格中，拖拽鼠标自动填充至 E9 单元格，计算其他商品的销售金额。

（2）计算本日合计。单击 D12 单元格，单击"开始"/"编辑"组的"自动求和"按钮 **Σ** 旁的下三角按钮，在弹出的下拉菜单中选择"求和"选项，此时编辑栏中显示=SUM(D4:D11)，单击"输入"按钮✓，得到销售单价合计；同理，单击 E12 单元格，单击"开始"/"编辑"组的"自动求和"按钮 **Σ** 旁的下三角按钮，在弹出的下拉菜单中选择"求和"选项，此时编辑栏中显示=SUM(E4:E11)，单击"输入"按钮✓，得到销售金额合计。

（3）设置 1 日的日报表累计。单击 D13 单元格，输入=D12，单击 E13 单元格，输入=E12，如图 1-3-48 所示。

 贴心
提示    每月 1 日是当月数据累计的开始，因此，可以直接设置累计单元格等于当天数据。

（4）对于 2 日的经营日报表，其销售金额、本日合计与 1 日的计算方法相同。

 贴心
提示    每月真正设置日报表累计公式是在 2 日经营日报表中进行的，其累计公式只需要在 2 日日报表中设置，以后添加的日报表只需要复制 2 日的格式，把日期改为当天即可。

图 1-3-48　1 日报表计算结果

（5）设置 2 日日报表累计。单击 D13 单元格，输入=INDIRECT(DAY(C2)-1&"日!D13")+
D12，按 Enter 键，得到 2 日累计单价；单击 E13 单元格，输入=INDIRECT(DAY(C2)-1&"日!E13")+
E12，按 Enter 键，得到 2 日累计销售金额，如图 1-3-49 所示。

 贴心
提示

> 本例用 DAY(C2)-1 取出上日期，用&将其与上日天数"日!D13"连接起来，形成完整的
> 单元格地址字符串，最后用 INDIRECT()函数把字符串转换为可以返回值的引用，从而将上日
> 的累计数取出来。

图 1-3-49　2 日累计公式的设置

3. ROW()函数

[格式] ROW(单元格区域)。

[功能] 返回单元格区域左上角的行号，若省略，返回当前行号。

[举例] 在 C9 单元格中输入=ROW(A3:G7)，结果为 3；输入=ROW(B6)，结果为 6；输入=ROW()，结果为 9。

4. COLUMN()函数

[格式] COLUMN (单元格区域)。

[功能] 返回单元格区域左上角的列号，若省略，返回当前列号。

[举例] 在 C9 单元格中输入=COLUMN(A3:G7)，结果为 1；输入=COLUMN(B6)，结果为 2；输入=COLUMN()，结果为 3。

 贴心提示　ROW()函数和 COLUMN()函数在公式填充和数组公式中发挥着不可替代的作用。

5. OFFSET()函数

[格式] OFFSET(引用,行偏移,列偏移,行数,列数)。

[功能] 以引用的左上角单元格为基准，按指定的行偏移、列偏移、行数、列数返回一个新的引用。

**实例**　在如图 1-3-50 所示的"上半年各项费用使用情况"表中，使用 OFFSET()函数获取单元格内容。

| | A | B | C | D | E | F | G |
|---|---|---|---|---|---|---|---|
| 1 | 上半年各项费用使用情况 | | | | | | |
| 2 | 费用项目 | 1月 | 2月 | 3月 | 4月 | 5月 | 6月 |
| 3 | 工资 | 100 | 200 | 300 | 400 | 500 | 600 |
| 4 | 福利费 | 101 | 201 | 301 | 401 | 501 | 601 |
| 5 | 办公费 | 102 | 202 | 302 | 402 | 502 | 602 |
| 6 | 汽车费 | 103 | 203 | 303 | 403 | 503 | 603 |
| 7 | 差旅费 | 104 | 204 | 304 | 404 | 504 | 604 |
| 8 | 宣传费 | 105 | 205 | 305 | 405 | 505 | 605 |
| 9 | | | | | | | |
| 10 | | | A3 | | | | |
| 11 | | | C3 | | | | |
| 12 | | | A7 | | | | |
| 13 | | | G5 | | | | |
| 14 | | | SUM | | | | |
| 15 | | | SUM | | | | |
| 16 | | | | | | | |

图 1-3-50　"上半年各项费用使用情况"表

操作步骤如下所述。

（1）单击 D10 单元格，输入=OFFSET(A2,1,0)，按 Enter 键，返回 A2 单元格向下移动 1 个单元格位置（即 A3）的值"工资"。

（2）单击 D11 单元格，单击"公式"/"函数库"组的"查找与引用"按钮，在弹出的下拉菜单中选择 OFFSET 选项，打开"函数参数"对话框。

（3）将光标定位在第 1 个参数处，单击 A2 单元格；将光标定位在第 3 个参数处，输入 1；将光标定位在第 3 个参数处，输入 2。此时编辑栏中显示=OFFSET(A2,1,2)，单击"确定"按钮，返回 C3 的值。

（4）单击 D12 单元格，输入=OFFSET(A7,-1,0)，按 Enter 键，返回 A7 单元格向上移动 1 个单元格位置（即 A6）的值"汽车费"。

（5）单击 D13 单元格，输入=SUM(OFFSET(B3,,,2,2))，按 Enter 键，返回以 B3 单元格为左上角，向下 2 列向右 2 列区域的和，即 SUM(B3:C4)的值。

（6）单击 D14 单元格，输入=SUM(OFFSET(A2,1,3,2,3))，按 Enter 键，将返回以 A2 单元格向下 1 个单元格向右 3 个的单元格位置（即 D3 单元格）为左上角，向下 2 列向右 3 列区域的和，即 SUM(D3:F4)的值。

（7）单击 D15 单元格，输入=SUM(OFFSET(B3:C4,1,1))，按 Enter 键，返回 B3:C4 区域向下移动 1 行、向右移动 1 列区域的和，即 SUM(C4:D5)的值，最后结果如图 1-3-51 所示。

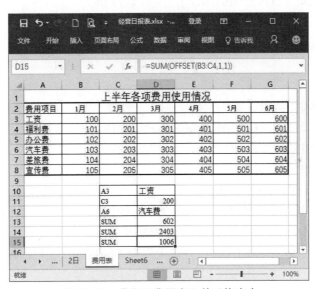

图 1-3-51　获取"费用表"单元格内容

## 3.4　文本函数

**1. LEFT()函数**

[格式] LEFT(字符串,n)。

[功能] 从指定字符串左端开始，提取长度为 n 的子字符串。

[举例] 输入=LEFT("I LOVE BEIJING",6)，其结果为 I LOVE。

输入=LEFT("I LOVE BEIJING",17)，其结果为 I LOVE BEIJING。

**贴心提示**　　如果长度 n 为零或负数，则结果为一个空串；如果长度 n 大于等于指定字符串的长度，结果为指定字符串本身。

2. RIGHT()函数。

[格式]  RIGHT(字符串,n)。

[功能]  从指定字符串右端开始，提取长度为 n 的子字符串。

[举例]  输入=RIGHT("I LOVE BEIBEI",6)，其结果为 BEIBEI。

输入=RIGHT("I LOVE CHINA",16)，其结果为 I LOVE CHINA。

3. MID()函数

[格式]  MID(字符串,m,n)。

[功能]  从指定字符串的第 m 个位置开始，提取长度为 n 的子字符串。

[举例]  输入=MID("I LOVE BEIBEI",3,4)，其结果为 LOVE。

输入=MID("I LOVE CHINA",1,16)，其结果为 I LOVE CHINA。

4. LEN()函数。

[格式]  LEN(字符串)。

[功能]  求指定字符串的长度。

[举例]  输入=LEN("I LOVE BEIJING")，其结果为 14。

| 贴心提示 | 字符串的长度指字符串中所含字符的个数。 |
| --- | --- |

5. FIND()函数。

[格式]  FIND(字符,字符串,n)

[功能]  在指定字符串中查找指定字符第 n 次出现的位置。

[举例]  输入=FIND("F","OFFICE",1)，其结果为 2。

6. SEARCH()函数

[格式]  SEARCH(特定字符,字符串)。

[功能]  在指定字符串中查找特定字符或文本串的位置。

[举例]  输入=SEARCH("?F", "OFFICE")，其结果为 1。

**实例**  在如图 1-3-52 所示的"客户登记表"中，根据客户登记的地址提取其所在城市的名称。

图 1-3-52  客户登记表

本例中，由于省份与城市名称长度均不固定，如果采用 MID() 函数提取，则每次需要修改函数参数，不能自动填充。为了提高计算效率，这里采用 MID() 函数结合 FIND() 函数完成。

操作步骤如下所述。

（1）单击 C3 单元格，输入=MID(B3,FIND("省",B3,1)+1,FIND("市",B3,1)-FIND("省",B3,1))，按回车键，B3 中的的市名被提取出来。

（2）将光标放置在 C3 单元格右下角，当光标变为 ╋ 形状时拖拽鼠标进行自动填充，提取其他地址的城市名称，结果如图 1-3-53 所示。

 贴心提示　　MID() 函数中第 2 个参数为提取子字符串定位，其位置应为"省"的后一位，故用 FIND("省",B3,1)+1，确定 B3 中第 1 次出现"省"的位置，加 1 则为城市名称的首位；第 3 个参数为提取子字符串的长度，即城市名的长度，故用 FIND("市",B3,1)-FIND("省",B3,1)。

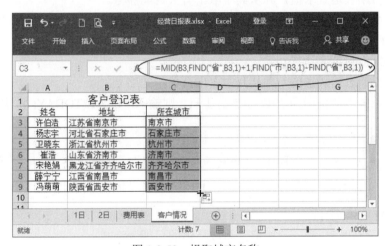

图 1-3-53　提取城市名称

7．SUBSTITUTE() 函数

[格式]　SUBSTITUTE(字符串,子字符串 1,子字符串 2)。

[功能]　在指定字符串中将子字符串 1 用子字符串 2 替换。

[举例]　输入=SUBSTITUTE("ABCDEFG","CD","123")，其结果为 AB123EFG。

8．REPLACE() 函数

[格式]　REPLACE(字符串,m,n,子字符串)。

[功能]　将指定字符串中从第 m 个字符开始的 n 个字符用子字符串替换。

[举例]　输入=REPLACE("ABCDEFG",3,2,"123")，其结果为 AB123EFG。

## 3.5　日期函数

1．TODAY() 函数

[格式]　TODAY()。

[功能]　按指定格式返回系统当前日期。

[举例]　若系统当前日期为 2017 年 5 月 1 日，则输入=TODAY()，其结果为 2017-5-1。

2．NOW()函数

[格式] NOW()。

[功能] 按指定格式返回系统当前时间。

[举例] 若系统当前日期时间为 2017 年 5 月 1 日 18 点 10 分 30 秒，则输入＝ NOW()，其结果为 2017-5-1 18:10:30。

3．DAY()函数

[格式] DAY(日期表达式)。

[功能] 对日期表达式求值，并从其中取出有关日的序号。

[举例] 若系统当前日期为 2017 年 5 月 1 日，则输入＝ DAY(TODAY())，其结果为 1。

4．MONTH()函数

[格式] MONTH(日期表达式)。

[功能] 对日期表达式求值，并从其中取出有关月的序号。

[举例] 若系统当前日期为 2017 年 5 月 1 日，则输入＝ MONTH(TODAY())，其结果为 5。

5．YEAR()函数。

[格式] YEAR(日期表达式)。

[功能] 对日期表达式求值，并从其中取出有关年的序号。

[举例] 若系统当前日期为 2017 年 5 月 1 日，则输入＝ YEAR(TODAY())，其结果为 2017。

贴心提示
- 日、月、年的序号是以数字的形式表示。
- DAY()、MONTH()和 YEAR()函数分别从给定的日期中提取日、月、年的部分。

6．DATE()函数

[格式] DATE(年,月,日)。

[功能] 根据已知年、月、日数值，组成具体的日期表达式。

[举例] 若 A1 单元格为 2017-5-1，则输入＝ DATE(YEAR(A1),MONTH(A1)+1,10))，其结果为 2017-6-10。

7．WEEKDAY()函数

[格式] WEEKDAY(日期表达式,返回值的类型)。

[功能] 转换日期表达式的值为星期中的一天，常用于判断其是一周的第几天。

[举例] 若系统当前日期为 2017 年 5 月 1 日，则输入＝ WEEKDAY(TODAY(),1)，其结果为 1。

贴心提示
返回值的类型有以下几种形式：
- 省略数字 1（星期天）到数字 7（星期六）。
- 数字 1（星期一）到数字 7（星期天）。
- 数字 0（星期一）到数字 6（星期天）。

8．DATEDIF()函数

[格式] DATEDIF(日期表达式 1,日期表达式 2,单位代码)。

[功能] 计算两个指定日期之间的天数、月数和年数。

[举例] 若 A1 的值为 2015 年 1 月 1 日，A2 的值为 2016-12-31，则：

- 输入= DATEDIF(A1,A2,"Y")，其结果为 1。
- 输入= DATEDIF(A1,A2,"M")，其结果为 23。
- 输入= DATEDIF(A1,A2,"D")，其结果为 730。
- 输入= DATEDIF(A1,A2,"YD")，其结果为 364。

贴心
提示

根据需要的不同，单位代码有以下几种形式：
- "Y"返回整年数。
- "M"返回整月数。
- "D"返回整天数。
- "MD"返回天数差。
- "YM"返回月份差。
- "YD"返回天数差。

### 3.6　逻辑函数

IF()函数

[格式] IF(条件表达式,表达式 1,表达式 2)。

[功能] 首先计算条件表达式的值，如果为 TRUE，则函数的结果为表达式 1 的值，否则，函数的结果为表达式 2 的值。

[举例] 若 B3 单元格的值为 100，则输入=IF(B3>=90,"优秀","优良")，其结果为"优秀"；输入=IF(AND(B3>=90,B3<=95),"优良","不确定")，其结果为"不确定"。

贴心
提示

- IF()函数只包含 3 个参数，分别是需要判断的条件、当条件成立时的返回值和当条件不成立时的返回值。
- 当需要判断的条件多于 1 个时，可以进行 IF()函数的嵌套，但最多只能嵌套 7 层。
- 利用 value_if_true(条件为 true 时的返回值)和 value_if_false(条件为 false 时的返回值)参数可以构造复杂的检测条件。例如，公式=IF(B3:B9<60," 差 ",IF(B3:B9<75," 中 ",IF(B3:B9<85,"良","好")))。
- IF()函数在会计数据处理中具有广泛的应用。

**实例 1**　在如图 1-3-54 所示的"年度办公费用统计表"中，统计哪些办公费用超支，并给出浅红色提示。

操作步骤如下所述。

（1）单击 D3 单元格，输入公式=IF(C3>B3,"超支","节约")，单击"输入"按钮 ✓，结果将显示在 D3 单元格中。

（2）将光标定位在 D3 单元格的填充柄上，利用自动填充功能向下拖拽光标复制公式至 D8 单元格，如图 1-3-55 所示。

（3）单击"开始"/"样式"组的"条件格式"按钮 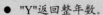，在弹出的下拉菜单中选择"突出显示单元格规则"/"文本包含"命令，打开"文本中包含"对话框，在其中的文本框中输入"超支"，在"设置为"下拉列表中选择"自定义格式"，选择"浅红色"填充，如图 1-3-56 所示。

（4）单击"确定"按钮，最终结果如图 1-3-57 所示。

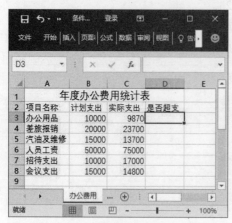

图 1-3-54　年度办公费用统计表

图 1-3-55　复制公式

图 1-3-56　"文本中包含"对话框

**实例 2**　某公司在年终对销售人员发放提成，要求：销售额在 10 万元以上，按销售额的 1% 提成，销售额在 50 万元以上，超过 50 万元的部分则按 2% 提成。公司年终销售业绩统计表如图 1-3-58 所示，请计算每个销售人员应得的提成并对销售冠军作出红色提示。

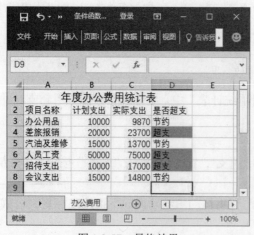

图 1-3-57　最终效果

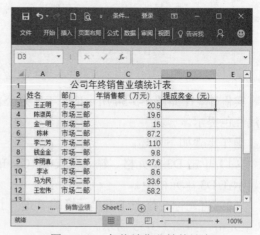

图 1-3-58　年终销售业绩统计表

操作步骤如下所述。

（1）单击 D3 单元格，单击"公式"/"函数库"组的"逻辑"按钮，在弹出的下拉菜单中选择 IF 选项，打开"函数参数"对话框。

（2）将光标定位在第 1 个参数处，单击 C3 单元格，输入 C3<10，将光标定位在第 2 个参数处，输入 0，将光标定位在第 3 个参数处，输入 IF(，此时编辑栏中显示=IF(C3<10,0,IF()，如图 1-3-59 所示。

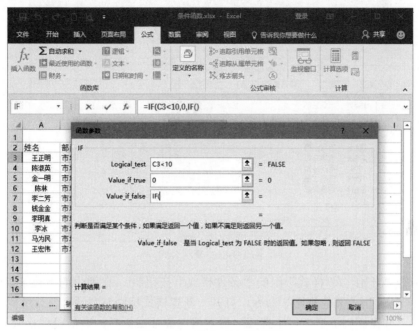

图 1-3-59　输入 IF 函数参数

（3）单击编辑栏公式末尾，弹出嵌套的"函数参数"对话框，将光标定位在第 1 个参数处，单击 C3 单元格，输入 C3<50，将光标定位在第 2 个参数处，输入 C3*1%，将光标定位在第 3 个参数处，输入 50*1%+(C3-50)*2%，如图 1-3-60 所示，此时编辑栏中将显示=IF(C3<10,0,IF(C3<50,C3*1%,50*1%+(C3-50)*2%))。

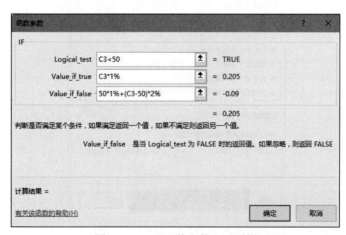

图 1-3-60　"函数参数"对话框

（4）单击编辑栏公式末尾，输入)*10000，单击"确定"按钮，将弹出提示框，单击提示框中的"确定"按钮，将显示 D3 单元格的值。

（5）将光标定位在 D3 单元格的填充柄上，利用自动填充功能向下拖拽光标复制公式至 D12 单元格，如图 1-3-61 所示。

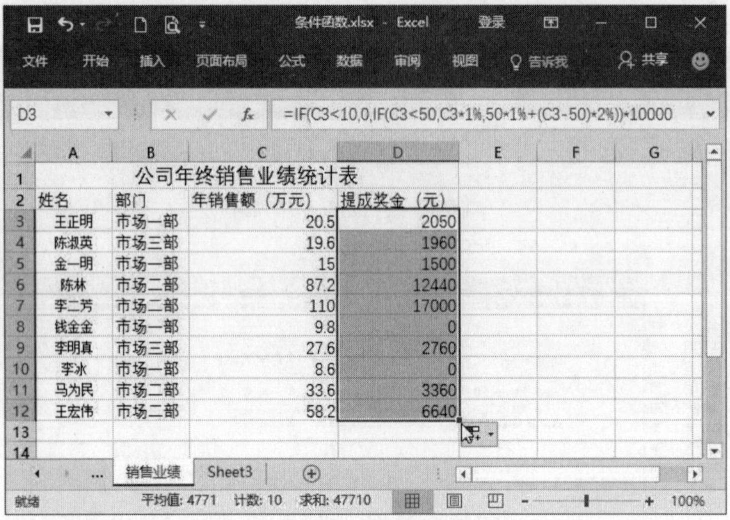

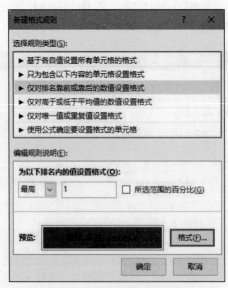

图 1-3-61　复制公式

（6）单击"开始"/"样式"组的"条件格式"按钮，在弹出的下拉菜单中选择"突出显示单元格规则"/"其他规则"命令，打开"新建格式规则"对话框。

（7）在"选择规则类型"栏中选择"仅对排名靠前或靠后的数值设置格式"；在"为以下排名内的值设置格式"栏内选择"最高"，在文本框中输入 1；单击"格式"按钮，打开"设置单元格格式"对话框，选择"红色"填充；单击"确定"按钮，返回"新建格式规则"对话框，如图 1-3-62 所示。

图 1-3-62　"新建格式规则"对话框

（8）单击"确定"按钮，结果如图 1-3-63 所示。

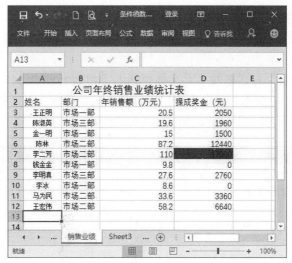

图 1-3-63　销售提成统计结果

## 3.7　财务函数

财务函数是 Excel 函数中重要的一类，使用财务函数可以进行一般的财务计算，譬如确定贷款的支付额、投资的未来值或净现值、债券或股票的价值等。

1. DDB()函数

[格式]　DDB(cost,salvage,life,period,factor)

[功能]　根据双倍余额递减法或其他指定的方法，返回某项固定资产在指定期间内的折旧额。

　贴心提示　　在 DDB()函数中：参数 cost 表示"固定资产原值"；salvage 表示"净残值"；life 表示"固定资产使用年限"；period 表示"进行折旧计算的期次"，它的单位必须与 life 一致；参数 factor 表示"折旧加速因子"，它是可选项，缺省值为 2，表示双倍余额递减法，若为 3，则表示三倍余额递减法。

实例　打开"固定资产折旧表"工作表，如图 1-3-64 所示，利用双倍余额递减法计算第 3 年第 1 个月的折旧额，将其值放在 C5 单元格内。

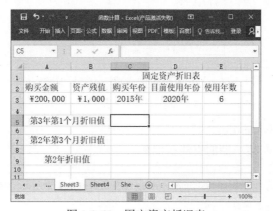

图 1-3-64　固定资产折旧表

操作步骤如下所述。

（1）单击单元格 C5，输入=，然后单击编辑区的"插入函数"按钮 *fx*，打开"插入函数"对话框。

（2）在"插入函数"对话框的"或选择类别"下拉列表框中选择"财务"，在"选择函数"列表框中选择 DDB，单击"确定"按钮，打开"函数参数"对话框，在其 5 个参数文本框中分别输入相应的单元格引用参数，如图 1-3-65 所示。

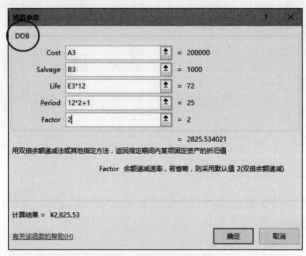

图 1-3-65　"函数参数"对话框

（3）单击"确定"按钮，计算出来的结果将会显示在 C5 单元格内，如图 1-3-66 所示。

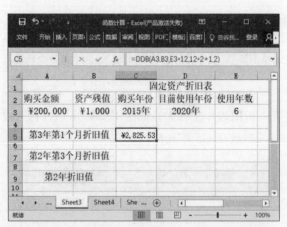

图 1-3-66　利用双倍余额递减法计算折旧额的结果

2. SLN()函数

[格式]　SLN(cost,salvage,life)。

[功能]　计算某项资产某一期的直线折旧额。

**贴心提示**　该函数中的参数 cost、salvage、life 分别表示"固定资产原始价值""折旧期末时的净残值"和"固定资产折旧周期"。

**实例**　打开"固定资产折旧表"工作表（图 1-3-66），利用直线法计算当月折旧额，将其值放在 C7 单元格内。

操作步骤如下所述。

（1）单击单元格 C7，输入=，然后单击编辑区的"插入函数"按钮 $f_x$，打开"插入函数"对话框。

（2）在"插入函数"对话框的"或选择类别"下拉列表框中选择"财务"，在"选择函数"列表框中选择 SLN，单击"确定"按钮，打开"函数参数"对话框，在其 3 个参数文本框中分别输入相应的单元格引用参数，如图 1-3-67 所示。

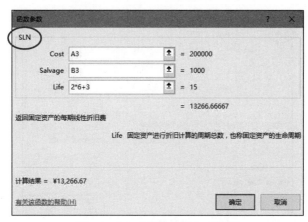

图 1-3-67　"函数参数"对话框

（3）单击"确定"按钮，计算出来的结果将会显示现在 C7 单元格内，如图 1-3-68 所示。

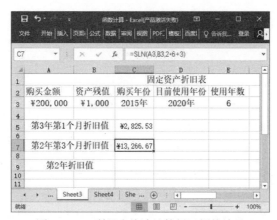

图 1-3-68　利用直线法计算折旧额的结果

3. SYD()函数

[格式]　SYD(cost,salvage,life,period)。

[功能]　返回某项固定资产按年数总和折旧法计算的每期折旧金额。

| 贴心<br>提示 | 该函数中参数 cost、salvage、life、period 的含义与 DDB()函数的一致。 |
| --- | --- |

**实例**   在如图 1-3-68 所示的"固定资产折旧表"中，利用年数总和折旧法计算折旧额，将其值放在 C9 单元格内。

操作步骤如下所述。

（1）单击单元格 C9，输入=，然后单击编辑区的"插入函数"按钮 *fx*，打开"插入函数"对话框。

（2）在"插入函数"对话框的"或选择类别"下拉列表框中选择"财务"，在"选择函数"列表框中选择 SYD，单击"确定"按钮，打开"函数参数"对话框，在其 4 个参数文本框中分别输入相应的单元格引用参数，如图 1-3-69 所示。

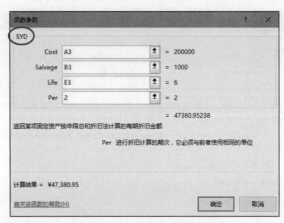

图 1-3-69   "函数参数"对话框

（3）单击"确定"按钮，计算出来的结果将会显示在 C9 单元格内，如图 1-3-70 所示。

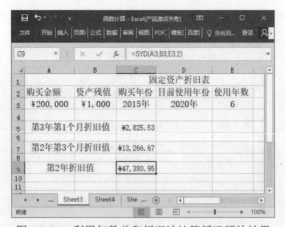

图 1-3-70   利用年数总和折旧法计算折旧额的结果

**贴心提示**

除前面介绍的 DDB()、SLN()、SYD()函数外，DB()和 VDB()函数也是常见的用于计算折旧值的函数。其中，DB()函数是使用固定余额递减法计算固定资产在一定期限内的折旧值，其格式为 DB(cost,salvage,life,period,month)，而 VDB()函数则是用于计算在余额递减法或其他指定的方法下固定资产在特定或部分期限内的折旧值，其格式为 VDB(cost,salvage,life,start_period, end_period,factor,no_switch)。

### 4. FV()函数

[格式]　FV(rate,nper,pmt,pv,type)。

[功能]　基于固定利率及等额分期付款方式返回某项投资的未来值。

 **贴心提示**　在该函数中，参数 rate、nper、pmt、pv、type 的含义依次是各期利率、贷款总额、各期所应支付的金额、现值或一系列未来付款的当前值的累积和及每期的付款时间。

**实例**　打开"投资预期表"工作表，如图 1-3-71 所示，计算 5 年后的投资总额，将该值放在 F3 单元格内。

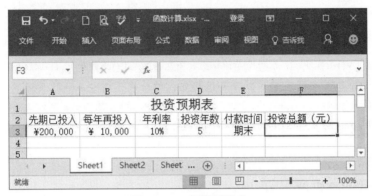

图 1-3-71　投资预期表

操作步骤如下所述。

（1）单击 F3 单元格，输入=，然后单击编辑区的"插入函数"按钮 $f_x$，打开"插入函数"对话框。

（2）在"插入函数"对话框的"或选择类别"下拉列表框中选择"财务"，在"选择函数"列表框中选择 FV，单击"确定"按钮，打开 FV 函数的"函数参数"对话框，在其 5 个参数文本框中分别输入相应的单元格引用参数，如图 1-3-72 所示。

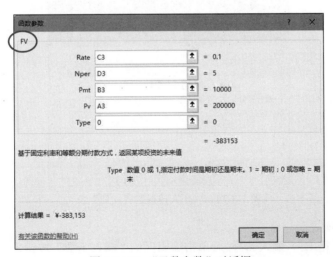

图 1-3-72　"函数参数"对话框

（3）单击"确定"按钮，计算出来的结果将会显示在 F3 单元格内，如图 1-3-73 所示。

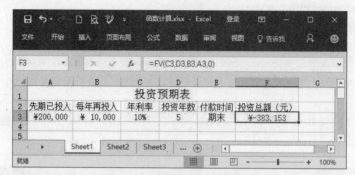

图 1-3-73    投资总额计算结果

 除 FV()函数外，常见的投资预算函数还包括 NPER()函数和 PV()函数。其中 NPER()函数的功能是，在固定利率及等额分期付款方式的前提下返回某项投资的总期数，其格式为 NPER(rate,pmt,pv,fv,type)，而 PV()函数则用于计算某项贷款的一系列偿还额的当前总值，其格式为 PV(rate,nper,pmt,fv,type)。这两个函数的参数含义与 FV()函数的相同。

5．PMT()函数

[格式]  PMT(rate,nper,pv,fv,type)。

[功能]  在固定利率的情况下返回贷款的等额分期偿还值。

 在该函数中，参数 rate、nper、pv、fv、type 的含义依次是贷款利率、贷款总额、现值或一系列未来付款的当前值的累积和、未来值或在最后一次付款后希望的现金余额及每期的付款时间。

**实例**    打开"个人按揭购房计划"工作表，如图 1-3-74 所示，计算按揭购房的每月还款额，将其值放在 D5 单元格内。

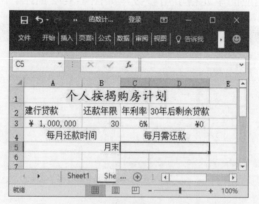

图 1-3-74    "个人按揭购房计划"表

操作步骤如下所述。

（1）单击单元格 D5，输入=，然后单击编辑区的"插入函数"按钮 $f_x$，打开"插入函数"对话框。

（2）在"插入函数"对话框的"或选择类别"下拉列表框中选择"财务"，在"选择函数"列表框中选择 PMT，单击"确定"按钮，打开"函数参数"对话框，在其 5 个参数文本框中分别输入相应的单元格引用参数，如图 1-3-75 所示。

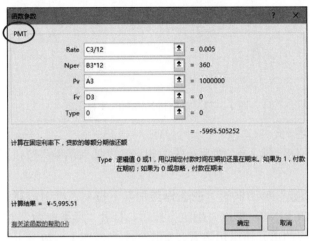

图 1-3-75　"函数参数"对话框

（3）单击"确定"按钮，计算出来的结果将会显示在 D5 单元格内，如图 1-3-76 所示。

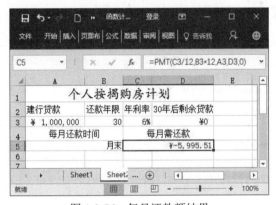

图 1-3-76　每月还款额结果

6．ACCRINT()函数

[格式]　ACCRINT(issue,first_interest,settlement,rate,par,frequency,basis,calc_method)。

[功能]　返回定期付息债券应计的利息。

贴心提示　在该函数中，参数 issue、first_interest、settlement、rate、par、frequency、basis、calc_method 的含义依次是债券发行日期、债券首次计息日、债券结算日、债券年票息率、债券票面值（省略时默认为 1000 元）、每年支付票息的次数、判断采用的日算类型、发行日或结算日返回的应计利息。

实例　打开"定期付息债券应计利息"工作表，如图 1-3-77 所示，计算结算日时应获得的利息，将其值放在 D8 单元格内。

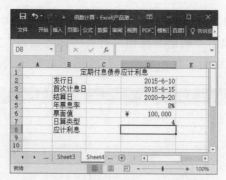

图 1-3-77　定期付息债券应计利息表

操作步骤如下所述。

（1）单击单元格 D8，输入=，然后单击编辑区的"插入函数"按钮 $f_x$，打开"插入函数"对话框。

（2）在"插入函数"对话框的"或选择类别"下拉列表框中选择"财务"，在"选择函数"列表框中选择 ACCRINT，单击"确定"按钮，打开"函数参数"对话框，在其 8 个参数文本框中分别输入相应的单元格引用参数，如图 1-3-78、图 1-3-79 所示。

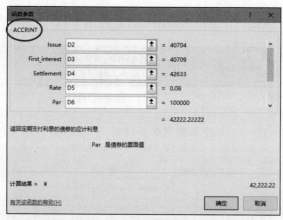

图 1-3-78　ACCRINT()函数的"函数参数"对话框 1

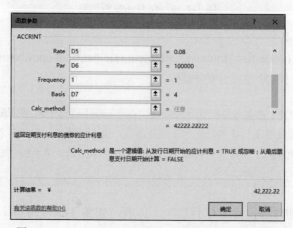

图 1-3-79　ACCRINT()函数的"函数参数"对话框 2

（3）单击"确定"按钮，计算出来的结果将会显示在 D8 单元格内，如图 1-3-80 所示。

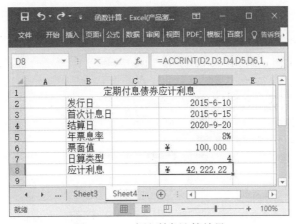

图 1-3-80 应计利息计算结果

7. YIELD()函数

[格式] YIELD(settlement,maturity,rate,pr,redemption,frequency,basis)。

[功能] 返回定期付息有价债券的收益率。

 贴心提示 在该函数中，参数 settlement、maturity、rate、pr、redemption、frequency、basis 的含义依次是债券结算日、债券到期日、债券年票息率、面值为 100 的有价证券的价格、面值为 100 的有价证券的清偿价值、每年支付票息的次数、判断采用的日算类型。

**实例** 打开如图 1-3-81 所示的"收益率计算表"，计算结算日时的收益率，将其值放在 C8 单元格内。

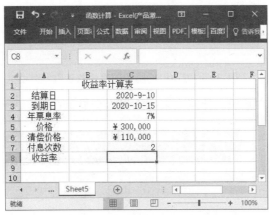

图 1-3-81 收益率计算表

操作步骤如下所述。

（1）单击单元格 C8，输入=，然后单击编辑区的"插入函数"按钮 $f_x$，打开"插入函数"对话框。

（2）在"插入函数"对话框的"或选择类别"下拉列表框中选择"财务"，在"选择函数"列表框中选择 YIELD，单击"确定"按钮，打开"函数参数"对话框，在其 7 个参数文本框中分别输入相应的单元格引用参数，如图 1-3-82、图 1-3-83 所示。

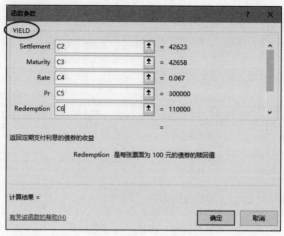

图 1-3-82　YIELD()函数的"函数参数"对话框 1

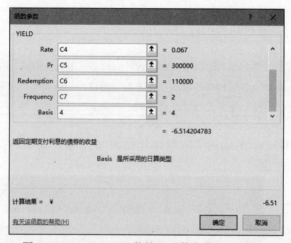

图 1-3-83　YIELD()函数的"函数参数"对话框 2

（3）单击"确定"按钮，计算出来的结果将会显示在 C8 单元格内，如图 1-3-84 所示。

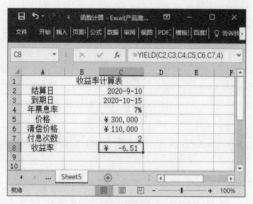

图 1-3-84　收益率的计算结果

分类汇总

# 任务 4　分类汇总

## 4.1　常用的统计函数

为了便于进行分类汇总操作，Excel 中以汇总统计的方式为用户提供了常用的分类汇总统计函数，其中有计数、求和、求平均值、求最大值、求最小值、求乘积、计数值、标准偏差、总体标准偏差、方差和总体方差等函数。

各个分类汇总统计函数的格式和功能见表 1-3-5。

表 1-3-5　分类汇总统计函数

| 函数 | 格式 | 功能 |
| --- | --- | --- |
| 计数 Count() | =COUNT(指定区域) | 计算指定区域内数值型参数的数目 |
| 求和 Sum() | =SUM(指定区域) | 求指定区域内所有数值的和 |
| 求平均值 Average() | =AVERAGE(指定区域) | 求指定区域内所有数值的平均值 |
| 求最大值 Max() | =MAX(指定区域) | 求指定区域内所有数值的最大值 |
| 求最小值 Min() | =MIN(指定区域) | 求指定区域内所有数值的最小值 |
| 求乘积 Product() | =PRODUCT(指定区域) | 求指定区域内所有数值的乘积 |
| 计数值 CountNums() | =COUNTNUMS(指定区域) | 计算指定区域内数字数据的记录个数 |
| 标准偏差 Stdev() | =STDEV(指定区域) | 估算给定样本的标准偏差 |
| 总体标准偏差 Stdevp() | =STDEVP(指定区域) | 计算给定样本的总体标准偏差 |
| 方差 Var() | =VAR(指定区域) | 估算给定样本的方差 |
| 总体方差 Varp() | =VARP(指定区域) | 计算给定样本的总体方差 |

## 4.2　分类汇总命令

分类汇总除使用 Excel 提供的统计函数外，还可以根据某一字段的字段值对记录进行分类和对各类型记录的数值字段进行统计，如求和、求平均值、计数、求最大值、求最小值等。

 贴心
提示　在进行分类汇总前应先对数据列表（工作表）按汇总的字段进行排序。

操作步骤如下所述。

（1）单击"数据"/"分级显示"组的"分类汇总"按钮，打开"分类汇总"对话框，如图 1-3-85 所示。

（2）在"分类字段"下拉列表中选择分类字段，在"汇总方式"下拉列表中选择汇总方式，拖拽"选定汇总项"的滚动条选择需汇总的字段，单击"确定"按钮即可。

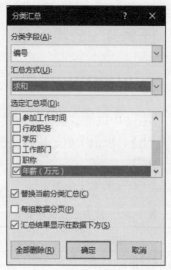

图 1-3-85    "分类汇总"对话框 1

 贴心提示    在"分类汇总"对话框 1 中单击"全部删除"按钮即可取消分类汇总操作。

**实例**    对如图 1-3-86 所示的职工工资表进行分类汇总，统计该公司男、女职工的平均基本工资和平均实发工资。

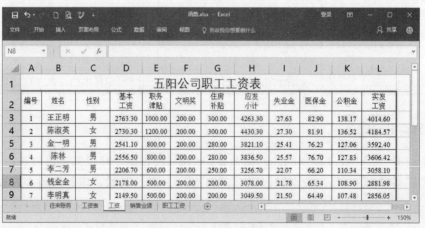

图 1-3-86    职工工资表

操作步骤如下所述。

（1）单击"性别"所在列的任意一个单元格，这里选择 C3。

（2）单击"数据"/"排序和筛选"组的"升序"按钮 $\begin{smallmatrix}A\\Z\end{smallmatrix}\downarrow$，使"工资"表按"性别"排序。

（3）单击"数据"/"分级显示"组的"分类汇总"按钮 ，打开"分类汇总"对话框，在"分类字段"下拉列表中选择"性别"，在"汇总方式"下拉列表中选择"平均值"，拖拽"选定汇总项"的滚动条选择"基本工资"和"实发工资"，勾选"汇总结果显示在数据下方"复选框，如图 1-3-87 所示。

图 1-3-87　"分类汇总"对话框 2

（4）单击"确定"按钮，汇总结果如图 1-3-88 所示。

图 1-3-88　按"性别"分类汇总结果

## 任务5　合并计算

合并计算

合并计算用于对多张工作表中相同字段、不同记录的数据进行统计计算。

**实例**　打开如图 1-3-89 所示的"销售统计表"，合并计算上半年和下半年的销售量，获得全年的销售统计。

操作步骤如下所述。

（1）在进行合并计算之前先建立一张同结构的工作表用来存放统计结果，譬如"全年"工作表，如图 1-3-90 所示。

（2）单击 C4 单元格，单击"数据"/"数据工具"组的"合并计算"按钮，打开"合并计算"对话框，如图 1-3-91 所示。

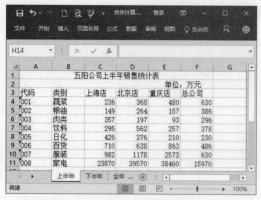

图 1-3-89 打开的"销售统计表"

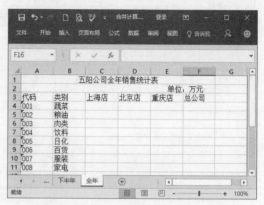

图 1-3-90 用于存放统计结果的工作表

（3）在"函数"下拉列表中选择要计算的函数，这里选择"求和"，单击"引用位置"的折叠按钮，折叠对话框，选择合并的第一张工作表标签（这里选"上半年"）并选中待合并的数据源区域，如图 1-3-92 所示。

图 1-3-91 "合并计算"对话框

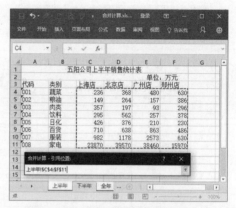

图 1-3-92 选择待合并的数据源区域

（4）单击"合并计算"对话框中"引用位置"列表框的展开按钮，展开该对话框。

（5）单击"添加"按钮，第一个数据源区域即出现在"所有引用位置"列表框中，重复以上步骤将其他工作表的单元格区域依次添加到"所有引用位置"列表框中，如图 1-3-93 所示。

图 1-3-93 添加单元格区域

（6）勾选"创建指向源数据的链接"复选框，这样，当工作表中的数据发生变化时，合并计算的结果也随之变化。单击"确定"按钮完成合并计算，结果如图 1-3-94 所示。

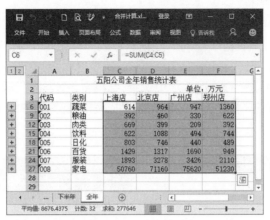

图 1-3-94　合并计算结果

贴心提示　单击图 1-3-94 中左侧的 ＋ 或 － 按钮，可以分级查看或不查看合并项的源数据，如图 1-3-95 所示。

图 1-3-95　查看源数据

# 任务6　使用数据透视表分析数据

数据透视表是一种交互式工作表，用于对现有数据列表进行汇总和分析。创建数据透视表后，可以按不同的需要，依不同的关系来提取和组织数据。

## 6.1　创建数据透视表

数据透视表的创建是以工作表中的数据为依据，在工作表中创建数据透视表的方法与创建图表的方法类似。

　　**实例**　为"销售统计表"的上半年销售情况创建数据透视表。

　　具体操作步骤如下所述。

　　（1）单击工作表中的任一单元格。

　　（2）单击"插入"/"表格"组的"数据透视表"按钮，打开"创建数据透视表"对话框，如图 1-3-96 所示。

　　（3）在"请选择要分析的数据"栏中选择"选择一个表或区域"单选按钮，单击"表/区域"文本框右侧的"折叠"按钮，拖拽光标选择表格中的 A3:F11 单元格区域，如图 1-3-97 所示。

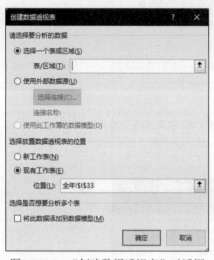
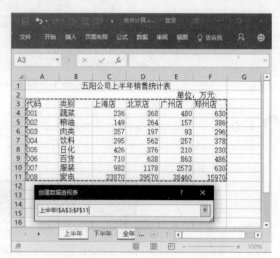

图 1-3-96　"创建数据透视表"对话框　　　　　　图 1-3-97　选择单元格区域

　　（4）单击文本框右侧的"展开"按钮，返回"创建数据透视表"对话框，在"选择放置数据透视表的位置"栏中选择"现有工作表"单选按钮，用相同的方法将"位置"文本框中的区域设置为 A16，如图 1-3-98 所示。

图 1-3-98　设置"创建数据透视表"对话框中的参数

（5）单击"确定"按钮即可完成数据透视表的创建，结果如图 1-3-99 所示。

图 1-3-99　创建的空白"数据透视表"

## 6.2　设置数据透视表字段

新创建的数据透视表是空白的，若要生成报表，就需要在"数据透视表字段"窗格中根据需要将工作表中的数据添加到报表字段中。在 Excel 中除了可以将字段添加到报表中外，还可以对所添加的字段进行移动、设置和删除操作。具体操作步骤如下所述。

（1）添加字段。在"数据透视表字段"窗格中的"选择要添加到报表的字段"列表框中勾选对应字段的复选框，即可在左侧的数据透视表区域显示相应的数据信息，而且这些字段被存放在窗格的相应区域。这里勾选"代码""类别""上海店"及"北京店"4 个字段，如图 1-3-100 所示。

（2）移动字段。可以通过拖拽光标或选择命令两种方法来实现移动字段。拖拽光标方法就是将光标移到需要移动的字段上，按住鼠标左键不放将字段拖拽到所需区域时再释放；选择命令方法就是单击需要移动字段的▼按钮，在弹出的下拉菜单中选择目标区域，在 Excel 中有"报表筛选""列标签""行标签"和"数值"4 个区域。

（3）设置字段。设置字段是指对字段名称、分类汇总和筛选、布局和打印以及值汇总方式进行的设置。不同区域中字段的设置方法是不同的。譬如，单击"数值"区域中需要设置的字段的▼按钮，在弹出的菜单中选择"值字段设置"命令，打开"值字段设置"对话框，如图 1-3-101 所示，可以在此对"自定议名称""值汇总方式"及"值显示方式"进行设置，设置完成后单击"确定"按钮即可。

图 1-3-100　添加字段

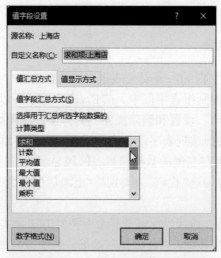

图 1-3-101　"值字段设置"对话框

（4）删除字段。选择需要删除的字段，单击其后的▼按钮，在弹出的菜单中选择"删除字段"命令即可。

### 6.3　美化数据透视表

如果新建的数据透视表不够美观，可以对数据透视表的行、列或整体进行美化设计，这样不仅使数据透视表更加美观而且还增强了数据的可读性。具体操作步骤如下所述。

（1）在"销售统计表"的数据透视表中单击任意一个单元格，在"数据透视表工具"下勾选"设计"/"数据透视表样式选项"组中的"镶边行"复选框。

（2）在"数据透视表工具"下选择"设计"/"数据透视表样式"组的"深色"栏中的"数据透视表样式深色 3"，应用所选样式，如图 1-3-102 所示。

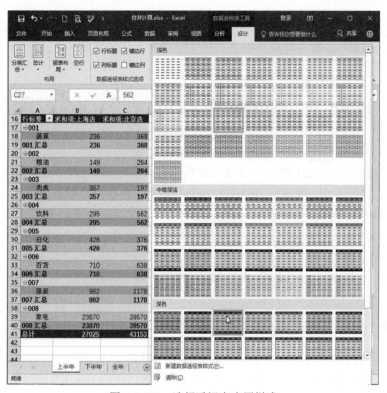

图 1-3-102　选择透视表应用样式

# 第二部分　财务会计操作实例

在财务日常工作中，财务人员承担着企业数据的收集和分析工作，功能强大的具有数据处理和分析能力的 Excel 软件就成为财务会计人员日常使用较多的工具之一。

# 项目 1　Excel 在会计凭证中的应用

在企业财务会计的日常工作中，常常会使用一些内部单据，譬如差旅报销单、借款单等。为了更好地开展财务工作，规范财务制度的辅助性票据，企业需要根据自身生产经营情况，设计适合本企业的内部单据。

设计制作借款单

## 任务 1　设计制作借款单

### 任务描述

为了合理地使用和管理企业的流动资金，使企业流动资金处于高效的使用状态，企业的财务部门应制定内部借款流程及设计制作内部借款单据。

借款单应包括借款人、所在部门、借款缘由、借款金额、支付方式及借款日期等信息，如图 2-1-1 所示。

××网络公司借款单

年　　　　月　　　　日

| 借款人 | | 所在部门 | |
|---|---|---|---|
| 借款缘由 | | | |
| 借款数额 | 人民币（大写） | | ￥ |
| 支付方式 | 现金□ | 现金支票□ | 其他□ |
| 部门负责人意见 | | | |
| 领导批示 | | 财务主管 | |
| 付款记录：<br><br>　　　　年　　月　　日以募　　　号支票或现金支出凭证<br>或　　　　　　方式付给 | | | |

图 2-1-1　公司内部借款单

**操作步骤**

1. 创建空白借款单

启动 Excel，将工作表 Sheet1 改名为"借款单"。为了能快速找到所需工作表，应使其突出显示，右击"借款单"标签，在弹出的快捷菜单中选择"工作表标签颜色"命令，在其右侧弹出的色板中选择"红色"，单击快速访问工具栏的"保存"按钮，在弹出的"另存为"对话框中选择文件的保存位置，设置文件名为"常用单据"，单击"确定"按钮，保存工作簿，如图 2-1-2 所示。

图 2-1-2　创建空白借款单

2. 输入文字内容

在"借款单"工作表 A1 单元格中输入标题"××网络公司借款单"，然后在其下方单元格中依次输入其他所需文字内容，如图 2-1-3 所示。

3. 输入特殊符号

在"借款单"工作表 B5 单元格文字后面输入特殊符号¥。单击"插入"/"符号"组中"符号"按钮Ω，弹出"符号"对话框，如图 2-1-4 所示，选择需要输入的符号。

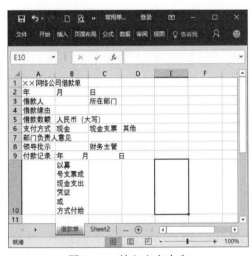

图 2-1-3　输入文字内容

图 2-1-4　"符号"对话框

用同样的方法，在 B6、C6、D6 单元格文字后输入特殊符号□，如图 2-1-5 所示。

4. 合并单元格

选择 A1:D1 单元格区域，单击"开始"/"对齐方式"组的"合并后居中"按钮合并标题单元格。用同样方法分别合并 A2:D2 单元格、B4:D4 单元格、B5:D5 单元格、B7:D7 单元格、A9:A10 单元格和 B9:D10 单元格，如图 2-1-6 所示。

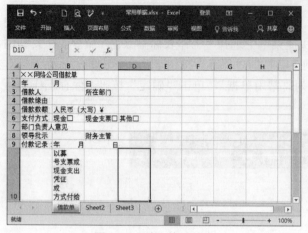

图 2-1-5　输入特殊符号

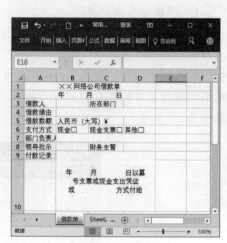

图 2-1-6　合并单元格

### 5.　格式化并调整列宽

表中文字需要美化，即需要格式化文字。设置标题为"黑体"18 磅，表中其他内容为"楷体"16 磅。由于有的单元格文字较多，单元格内无法完全显示内容，需要调整列宽。将鼠标指针移至 A 列右侧边界处并向右拖拽光标，调整 A 列的列宽至合适大小。用同样方法，分别调整 B 列、C 列和 D 列的列宽大小，如图 2-1-7 所示。

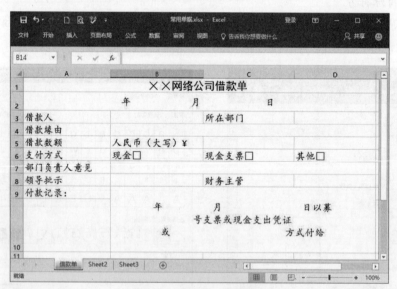

图 2-1-7　格式化及调整列宽

### 6.　对齐借款单内容

对齐表中内容。选择 A2 单元格，单击"开始"/"对齐方式"组"右对齐"按钮，将日期右对齐；用同样方法，调整 B6:D6 单元格为居中对齐；调整 B5 单元格和 B9 单元格文字顺序以便填写数据内容，如图 2-1-8 所示。

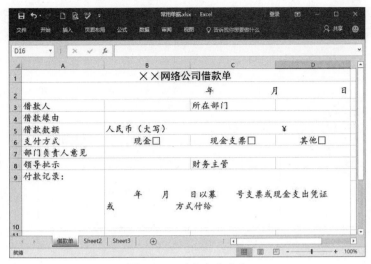

图 2-1-8　对齐表中内容

**7. 美化借款单**

选择 A3:D10 单元格，单击"开始"/"字体"组右下角的 按钮，弹出"设置单元格格式"对话框，单击"边框"选项卡，在"样式"栏中选择线型，单击"预置"栏的"外边框"按钮添加外边框；再次在"样式"栏中选择线型，单击"预置"栏的"内部"按钮添加内部边框线，如图 2-1-9 所示；单击"确定"按钮，效果如图 2-1-10 所示。

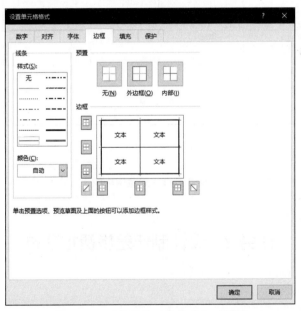

图 2-1-9　"设置单元格格式"对话框

**8. 隐藏借款单网格线**

网格线是编辑数据的参考线，为了只显示借款单的内容，需要隐藏网格线。在"视图"/"显示"组中取消勾选"网格线"复选框，隐藏网格线，效果如图 2-1-11 所示。单击快速访问工具栏的"保存"按钮 保存工作簿，借款单制作完成。

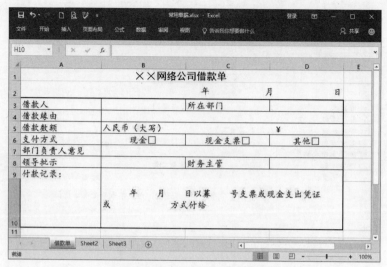

图 2-1-10　添加边框后的效果

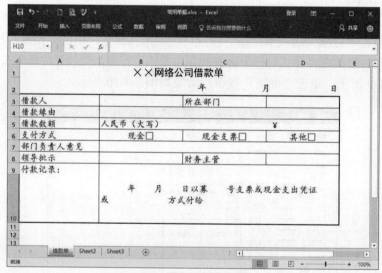

图 2-1-11　隐藏网格线

设计制作差旅费报销单

# 任务 2　设计制作差旅费报销单

**任务描述**

差旅报销是每个企业经常面临的问题，为了规范差旅报销制度，对所产生的城市间交通费、住宿费、伙食补助费和市内交通费进行有效的管理，企业的财务部门应该制定差旅报销流程并设计制作内部差旅报销单。

差旅报销单应包括申请人、所在部门、出差事由、出差地点、起讫日期、差旅项目及补助等，如图 2-1-12 所示。

××网络公司差旅费报销单

报销日期：　　　年　　月　　日　附件：　　张

| 申请人姓名 | | 所在部门 | | | 同行人 | | |
|---|---|---|---|---|---|---|---|
| 出差事由 | | | | 出差地点 | | | |
| 起讫日期 | 起讫地点 | 差旅费用项目 | | 补助 | | | 合计 |
| | | 交通费 | 住宿费 | 补助方式 | 天数 | 金额 | |
| | | | | | | | |
| | | | | | | | |
| | | | | | | | |
| | 合计 | | | | | | |
| 报销总额（大写） | 万　仟　佰　拾　元　角　分　¥ | | | 减往来 | | 退款人 | |
| | | | | 实付款 | | | |
| 主管副总（总经理）　　　部门经理　　　财务经理　　　　　会计　　　　　报销人 | | | | | | | |

图 2-1-12　差旅费报销单

**操作步骤**

1. 创建空白报销单

打开"常用单据"工作簿，将工作表 Sheet2 改名为"差旅费报销单"。右击"差旅费报销单"标签，在弹出的快捷菜单中选择"工作表标签颜色"命令，在其右侧弹出的色板中选择"蓝色"，使标签突出显示，以便快速找到所需工作表。单击快速访问工具栏的"保存"按钮💾，保存工作簿，如图 2-1-13 所示。

图 2-1-13　创建空白报销单

2. 输入内容

在 A1 单元格中输入标题"××网络公司差旅费报销单"，然后在其下方单元格中依次输入其他所需文字内容，如图 2-1-14 所示。

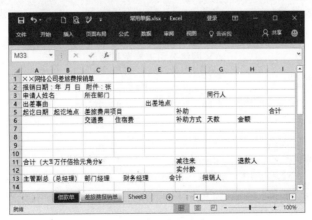

图 2-1-14　输入内容

### 3. 合并单元格

选择 A1:I1 单元格区域，单击"开始"／"对齐方式"组的"合并后居中"按钮 合并标题单元格，用同样方法分别合并 A2:I2 单元格、D 3:F3 单元格、H3:I3 单元格、B4:D4 单元格、F4:I4 单元格、C5:E5 单元格、F5:H5 单元格、A5:A6 单元格、B5:B6 单元格、I5:I6 单元格、A11:B11 单元格、A12:A13 单元格、B12:E13 单元格、H12:H13 单元格、I12:I13 单元格及 A14:I14 单元格，如图 2-1-15 所示。

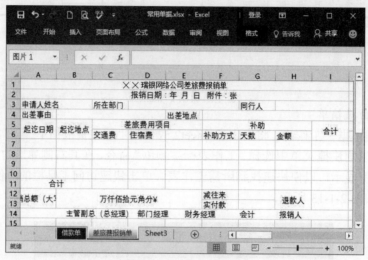

图 2-1-15　合并单元格

### 4. 格式化并调整列宽

设置标题为"宋体"18 磅加粗，按 Ctrl 键分别选择 A2 和 A14 单元格，设置为"宋体"12 磅，表中其他内容为"宋体"11 磅。由于有的单元格文字较多，单元格内无法完全显示内容，需要调整列宽。将光标移至 A 列右侧边界处并向右拖拽光标至单元格为合适宽度，用同样方法调整 B 列单元格宽度。单击 A12 单元格，将光标定位在括号前面，按 Alt+Enter 组合键将文字换行显示，效果如图 2-1-16 所示。

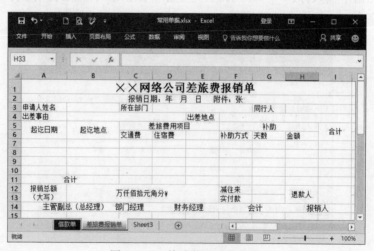

图 2-1-16　格式化及调整列宽

**5. 对齐报销单内容**

对齐表中内容。选择 A2 单元格，单击"开始"/"对齐方式"组"右对齐"按钮☰，将日期右对齐；用同样方法，调整 A3:I13 单元格为居中对齐，调整 A14 单元格为左对齐，如图 2-1-17 所示。

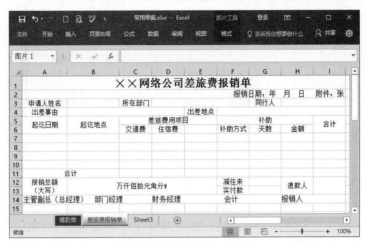

图 2-1-17  对齐表中内容

**6. 美化借款单**

分别调整 A2 单元格、B12 单元格及 A14 单元格文字顺序以便填写数据内容。另外要添加边框线，选择 A3:I13 单元格，单击"开始"/"字体"组右下角的 ⌐ 按钮，弹出"设置单元格格式"对话框，单击"边框"选项卡，在"样式"栏中选择线型，单击"预置"栏的"外边框"按钮添加外边框，再次在"样式"栏中选择线型，单击"预置"栏的"内部"按钮添加内部边框线，如图 2-1-18 所示，单击"确定"按钮，效果如图 2-1-19 所示。

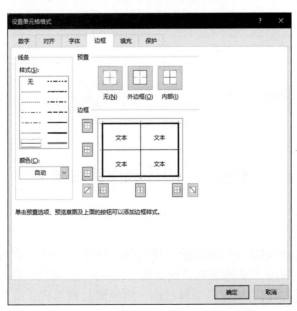

图 2-1-18  "设置单元格格式"对话框

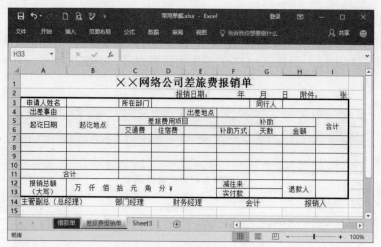

图 2-1-19  添加边框后的效果

### 7. 隐藏报销单网格线

网格线是编辑数据的参考线，为了只显示报销单的内容，需要隐藏网格线。在"视图"/
"显示"组中取消勾选"网格线"复选框，隐藏网格线，效果如图 2-1-20 所示。单击快速访
问工具栏的"保存"按钮 📁 保存工作簿，差旅费报销单制作完成。

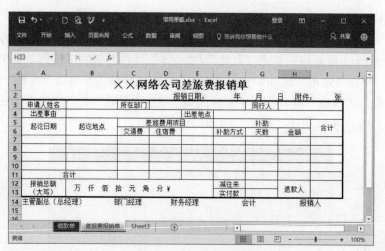

图 2-1-20  隐藏网格线

# 任务3  设计制作领料单

设计制作领料单

## 任务描述

在商品流通环节，单据是不可或缺的一种载体，以生产制造企业为例，车间因生产产品
需要去仓库领用物料，为了明确掌握物料的流动方向及用途，需要使用领料单。

领料单应包括领料部门、用途、领料日期、所领原材料名称、请领数量、实发数量、成
本等，如图 2-1-21 所示。

### 领料单

2021年  3月  18日                                   编号：001

| 领料部门： | 一车间 | | 用途： | 生产耗用 | | | |
|---|---|---|---|---|---|---|---|
| 材料 | | | 单位 | 数量 | | 成本 | |
| 编号 | 名称 | 规格 | | 请领 | 实发 | 单价 | 总价 |
| 001 | 其他材料 | | 千克 | 112 | 112 | | |
| | | | | | | | |
| | | | | | | | |
| | | | | | | | |
| 部门经理： | | 会计： | | 仓库： | | 经办人： | 李秋菊 |

图 2-1-21  领料单

**操作步骤**

**1. 创建空白领料单**

打开"常用单据"工作簿，将工作表 Sheet3 改名为"领料单"。右击"领料单"标签，在弹出的快捷菜单中选择"工作表标签颜色"命令，在其右侧弹出的色板中选择"绿色"，使标签突出显示，以便快速找到所需工作表。单击快速访问工具栏的"保存"按钮![保存图标]，保存工作簿，如图 2-1-22 所示。

图 2-1-22  创建空白领料单

**2. 输入内容**

在 A1 单元格中输入标题"领料单"，然后在其下方单元格中依次输入其他所需文字内容，如图 2-1-23 所示。

图 2-1-23  输入内容

　　设置有效性规则。选择 B3 单元格，单击"数据"/"数据工具"组的"数据验证"按钮，在弹出的列表中选择"数据验证"命令，打开"数据验证"对话框，在"允许"列表中选择"序列"，在"来源"框中输入"一车间,二车间,三车间,四车间,机修车间"，如图 2-1-24 所示。单击"确定"按钮，设置 B3 单元格"序列"有效性后的效果如图 2-1-25。

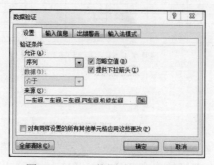

图 2-1-24　"数据验证"对话框

图 2-1-25　设置 B3 单元格的数据有效性

　　用同样的方法，选择 B7:B12 单元格，设置数据有效性，在其相应的"数据验证"对话框的"允许"列表中选择"序列"，在"来源"框中输入"A 材料,B 材料,其他材料"，同时将 E3 单元格的数据有效性设置为"生产耗用"，如图 2-1-26、图 2-1-27 所示。

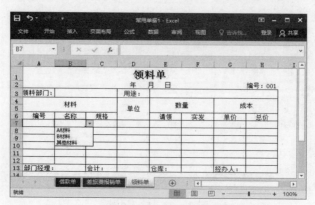

图 2-1-26　设置 B7:B12 单元格的数据有效性

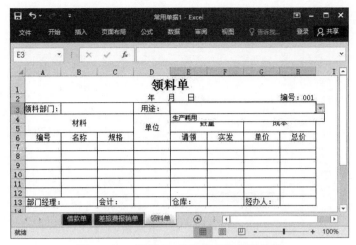

图 2-1-27　设置 E3 单元格的数据有效性

## 3．合并单元格

选择 A1:H1 单元格区域，单击"开始"/"对齐方式"组的"合并后居中"按钮 合并标题单元格，用同样方法分别合并 A2:H2 单元格、B3:C3 单元格、E3:H3 单元格、A4:C5 单元格、D4:D6 单元格、E4:F5 单元格、G4:H5 单元格，如图 2-1-28 所示。

图 2-1-28　合并单元格

## 4．格式化表格并对齐内容

设置标题为"宋体"18 磅加粗，表中其他内容为"宋体"11 磅。利用 Space 键调整文字间距离，如第 2 行的"年月日"与"编号"间的距离。选中 A3:H12 区域右击，设置单元格格式，对齐方式选择居中，第 13 行靠左对齐，如图 2-1-29 所示。

## 5．添加边框线

选择 A3:H13 单元格，单击"开始"/"字体"组的 按钮，弹出"设置单元格格式"对话框，单击"边框"选项卡，在"样式"栏中选择线型，单击"预置"栏的"外边框"按钮添加外边框，再次在"样式"栏中选择线型，单击"预置"栏的"内部"按钮添加内部边框线，单击"确定"按钮，效果如图 2-1-30 所示。

图 2-1-29    格式化表格

图 2-1-30    添加边框线

### 6. 隐藏网格线

为了只显示领料单的内容，需要隐藏网格线。在"视图"/"显示"组中取消勾选"网格线"复选框，隐藏网格线，效果如图 2-1-31 所示。或者在"页面布局"选项卡中，在"工作表选项"中的"网格线"下取消勾选"查看"复选框，即可隐藏网格线。

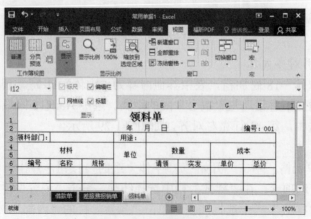

图 2-1-31    隐藏网格线

7. 填写领料单

2021 年 3 月 18 日，一车间李秋菊为生产产品领用原材料-其他材料 112 千克，填写的领料单样式如图 2-1-32 所示。

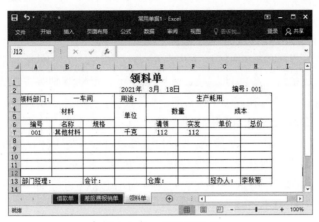

图 2-1-32　领料单样式

牛刀小试

根据本实例内容制作如图 2-1-33 所示的"银行借款登记卡"。

| 银行借款登记卡 | | | | | | | |
|---|---|---|---|---|---|---|---|
| 银行名称 | | | 中国工商银行王府井分行 | | | | |
| 借款名称 | | | | 账号 | | | |
| 日期 | | | 摘要 | 抵押品名称 | 借款额度 | 借款偿还金额 | 未偿还金额 |
| 年 | 月 | 日 | | | | | |
| | | | | | | | |
| | | | | | | | |
| | | | | | | | |
| | | | | | | | |
| | | | 合计 | | | | |

图 2-1-33　银行借款登记卡

# 项目 2　Excel 在会计核算中的应用

会计核算是以货币为计量单位，运用专门的会计方法，对生产经营活动或者预算执行过程及其结果进行连续、系统、全面地记录、计算和分析，定期编制并提供财务会计报告和其他一系列内部管理所需的会计资料，为作出经营决策和进行宏观经济管理提供依据的一项会计活动。为了满足会计核算的要求，有时需要使用统一格式的记账凭证，譬如会计科目表、现金日记账及总账等，每个企业的财务部门都要涉及以上账务的处理，它们与资产负债表、损益表及财务报表关系密切，因此，创建以上记账凭证十分重要。Excel 在解决会计核算的问题时，具有信息处理量大、可靠性高、可维护性强的特点，利用 Excel 进行会计核算可以提高会计人员的工作效率，是会计工作中不可缺少的工具。

建立会计科目表

## 任务 1　建立会计科目表

**任务描述**

会计科目表是用来列示会计科目编号、类别及其名称的表格。会计科目可以按照多种标准进行分类，若按照会计要素进行分类，则会计科目可以分为资产类科目、负债类科目、所有者权益科目、成本类科目和损益类科目。

根据资料建立如表 2-2-1 所示的案例企业会计科目表，并获得有效会计科目表。

表 2-2-1　案例企业会计科目表

| 科目编号 | 总账科目 | 明细科目 | 账户查询 |
| --- | --- | --- | --- |
| 1001 | 库存现金 | | 库存现金 |
| 1002 | 银行存款 | | 银行存款 |
| 100201 | 银行存款 | 工行 | 银行存款-工行 |
| 100202 | 银行存款 | 中行 | 银行存款-中行 |
| 1012 | 其他货币资金 | | 其他货币资金 |
| 1121 | 应收票据 | | 应收票据 |
| 1122 | 应收账款 | | 应收账款 |
| 112201 | 应收账款 | 西花园中学 | 应收账款-西花园中学 |
| 112202 | 应收账款 | 沈阳黄金 | 应收账款-沈阳黄金 |
| 112203 | 应收账款 | 武汉阳光 | 应收账款-武汉阳光 |
| 1123 | 预付账款 | | 预付账款 |

| 科目编号 | 总账科目 | 明细科目 | 账户查询 |
|---|---|---|---|
| 112301 | 预付账款 | 河南光电 | 预付账款-河南光电 |
| 1221 | 其他应收款 | | 其他应收款 |
| 122101 | 其他应收款 | 邓超 | 其他应收款-邓超 |
| 122102 | 其他应收款 | 王飞 | 其他应收款-王飞 |
| 122103 | 其他应收款 | 李想 | 其他应收款-李想 |
| 122104 | 其他应收款 | 张强 | 其他应收款-张强 |
| 122105 | 其他应收款 | 张可 | 其他应收款-张可 |
| 122106 | 其他应收款 | 乔杰 | 其他应收款-乔杰 |
| 122107 | 其他应收款 | 杨雪 | 其他应收款-杨雪 |
| 122108 | 其他应收款 | 白洁 | 其他应收款-白洁 |
| 122109 | 其他应收款 | 何军 | 其他应收款-何军 |
| 1402 | 在途物资 | | 在途物资 |
| 140201 | 在途物资 | 生产用材料 | 在途物资-生产用材料 |
| 140202 | 在途物资 | 其他材料 | 在途物资-其他材料 |
| 1403 | 原材料 | | 原材料 |
| 140301 | 原材料 | 生产用材料 | 原材料-生产用材料 |
| 140302 | 原材料 | 其他材料 | 原材料-其他材料 |
| 1405 | 库存商品 | | 库存商品 |
| 1601 | 固定资产 | | 固定资产 |
| 1602 | 累计折旧 | | 累计折旧 |
| 1604 | 在建工程 | | 在建工程 |
| 160401 | 在建工程 | 人工费 | 在建工程-人工费 |
| 160402 | 在建工程 | 材料费 | 在建工程-材料费 |
| 160403 | 在建工程 | 其他费用 | 在建工程-其他费用 |
| 160404 | 在建工程 | 工程转出 | 在建工程-工程转出 |
| 1701 | 无形资产 | | 无形资产 |
| 170101 | 无形资产 | 专利权 | 无形资产-专利权 |
| 170102 | 无形资产 | 土地使用权 | 无形资产-土地使用权 |
| 1911 | 待处理财产损益 | | 待处理财产损益 |
| 191101 | 待处理财产损益 | 待处理流动财产损益 | 待处理财产损益-待处理流动财产损益 |
| 191102 | 待处理财产损益 | 待处理固定财产损益 | 待处理财产损益-待处理固定财产损益 |
| 2101 | 短期借款 | | 短期借款 |
| 2202 | 应付账款 | | 应付账款 |
| 220201 | 应付账款 | 河南光电 | 应付账款-河南光电 |

| 科目编号 | 总账科目 | 明细科目 | 账户查询 |
|---|---|---|---|
| 220202 | 应付账款 | 山西电脑 | 应付账款-山西电脑 |
| 220203 | 应付账款 | 郑州水厂 | 应付账款-郑州水厂 |
| 220204 | 应付账款 | 郑州保险 | 应付账款-郑州保险 |
| 2211 | 应付职工薪酬 | | 应付职工薪酬 |
| 221101 | 应付职工薪酬 | 工资 | 应付职工薪酬-工资 |
| 221102 | 应付职工薪酬 | 社会福利费 | 应付职工薪酬-社会福利费 |
| 221103 | 应付职工薪酬 | 住房公积金 | 应付职工薪酬-住房公积金 |
| 2221 | 应交税费 | | 应交税费 |
| 222101 | 应交税费 | 应交增值税 | 应交税费-应交增值税 |
| 22210101 | 应交税费 | 应交增值税（进项税） | 应交税费-应交增值税（进项税） |
| 22210105 | 应交税费 | 应交增值税（销项税） | 应交税费-应交增值税（销项税） |
| 222102 | 应交税费 | 未交增值税 | 应交税费-未交增值税 |
| 222103 | 应交税费 | 应交企业所得税 | 应交税费-应交企业所得税 |
| 222104 | 应交税费 | 应交城建税 | 应交税费-应交城建税 |
| 222105 | 应交税费 | 应交教育费附加 | 应交税费-应交教育费附加 |
| 222106 | 应交税费 | 应交地方教育费附加 | 应交税费-应交地方教育费附加 |
| 222107 | 应交税费 | 应交水利建设基金 | 应交税费-应交水利建设基金 |
| 222108 | 应交税费 | 应交土地使用税 | 应交税费-应交土地使用税 |
| 222109 | 应交税费 | 应交个人所得税 | 应交税费-应交个人所得税 |
| 2241 | 其他应付款 | | 其他应付款 |
| 224101 | 其他应付款 | 代扣个人社保金 | 其他应付款-代扣个人社保金 |
| 2501 | 长期借款 | | 长期借款 |
| 4001 | 实收资本 | | 实收资本 |
| 400101 | 实收资本 | 泛美集团 | 实收资本-泛美集团 |
| 4101 | 盈余公积 | | 盈余公积 |
| 410101 | 盈余公积 | 法定盈余公积 | 盈余公积-法定盈余公积 |
| 4103 | 本年利润 | | 本年利润 |
| 4104 | 利润分配 | | 利润分配 |
| 410401 | 利润分配 | 提取法定盈余公积 | 利润分配-提取法定盈余公积 |
| 410402 | 利润分配 | 未分配利润 | 利润分配-未分配利润 |
| 5001 | 生产成本 | | 生产成本 |
| 500101 | 生产成本 | 直接材料 | 生产成本-直接材料 |
| 500102 | 生产成本 | 直接人工 | 生产成本-直接人工 |
| 500103 | 生产成本 | 制造费用 | 生产成本-制造费用 |

| 科目编号 | 总账科目 | 明细科目 | 账户查询 |
|---|---|---|---|
| 500104 | 生产成本 | 其他费用 | 生产成本-其他费用 |
| 5101 | 制造费用 | | 制造费用 |
| 510101 | 制造费用 | 工资 | 制造费用-工资 |
| 510102 | 制造费用 | 折旧费 | 制造费用-折旧费 |
| 510103 | 制造费用 | 水电费 | 制造费用-水电费 |
| 510104 | 制造费用 | 保险费 | 制造费用-保险费 |
| 6001 | 主营业务收入 | | 主营业务收入 |
| 6301 | 营业外收入 | | 营业外收入 |
| 6401 | 主营业务成本 | | 主营业务成本 |
| 6403 | 营业税金及附加 | | 营业税金及附加 |
| 6601 | 销售费用 | | 销售费用 |
| 660101 | 销售费用 | 工资 | 销售费用-工资 |
| 660102 | 销售费用 | 折旧费 | 销售费用-折旧费 |
| 660103 | 销售费用 | 广告费 | 销售费用-广告费 |
| 660105 | 销售费用 | 其他 | 销售费用-其他 |
| 6602 | 管理费用 | | 管理费用 |
| 660201 | 管理费用 | 工资 | 管理费用-工资 |
| 660202 | 管理费用 | 差旅费 | 管理费用-差旅费 |
| 660203 | 管理费用 | 招待费 | 管理费用-招待费 |
| 660204 | 管理费用 | 折旧费 | 管理费用-折旧费 |
| 660205 | 管理费用 | 其他费用 | 管理费用-其他费用 |
| 6603 | 财务费用 | | 财务费用 |
| 660301 | 财务费用 | 利息支出 | 财务费用-利息支出 |
| 660302 | 财务费用 | 现金折扣 | 财务费用-现金折扣 |
| 660303 | 财务费用 | 手续费 | 财务费用-手续费 |
| 6701 | 资产减值损失 | | 资产减值损失 |
| 6711 | 营业外支出 | | 营业外支出 |
| 6801 | 所得税费用 | | 所得税费用 |

### 操作步骤

1. 创建空白会计科目表

启动 Excel，将工作表 Sheet1 改名为"会计科目表"，单击快速访问工具栏的"保存"按钮，在弹出的"另存为"对话框中选择文件的保存位置，设置文件名为"Excel 在会计核算中的应用"，单击"确定"按钮，保存工作簿，如图 2-2-1 所示。

图 2-2-1　创建空白会计科目表

2. 制作会计科目表表头

在工作表 A1 单元格中输入标题 "会计科目表"，然后选择 A1 至 D1 单元格，选择合并后居中，选择 A2 单元格输入 "科目编号"，选择 B2 单元格输入 "总账科目"，选择 C2 单元格输入 "明细科目"，选择 D2 单元格输入 "账户查询"。

设置表名 "会计科目表" 的字体为 "方正姚体"，字号为 14 号；设置 "科目编号" "总账科目" "明细科目" "账户查询" 的字体为 "宋体"，字号为 11 号，并适当调整 A 至 D 列的列宽。

为便于后续操作，选择 A 列，右击，设置单元格格式，将其设置为 "文本" 格式，单击 "确定" 按钮，如图 2-2-2 所示。

图 2-2-2　输入会计科目表表头内容

贴心提示　　会计制度制定的会计科目规则："科目编号" 的第一位数字为 1 代表资产类科目，为 2 代表负债类科目，为 3 代表共同类科目，为 4 代表所有者权益类科目，为 5 代表成本类科目，为 6 代表损益类科目。

3. 在快速访问工具栏添加"记录单"功能

选择"文件"/"选项"命令，打开"Excel 选项"对话框，单击"自定义功能区"选项，在选择区中选择"不在功能区中的命令"，向下拖拽滚动条，找到并选择"记录单"选项，单击"添加"按钮，然后单击"确定"按钮，如图 2-2-3 所示。此时，记录单命令即被添加到快速访问工具栏，图标 📧 即显示在快速访问工具区。

图 2-2-3　在快速访问工具栏添加"记录单"功能

4. 使用"记录单"功能输入会计科目信息

拖拽光标选择 A2:D2 单元格，单击"记录单"图标，在弹出的提示对话框中单击"确定"按钮，在弹出的窗口中输入会计科目信息。例如，在"科目编码"后输入"1001"，在"总账科目"后输入"库存现金"等，然后单击"新建"按钮。在输入会计科目时，可以使用 Tab 键进行光标的切换，按 Enter 键快速跳转输入下一条信息。依次类推，根据企业要求，将会计科目进行完整输入，如图 2-2-4 所示。

图 2-2-4　使用"记录单"功能输入会计科目信息

#### 5. 格式化表格

选择 A2:D105 单元格区域，单击"开始"/"字体"组"下框线"按钮 🔲 旁的下三角按钮，在弹出的下拉列表中选择"所有框线"选项，为工作表添加框线，设置对齐方式为居中；选择 A2:D2 单元格，单击"开始"/"样式"组单元格样式列表中的"着色 2"；选择 A3:D105 单元格，设置内容为"宋体"10 号，如图 2-2-5 所示。

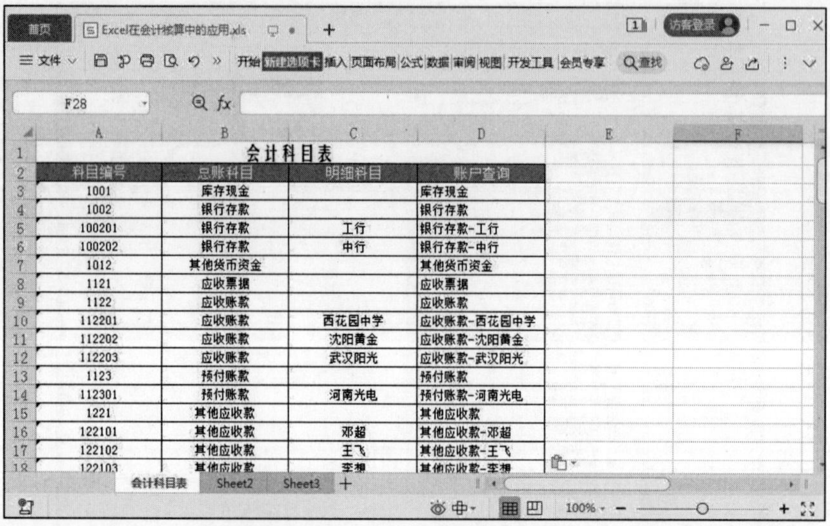

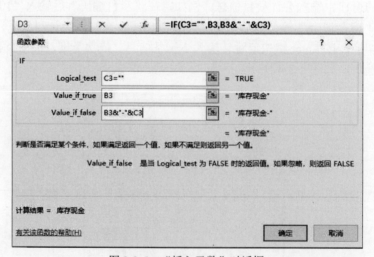

图 2-2-5　格式化会计科目表

#### 6. 计算账户查询的值

选择 D3 单元格，单击编辑区"插入函数"按钮 *fx*，弹出"插入函数"对话框，在"或选择类别"下拉列表中选择"逻辑"，在"选择函数"列表框中选择 IF 函数，单击"确定"按钮，打开"函数参数"对话框，输入如图 2-2-6 所示的参数。

图 2-2-6　"插入函数"对话框

单击"确定"按钮，得到 D3 的值为"库存现金"。双击 D3 单元格右下角的填充柄，通过快速填充功能得到 D 列的值，如图 2-2-7 所示。

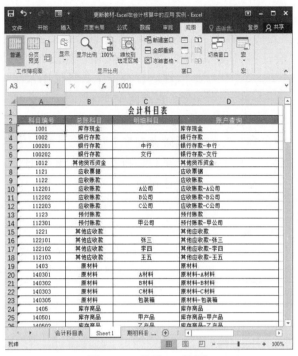

图 2-2-7　得到 D 列的值

### 7. 冻结窗格

由于会计科目内容很多，当一个窗口无法显示全部内容时，为了在向下浏览时保留表头，需要冻结表头所在行。选择 A3 单元格，单击"视图"/"窗口"组的"冻结窗格"按钮，选择"冻结拆分窗格"命令，冻结第 1 行和第 2 行内容。冻结窗格效果如图 2-2-8 所示。

图 2-2-8　冻结窗格效果

8. 进行名称定义

选择 A:D 列所有单元格，单击"公式"选项卡下的"定义名称"按钮，在弹出的"新建名称"对话框中输入"会计科目表"，单击"确定"按钮，如图 2-2-9 所示。

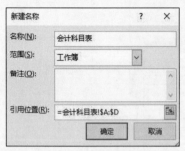

图 2-2-9　定义"会计科目表"名称

在会计分录中必须使用末级科目，例如，1002 银行存款，它有两个明细科目，在会计分录中必须使用 100201 或 100202，而不允许使用 1002。因此，在"会计科目表"的基础上建立"有效会计科目表"，方法为，选择 A 至 C 列，复制，将其粘贴在 F 至 H 列，将表标题修改为"有效会计科目表"，并将所有非末级科目进行删除，例如，选择 1002 银行存款，右击，选择"删除"命令，默认为下方单元格上移，同理删除其他所有非末级科目。最终得到"有效会计科目表"，见表 2-2-2。

表 2-2-2　有效会计科目表

| 有效会计科目编码 | 总账科目 | 明细科目 |
|---|---|---|
| 1001 | 库存现金 | |
| 100201 | 银行存款 | 工行 |
| 100202 | 银行存款 | 中行 |
| 1012 | 其他货币资金 | |
| 1121 | 应收票据 | |
| 112201 | 应收账款 | 西花园中学 |
| 112202 | 应收账款 | 沈阳黄金 |
| 112203 | 应收账款 | 武汉阳光 |
| 112301 | 预付账款 | 河南光电 |
| 122101 | 其他应收款 | 邓超 |
| 122102 | 其他应收款 | 王飞 |
| 122103 | 其他应收款 | 李想 |
| 122104 | 其他应收款 | 张强 |
| 122105 | 其他应收款 | 张可 |
| 122106 | 其他应收款 | 乔杰 |
| 122107 | 其他应收款 | 杨雪 |
| 122108 | 其他应收款 | 白洁 |
| 122109 | 其他应收款 | 何军 |
| 140201 | 在途物资 | 生产用材料 |
| 140202 | 在途物资 | 其他材料 |
| 140301 | 原材料 | 生产用材料 |
| 140302 | 原材料 | 其他材料 |
| 1405 | 库存商品 | |
| 1601 | 固定资产 | |

| 有效会计科目编码 | 总账科目 | 明细科目 |
|---|---|---|
| 1602 | 累计折旧 | |
| 160401 | 在建工程 | 人工费 |
| 160402 | 在建工程 | 材料费 |
| 160403 | 在建工程 | 其他费用 |
| 160404 | 在建工程 | 工程转出 |
| 170101 | 无形资产 | 专利权 |
| 170102 | 无形资产 | 土地使用权 |
| 191101 | 待处理财产损益 | 待处理流动财产损益 |
| 191102 | 待处理财产损益 | 待处理固定财产损益 |
| 2101 | 短期借款 | |
| 220201 | 应付账款 | 河南光电 |
| 220202 | 应付账款 | 山西电脑 |
| 220203 | 应付账款 | 郑州水厂 |
| 220204 | 应付账款 | 郑州保险 |
| 221101 | 应付职工薪酬 | 工资 |
| 221102 | 应付职工薪酬 | 社会福利费 |
| 221103 | 应付职工薪酬 | 住房公积金 |
| 22210101 | 应交税费 | 应交增值税（进项税） |
| 22210105 | 应交税费 | 应交增值税（销项税） |
| 222102 | 应交税费 | 未交增值税 |
| 222103 | 应交税费 | 应交企业所得税 |
| 222104 | 应交税费 | 应交城建税 |
| 222105 | 应交税费 | 应交教育费附加 |
| 222106 | 应交税费 | 应交地方教育费附加 |
| 222107 | 应交税费 | 应交水利建设基金 |
| 222108 | 应交税费 | 应交土地使用税 |
| 222109 | 应交税费 | 应交个人所得税 |
| 224101 | 其他应付款 | 代扣个人社保金 |
| 2501 | 长期借款 | |
| 400101 | 实收资本 | 泛美集团 |
| 410101 | 盈余公积 | 法定盈余公积 |
| 4103 | 本年利润 | |
| 410401 | 利润分配 | 提取法定盈余公积 |
| 410402 | 利润分配 | 未分配利润 |
| 500101 | 生产成本 | 直接材料 |
| 500102 | 生产成本 | 直接人工 |

续表

| 有效会计科目编码 | 总账科目 | 明细科目 |
|---|---|---|
| 500103 | 生产成本 | 制造费用 |
| 500104 | 生产成本 | 其他费用 |
| 510101 | 制造费用 | 工资 |
| 510102 | 制造费用 | 折旧费 |
| 510103 | 制造费用 | 水电费 |
| 510104 | 制造费用 | 保险费 |
| 6001 | 主营业务收入 | |
| 6301 | 营业外收入 | |
| 6401 | 主营业务成本 | |
| 6403 | 营业税金及附加 | |
| 660101 | 销售费用 | 工资 |
| 660102 | 销售费用 | 折旧费 |
| 660103 | 销售费用 | 广告费 |
| 660105 | 销售费用 | 其他 |
| 660201 | 管理费用 | 工资 |
| 660202 | 管理费用 | 差旅费 |
| 660203 | 管理费用 | 招待费 |
| 660204 | 管理费用 | 折旧费 |
| 660205 | 管理费用 | 其他费用 |
| 660301 | 财务费用 | 利息支出 |
| 660302 | 财务费用 | 现金折扣 |
| 660303 | 财务费用 | 手续费 |
| 6701 | 资产减值损失 | |
| 6711 | 营业外支出 | |
| 6801 | 所得税费用 | |

　　删除所有非末级科目后，进行名称定义。选择"有效会计科目表"F3:H87 区域，将其名称定义为"有效会计科目表"；选择 F3:F87 区域，将其名称定义为"有效会计科目编码"。

　　单击快速访问工具栏的"保存"按钮  保存工作簿，至此，完整的"会计科目表"及"有效会计科目表"制作完成。

建立期初科目余额表

# 任务 2　建立期初科目余额表

## 任务描述

　　会计科目余额表是遵照资产负债表的格式编制的表格，是企业每期开始做账前必须要做的工作。创建时先创建企业本期所需的科目并输入期初余额，然后按照"资产+费用-负债+所有者权益"的原理进行试算平衡。

　　根据资料建立本案例企业 2021 年 3 月初的会计期初科目余额表，并进行平衡验证，当"借方余额=贷方余额"时，试算平衡。期初科目余额表见表 2-2-3。

表 2-2-3　期初科目余额表

| 科目编号 | 总账科目 | 明细科目 | 期初借方余额 | 期初贷方余额 |
|---|---|---|---|---|
| 1001 | 库存现金 | | 8,000.00 | |
| 1002 | 银行存款 | | 207,000.00 | — |
| 100201 | 银行存款 | 工行 | 200,000.00 | |
| 100202 | 银行存款 | 中行 | 7,000.00 | |
| 1012 | 其他货币资金 | | | |
| 1121 | 应收票据 | | | |
| 1122 | 应收账款 | | 157,600.00 | — |
| 112201 | 应收账款 | 西花园中学 | 99,600.00 | |
| 112202 | 应收账款 | 沈阳黄金 | 58,000.00 | |
| 112203 | 应收账款 | 武汉阳光 | | |
| 1123 | 预付账款 | | — | — |
| 112301 | 预付账款 | 河南光电 | | |
| 1221 | 其他应收款 | | 3,800.00 | — |
| 122101 | 其他应收款 | 邓超 | 2,000.00 | |
| 122102 | 其他应收款 | 王飞 | | |
| 122103 | 其他应收款 | 李想 | | |
| 122104 | 其他应收款 | 张强 | | |
| 122105 | 其他应收款 | 张可 | 1,800.00 | |
| 122106 | 其他应收款 | 乔杰 | | |
| 122107 | 其他应收款 | 杨雪 | | |
| 122108 | 其他应收款 | 白洁 | | |
| 122109 | 其他应收款 | 何军 | | |
| 1402 | 在途物资 | | — | — |
| 140201 | 生产用材料 | | | |
| 140202 | 其他材料 | | | |
| 1403 | 原材料 | | 300,000.00 | — |
| 140301 | 原材料 | 生产用材料 | 150,000.00 | |
| 140302 | 原材料 | 其他材料 | 150,000.00 | |
| 1405 | 库存商品 | | 55,000.00 | |
| 1601 | 固定资产 | | 617,000.00 | |
| 1602 | 累计折旧 | | | 155,455.00 |

| 科目编号 | 总账科目 | 明细科目 | 期初借方余额 | 期初贷方余额 |
|---|---|---|---|---|
| 1604 | 在建工程 | | — | — |
| 160401 | 在建工程 | 人工费 | | |
| 160402 | 在建工程 | 材料费 | | |
| 160403 | 在建工程 | 其他费用 | | |
| 160404 | 在建工程 | 工程转出 | | |
| 1701 | 无形资产 | | — | — |
| 170101 | 无形资产 | 专利权 | | |
| 170102 | 无形资产 | 土地使用权 | | |
| 1911 | 待处理财产损益 | | — | — |
| 191101 | 待处理财产损益 | 待处理流动财产损益 | | |
| 191102 | 待处理财产损益 | 待处理固定财产损益 | | |
| 2101 | 短期借款 | | | |
| 2202 | 应付账款 | | — | 183,060.00 |
| 220201 | 应付账款 | 河南光电 | | 183,060.00 |
| 220202 | 应付账款 | 山西电脑 | | |
| 220203 | 应付账款 | 郑州水厂 | | |
| 220204 | 应付账款 | 郑州保险 | | |
| 2211 | 应付职工薪酬 | | — | — |
| 221101 | 应付职工薪酬 | 工资 | | |
| 221102 | 应付职工薪酬 | 社会福利费 | | |
| 221103 | 应付职工薪酬 | 住房公积金 | | |
| 2221 | 应交税费 | | — | — |
| 222101 | 应交税费 | 应交增值税 | — | |
| 22210101 | 应交税费 | 应交增值税（进项税） | | |
| 22210105 | 应交税费 | 应交增值税（销项税） | | |
| 222102 | 应交税费 | 未交增值税 | | |
| 222103 | 应交税费 | 应交企业所得税 | | |
| 222104 | 应交税费 | 应交城建税 | | |
| 222105 | 应交税费 | 应交教育费附加 | | |
| 222106 | 应交税费 | 应交地方教育费附加 | | |
| 222107 | 应交税费 | 应交水利建设基金 | | |
| 222108 | 应交税费 | 应交土地使用税 | | |
| 222109 | 应交税费 | 应交个人所得税 | | |
| 2241 | 其他应付款 | | — | — |
| 224101 | 其他应付款 | 代扣个人社保金 | | |

| 科目编号 | 总账科目 | 明细科目 | 期初借方余额 | 期初贷方余额 |
|---|---|---|---|---|
| 2501 | 长期借款 | | | |
| 4001 | 实收资本 | | — | 1,027,050.00 |
| 400101 | 实收资本 | 泛美集团 | | 1,027,050.00 |
| 4101 | 盈余公积 | | — | — |
| 410101 | 盈余公积 | 法定盈余公积 | | |
| 4103 | 本年利润 | | | |
| 4104 | 利润分配 | | — | — |
| 410401 | 利润分配 | 提取法定盈余公积 | | |
| 410402 | 利润分配 | 未分配利润 | | |
| 5001 | 生产成本 | | 17,165.00 | — |
| 500101 | 生产成本 | 直接材料 | 10,000.00 | |
| 500102 | 生产成本 | 直接人工 | 4,000.00 | |
| 500103 | 生产成本 | 制造费用 | 2,000.00 | |
| 500104 | 生产成本 | 其他费用 | 1,165.00 | |
| 5101 | 制造费用 | | — | — |
| 510101 | 制造费用 | 工资 | | |
| 510102 | 制造费用 | 折旧费 | | |
| 510103 | 制造费用 | 水电费 | | |
| 510104 | 制造费用 | 保险费 | | |
| 6001 | 主营业务收入 | | | |
| 6301 | 营业外收入 | | | |
| 6401 | 主营业务成本 | | | |
| 6403 | 营业税金及附加 | | | |
| 6601 | 销售费用 | | — | — |
| 660101 | 销售费用 | 工资 | | |
| 660102 | 销售费用 | 折旧费 | | |
| 660103 | 销售费用 | 广告费 | | |
| 660105 | 销售费用 | 其他 | | |
| 6602 | 管理费用 | | — | — |
| 660201 | 管理费用 | 工资 | | |
| 660202 | 管理费用 | 差旅费 | | |
| 660203 | 管理费用 | 招待费 | | |
| 660204 | 管理费用 | 折旧费 | | |
| 660205 | 管理费用 | 其他费用 | | |
| 6603 | 财务费用 | | — | — |

续表

| 科目编号 | 总账科目 | 明细科目 | 期初借方余额 | 期初贷方余额 |
|---|---|---|---|---|
| 660301 | 财务费用 | 利息支出 | | |
| 660302 | 财务费用 | 现金折扣 | | |
| 660303 | 财务费用 | 手续费 | | |
| 6701 | 资产减值损失 | | | |
| 6711 | 营业外支出 | | | |
| 6801 | 所得税费用 | | | |
| 合计 | | | 1,365,565.00 | 1,365,565.00 |

**操作步骤**

1. 创建空白期初科目余额表

打开"Excel 在会计核算中的应用"文件，将工作表 Sheet2 改名为"期初科目余额表"，单击快速访问工具栏的"保存"按钮🖫保存文件。

2. 制作期初科目余额表

制作期初科目余额表的表头，复制"会计科目表"中的科目信息，将其粘贴在"期初科目余额表"的 A:C 列，如图 2-2-10 所示。

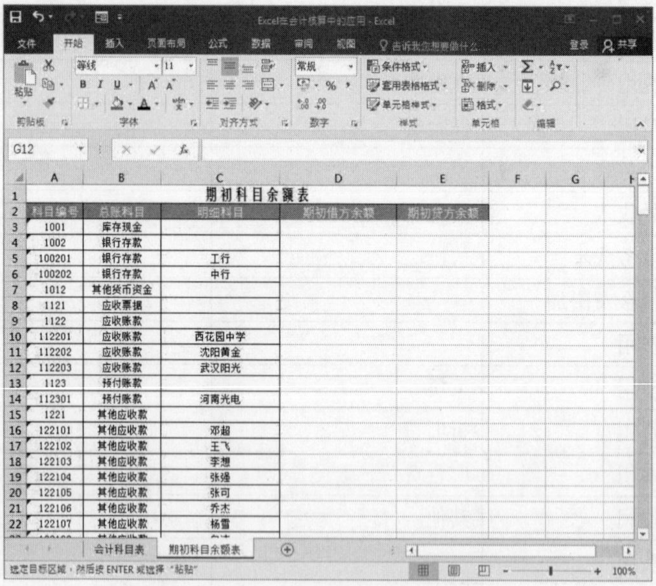

图 2-2-10　制作期初科目余额表

将光标移至最后一个科目的下一行，选择 A110:C110 单元格，单击"合并后居中"按钮，输入"合计"。

3. 格式化表格

设置期初科目余额表边框。选择 A3:E110 单元格区域，打开"设置单元格格式"对话框，选择"边框"选项卡，将"颜色"设置为"绿色"，选择适当的线型，单击"内总"按钮和"外边框"按钮，单击"确定"按钮。选择 D:E 列，设置单元格格式，单击"数字"选项卡，将其格式设置为"会计专用小数位数两位，无货币符号"，单击"确定"按钮。

在期初科目余额表中，由于非末级科目的金额是通过对末级科目的计算而得到的，因此，可以将非末级科目进行颜色填充，以便后期进行公式设置。选择 1002 银行存款，单击"填充"按钮旁的下三角按钮，选择适当的颜色。利用格式刷快速设置其他非末级科目的颜色填充，如图 2-2-11 所示。

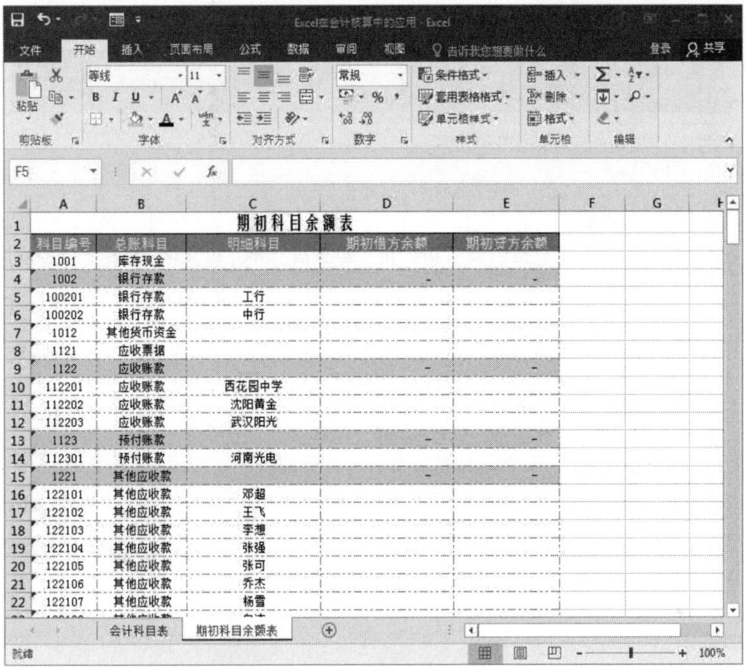

图 2-2-11　格式化期初科目余额表

4. 设置非末级科目的计算公式

以 1002 银行存款为例，它的期初借方余额应等于 100201 的期初借方余额加上 100202 的期初借方余额，因此，D4 单元格的公式为 D4=D5+D6，将 D4 单元格的公式填充至 E4。同理，应收账款科目的期初借方余额公式为 D9=D10+D11+D12，将 D9 单元格的公式填充至 E9。按照此方法，设置其他所有非末级科目的求和公式。非末级科目求和公式设置完毕后，根据企业已知资料输入末级科目期初余额，例如，D3 单元格输入库存现金 1001 的期初余额 8000，D5 单元格输入 200000，D6 单元格输入 7000，此时，便能自动计算银行存款科目的期初余额。同理，输入其他所有非末级科目的期初余额，如图 2-2-12 所示。

5. 设置合计栏验证公式

期初余额输入完毕后，为了验证期初余额是否输入正确，在最后一行合计栏中输入验证公式，利用公式"期初借方余额之和=期初贷方余额之和"进行验证。但由于期初科目余额表中既有总账科目，又有明细科目，因此，可以利用 SUMIF() 函数进行验证，利用会计科目编码的位数，仅对总账科目进行求和，选择 D110 单元格，输入公式 D110=SUMIF(A:A,"????",D:D)，按 Enter 键，自动算出期初借方余额合计值。该公式的第 1 个参数为需要查找的区域，此处应选择 A 列，由于第 1 行有合并单元格的操作，所以，可以手动将区域改为 A:A；第 2 个参数为判断的条件，由于总账科目的科目编码均为 4 位数，而明细科目的编码大于 4 位数，因此，可将 "科目编码的位数为 4 位数" 作为判断的条件，输入一对双引号，在引号内输入 4 个问号（问号作为通配符，一个问号表示一个字符）；第 3 个参数为求和区域，此时的求和区域为期初借方余额，因此求和区域为 D 列，可在第 3 个参数处手动输入 D:D。需要特别注意的是，公式中的标点均为英文状态下输入。同理，设置贷方期初余额的合计公式为 E110=SUMIF(A:A,"????",E:E)。此时，期初借方余额之和与期初贷方余额之和相等，对期初余额表的正确性进行了验证，如图 2-2-13 所示。

图 2-2-12　输入期初科目余额

图 2-2-13　验证 "合计" 栏

6. 进行名称定义

选择期初余额表区域，进行名称定义。选择 A3:E110 区域，选择"公式"选项卡下的"定义名称"命令，在弹出的对话框中将名称定义为"期初科目余额表"，单击"确定"按钮。

至此，完成了期初科目余额表的设置。

**牛刀小试**

某企业 2020 年 1 月 1 日账户余额如图 2-2-14 所示，请运用本例方法制作该表（科目余额表）并定义相关公式。

| | 科目余额表 | | | |
|---|---|---|---|---|
| 总账科目 | 明细科目 | 借方余额 | 贷方余额 | 备注 |
| 库存现金 | | 2500 | | |
| 银行存款 | | | | |
| | 建设银行 | 332,445.00 | | |
| 其他货币资金 | | | | |
| | 外埠存款 | 220,300.00 | | |
| 应收票据 | | | | |
| | 郑州裕达公司 | 100,000.00 | | |
| | 哈尔滨春来公司 | 200,000.00 | | |
| 应收账款 | | | | |
| | 丹尼斯百货 | 100,000.00 | | |
| | 家乐福超市 | 5,000.00 | | |
| 其他应收款 | | | | |
| | 张政 | 2,000.00 | | |
| | 销售一部 | 10,000.00 | | |
| 在途物资 | | | | |
| | 北京阳光 | 700,000.00 | | |
| 原材料 | | | | |
| | A材料 | 500,000.00 | | |
| | B材料 | 200,000.00 | | |
| | C材料 | 123,456.00 | | |
| | D材料 | 432,563.00 | | |
| | 辅助材料 | 189,476.00 | | |
| 周转材料 | | | | |
| | 纸箱 | 789,452.00 | | |
| 生产成本 | | | | |
| | 基本生产成本（甲） | 562,234.00 | | |
| | 基本生产成本（乙） | 778,996.00 | | |
| 库存商品 | | | | |
| | 甲产品 | 238,456.00 | | |
| | 乙产品 | 564,123.00 | | |
| 固定资产 | | | | |
| | 房屋 | 556,660.00 | | 年折旧率2% |
| | 设备 | 638,231.00 | | 年折旧率10% |
| | 空调 | 755,662.00 | | 年折旧率10% |
| | 汽车 | 668,889.00 | | 年折旧率10% |
| 累计折旧 | | | 886,663.00 | |
| 无形资产 | | | | |
| | 专利技术 | 238,680.00 | | |
| 累计摊销 | | | 50,000.00 | |
| 短期借金 | | | 500,000.00 | |
| 应付账款 | | | | |
| | 宇通公司 | | 896,663.00 | |
| | 美加公司 | | 800,000.00 | |
| | 天大公司 | | 900,000.00 | |
| 应付职工薪酬 | | | | |
| | 工资 | | 899,000.00 | |
| | 社会保险 | | 89,321.00 | |
| | 住房公积金 | | 6,668.00 | |
| | 工会经费 | | 50,000.00 | |
| | 福利费 | | 8,667.00 | |
| | 职工教育经费 | | 10,000.00 | |
| 应缴税费 | | | | |
| | 未缴增值税 | | 30,000.00 | |
| | 应缴城建税 | | 5,000.00 | |
| | 应缴教育费附加 | | 3,000.00 | |
| | 应缴所得税 | | 16,000.00 | |
| | 应缴个人所得税 | | 5,750.00 | |
| 应付利息 | | | 800.00 | |
| 实收资本 | | | 2,945,871.00 | |
| 盈余公积 | | | | |
| | 法定盈余公积 | | 150,000.00 | |
| 本年利润 | | | 600,000.00 | |
| 利润分配 | | | | |
| | 未分配利润 | | 55,720.00 | |
| 合计 | | | | |

图 2-2-14  科目余额表

制作和填制记账凭证

# 任务 3　制作和填制记账凭证

**任务描述**

记账凭证是会计核算中以记录经济业务往来、明确经济责任和审查合格的原始凭证为依据，按照登记账簿的要求进行归类和整理，由会计人员编制，作为记账直接依据的一种会计凭证。记账凭证不分经济业务的性质，使用同样的格式。

记账凭证应包括类别编号、制作日期、附件张数、摘要、科目编码、借方/贷方金额等。

本案例企业在 2021 年 3 月份的部分经济业务如下：

1．3 月 2 日，收到罚没款现金 200 元。

  借：库存现金（1001）　　　　　　　　　　　200

    贷：营业外收入（6301）　　　　　　　　　200

2．3 月 3 日，财务部李想从工行提取现金 10,000 元，作为备用金。（现金支票号 XJ001）

  借：库存现金（1001）　　　　　　　　　　　10,000

    贷：银行存款/工行存款（100201）　　　　10,000

3．3 月 5 日，收到泛美集团投资资金 10,000 美元，汇率默认期初汇率 6.420,8。（转账支票号 ZZW001）

  借：银行存款/中行存款（100202）　　　　　64,208

    贷：实收资本/泛美集团（400101）　　　　64,208

4．3 月 8 日，供应部杨雪采购其他材料，10 吨，每吨 1,500 元，税 1,950 元，金额 16,950 元，货款以银行存款支付。（转账支票号 ZZR001。）

  借：原材料/其他材料（140302）　　　　　　15,000

    应交税费/应交增值税/进项税额（22210101）　　1,950

    贷：银行存款/工行存款（100201）　　　　16,950

5．3 月 12 日，销售二部乔杰收到大同市西花园中学转来一张转账支票，金额 99,600 元，用以偿还前欠货款。（转账支票号 ZZR002，应收单票号：P111。）

  借：银行存款/工行存款（100201）　　　　　99,600

    贷：应收账款/西花园中学（112201）　　　99,600

6．3 月 13 日，进行车间设备修理，金额为 3,000 元，款项尚未支付给河南光电。

  借：管理费用/其他费用（660205）　　　　　3,000

    贷：应付账款/河南光电（220201）　　　　3,000

7．3 月 14 日，供应部杨雪从河南光电股份公司采购其他材料 5 吨，每吨 1,600 元，税 1,040 元，金额 9,040 元，款未付。

  借：原材料/其他材料（140302）　　　　　　8,000

    应交税费/应交增值税/进项税额（22210101）　　1,040

    贷：应付账款/河南光电（220201）　　　　　　9,040

8. 3 月 16 日，厂长办公室支付业务招待费 1,200 元。（转账支票号 ZZR003）

　　借：管理费用/招待费（660203）　　　　　　　1,200

　　　　贷：银行存款/工行存款（100201）　　　　　　　　1,200

9. 3 月 18 日，厂长办公室邓超出差归来，报销差旅费 2,000 元，交回现金 200 元。

　　借：管理费用/差旅费（660202）　　　　　　　1,800

　　　　库存现金（1001）　　　　　　　　　　　　200

　　　　贷：其他应收款/邓超（122101）　　　　　　　　2,000

10. 3 月 18 日，车间领用其他材料 112 吨，单价 1,452.5 元

　　借：生产成本/直接材料（500101）　　　　　　162,680

　　　　贷：原材料/其他材料（140302）　　　　　　　　162,680

11. 3 月 26 日，供应部杨雪从河南光电股份公司采购其他材料 385 吨，单价 1,450 元，税 72,572.5，金额 630,822.5，款未付。

　　借：原材料/其他材料（140302）　　　　　　　558,250

　　　　应交税费/应交增值税/进项税额（22210101）　72,572.5

　　　　贷：应付账款/河南光电（220201）　　　　　　　630,822.5

12. 3 月 27 日，车间领用其他材料 119 吨，单价 1,452.5 元。

　　借：生产成本/直接材料（500101）　　　　　　172,847.5

　　　　贷：原材料/其他材料（140302）　　　　　　　　172,847.5

13. 3 月 28 日，向沈阳黄金销售库存商品 30 吨，每吨 4,000 元，款未收。

　　借：应收账款/沈阳黄金（112202）　　　　　　135,600

　　　　贷：主营业务收入（6001）　　　　　　　　　　120,000

　　　　　　应交税费/应交增值税/销售项税额（22210105）　15,600

14. 3 月 29 日，收到赔款 5,000 元，款项以现金形式收取。

　　借：库存现金（1001）　　　　　　　　　　　　5,000

　　　　贷：营业外收入（6301）　　　　　　　　　　　5,000

15. 3 月 31 日，支付广告费 3,000 元，款项以现金形式支付。

　　借：销售费用/广告费（660103）　　　　　　　3,000

　　　　贷：库存现金（1001）　　　　　　　　　　　　3,000

16. 3 月 31 日，向武汉阳光销售库存商品 20 吨，每吨 4,000 元，款未收。

　　借：应收账款/武汉阳光（112203）　　　　　　90,400

　　　　贷：主营业务收入（6001）　　　　　　　　　　80,000

　　　　　　应交税费/应交增值税/销售项税额（22210105）　10,400

17. 3 月 31 日，计提员工薪资。其中，管理费用 81,960 元、销售费用 28,900 元、制造费用 28,980 元、生产成本 26,120 元。

　　借：管理费用/工资（660201）　　　　　　　　81,960

　　　　销售费用/工资（660101）　　　　　　　　28,900

　　　　制造费用/工资（510101）　　　　　　　　28,980

　　　　生产成本/直接人工（500102）　　　　　　26,120

　　　　贷：应付职工薪酬（221101）　　　　　　　　　165,960

18. 3 月 31 日，计提本月固定资产折旧。

借：管理费用/折旧费（660204）　　　　1,241.67

　　销售费用/折旧费（660102）　　　　1,252.33

　　制造费用/折旧费（510102）　　　　2,769.25

　　贷：累计折旧（1602）　　　　　　　　　　　5,263.25

19. 3 月 31 日，结转生产车间职工福利。

借：生产成本/直接人工（500102）　　　1,306

　　贷：应付职工薪酬/社会福利费（221102）　　　1,306

20. 3 月 31 日，结转本月应付郑州水厂生产用水费 20,000 元。

借：制造费用/水电费（510103）　　　　20,000

　　贷：应付账款/郑州水厂（220203）　　　　　20,000

21. 结转本月产品负担的郑州保险公司的保险费 3,000 元。

借：制造费用/保险费（510104）　　　　3,000

　　贷：应付账款/郑州保险（220204）　　　　　3,000

22. 3 月 31 日，结转制造费用。

借：生产成本/制造费用（500103）　　　54,749.25

　　贷：制造费用/工资（510101）　　　　　　28,980

　　　　制造费用/折旧费 （510102）　　　　2,769.25

　　　　制造费用/水电费（510103）　　　　　20,000

　　　　制造费用/保险费 （510104）　　　　　3,000

23. 3 月 31 日，结转完工产品成本。

借：库存商品（1405）　　　　　　　　417,702.75

　　贷：生产成本/直接材料（500101）　　　335,527.5

　　　　生产成本/直接人工（500102）　　　　27,426

　　　　生产成本/制造费用（500103）　　　54,749.25

24. 3 月 31 日，结转销售成本。

借：主营业务成本（6401）　　　　　　41,770.5

　　贷：库存商品（1405 ）　　　　　　　　41,770.5

25. 3 月 31 日，结转期间损益。

借：主营业务收入（6001）　　　　　　200,000

　　营业外收入（6301）　　　　　　　5,200

　　贷：本年利润（4103）　　　　　　　　　205,200

借：本年利润（4103）　　　　　　　　161,124.5

　　贷：主营业务成本（6401）　　　　　　41,770.5

　　　　管理费用/工资（660201）　　　　　81,960

　　　　管理费用/差旅费（660202）　　　　　1,800

　　　　管理费用/招待费（660203）　　　　　1,200

　　　　管理费用/折旧费（660204）　　　　　1,241.67

　　　　管理费用/其他费用（660205）　　　　3,000

| 销售费用/工资（660101） | 28,900 |
| 销售费用/折旧费（660102） | 1,252.33 |
| 销售费用/广告费（660103） | 3,000 |

本案例企业记账凭证的类别为：现、银、转。基于前期会计数据，要求利用 Excel 制作和填制上述业务的记账凭证。

### 操作步骤

**1. 制作记账凭证表表头**

打开"Excel 在会计核算中的应用"文件，将 Sheet3 重命名为"记账凭证表"，并根据记账凭证内容输入表头信息，如图 2-2-15 所示。

图 2-2-15　记账凭证表头

**2. 设置数据有效性**

在 Excel 中，在"数据"/"数据验证"中进行"数据有效性"设置。

（1）设置 B2 单元格的数据有效性。假设本表只针对案例企业 2021 年的业务，我们将 B2 单元格设置为仅允许 2021。选择 B2 单元格，单击"数据"选项卡下的"数据验证"按钮，打开"数据验证"对话框，在"设置"选项卡的"允许"下拉框中选择"整数"，在"数据"下拉框中选择"等于"，在"数值"文本框中输入 2021，如图 2-2-16 所示，关于"出错警告"，按默认设置，单击"确定"按钮。

图 2-2-16　"数据验证"对话框

（2）设置 C2 单元格（即月份）的数据有效性。先设置 P 列和 Q 列单元格格式为"文本"，选择 P2 单元格输入 01，并向下填充至 12，作为月份的数据来源。同理，选择 Q2 单元格输入 01，并向下填充至 31，作为日的数据来源。接下来，选择 C2 单元格，单击"数据"选项卡下的"数据验证"按钮，在弹出的"数据验证"对话框的"设置"选项卡的"允许"下拉框中选择"序列"，在"来源"下单击"获取"按钮，选择 P2:P13 单元格，单击"获取"按钮，然后单击"确定"按钮，此时，便可利用下拉箭头选择对应的月份。同理，以 Q2:Q32 单元格作为数据来源，设置输入日的单元格 D2 的数据有效性，如图 2-2-17 所示。

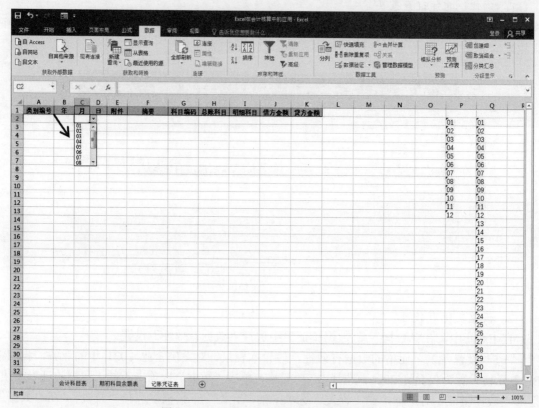

图 2-2-17　设置"月"和"日"数据有效性

（3）设置 E2 单元格（即"附件"）的数据有效性。选择 E2 单元格，单击"数据验证"按钮，，在弹出的"数据验证"对话框的"设置"选项卡的"允许"下拉框中选择"整数"，在"数据"下拉框中选择"介于"，在"最小值"处输入 0，在"最大值"处输入 40，单击"确定"按钮。

（4）设置 F2 单元格（即"摘要"）的数据有效性。选择 F2 单元格，单击"数据验证"按钮，在弹出的"数据验证"对话框的"设置"选项卡的"允许"下拉框中选择"文本长度"，在"数据"下拉框中选择"介于"，在"最小值"处输入 1，在"最大值"处输入 60，单击"确定"按钮。

（5）设置 G2 单元格（即"科目编码"）的数据有效性。在记账凭证中，必须填写末级科目编码，因此，在输入科目编码时必须输入末级科目编码，即有效会计科目编码。选择 G2 单元格，单击"数据"选项卡下的"数据验证"按钮，在弹出的"数据验证"对话框的"设置"

选项卡的"允许"下拉框中选择"序列",在"来源"中选择"有效会计科目编码",如图 2-2-18 所示,单击"确定"按钮。

图 2-2-18　设置"科目编码"数据有效性

单击 G2 单元格下拉箭头,便可选择相应的会计科目编码显示结果,如图 2-2-19 所示。

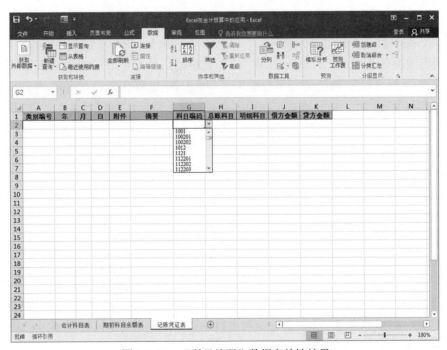

图 2-2-19　"科目编码"数据有效性结果

3. 设置"总账科目"及"明细科目"的取数公式

为了使总账科目名称能够根据选择的科目编码自动进行显示,可以利用 VLOOKUP()函数来查找对应的科目编码,而查找的数据源即为"会计科目表"中的"有效会计科目表"。利用 VLOOKUP()函数在"有效会计科目表"第 1 列中查找会计科目编码,找到对应的会计科目编码后,返回"有效会计科目表"的第 2 列,则即为对应的总账科目名称,返回"有效会计科目表"的第 3 列,则即为对应的明细科目名称。具体操作方法如下所述。

（1）设置总账科目取数公式。以第 2 行为例，选择 H2 单元格，输入=，选择 VLOOKUP() 函数，在 VLOOKUP 后的括号中设置该函数的 4 个参数，其中，第 1 个参数为查找的对象，即对应的科目编码，选择 G2 单元格，第 2 个参数为查找的区域，即为"有效会计科目表"，单击"公式"选项卡下的"用于公式"按钮，选择"有效会计科目表"，第 3 个参数为返回的列号，总账科目在第 2 列，输入数字 2，第 4 个参数为近似匹配或精确匹配，在此，选择精确匹配查找对应的会计科目，即选择 FALSE。此时，由于科目编码为空，总账科目显示错误提示 N/A，表示公式中没有可用数值。为了避免错误提示的出现，可利用 ISNA() 函数对单元格进行判断。如单击 L2 单元格，插入 ISNA() 函数，将光标切换至函数后的括号内，选择 H2 单元格，当单元格显示为 N/A 时，L2 单元格返回 TRUE，反之，L2 单元格返回 FALSE。因此，可以利用 IF() 函数和 ISNA() 函数来判断总账科目公式查找的结果，如果总账科目显示为 N/A，则我们将其置为空，否则，将其显示为查找到的总账科目名称。修改 H2 单元格公式为 "H2=IF(ISNA(VLOOKUP(G2,有效会计科目表,2,FALSE)),"",VLOOKUP(G2,有效会计科目表,2,FALSE))"，按 Enter 键确认公式。注意，在公式中，一般利用两个双引号表示为空。此时，当我们选择了对应的科目编码，则能够显示对应的总账科目名称，当科目编码为空时，则总账科目也为空。

（2）设置明细科目取数公式。同样以第 2 行为例，由于总账科目是"有效会计科目表"的第 2 列，明细科目是"有效会计科目表"的第 3 列，因此，我们可以对总账科目的公式进行修改，得到明细科目公式。具体方法为，将 H2 单元格公式填充至 I2 单元格，修改 VLOOKUP() 函数的第 1 个参数为 G2，修改第 3 个参数为 3，按 Enter 键确认公式。此时，当我们选择了对应的科目编码 100201 时，则能够显示对应的总账科目名称和明细科目名称，但当科目编码为 1001 时，则总账科目也为库存现金，但未查找到明细科目，则明细科目处默认为空，显示为 0。为避免此情况出现，再进一步修改 I2 单元格公式，利用 LEN() 函数计算会计科目编码的长度，设置 IF() 函数的第 1 个参数为 LEN()，并在括号中选择 G2 单元格（即利用 LEN() 函数计算 G2 单元格的文本长度），如果长度小于等于 4，则 I2 单元格显示为空，否则显示为 VLOOKUP() 函数查找到的明细科目，完整的公式为 "I2=IF(LEN(G2)<=4,"",VLOOKUP(G2,有效会计科目表,3,FALSE))"，按 Enter 键确认公式，此时，即完成了对明细科目公式的设置。

4. 填充公式及格式化表格

先清除 A2:G2 的内容，然后进行公式填充和设置框线。根据业务量，选择 A2:K2 区域，向下填充至 80 行，然后选择"所有框线"，设置字体为"宋体"10 号，选择 J 列及 K 列，设置单元格格式，将其格式设置为"会计专用小数位数两位，无货币符号"，单击"确定"按钮。至此，完成了会计凭证表的设置，如图 2-2-20 所示。

5. 输入案例企业记账凭证数据并进行平衡验证

以案例企业 3 月 2 日业务为例，在第 2 行 A2 至 D2 单元格中分别输入"现收 1""2021""03""02"，在"附件"处输入 1，在"摘要"处输入"收到罚没款现金"，"科目编码"选择借方科目为 1001，在"借方金额"处输入 200。选择 A2 至 F2 单元格，向下填充至第 3 行，选择"复制单元格"，"科目编码"选择贷方科目为 6301，在"贷方金额"处输入 200，如图 2-2-21 所示。

图 2-2-20  记账凭证输入

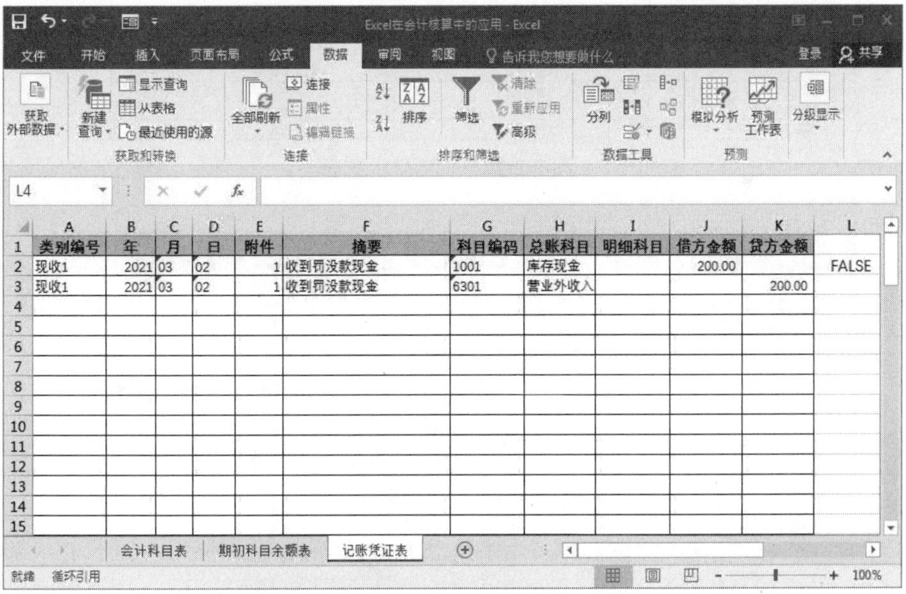

图 2-2-21  第一笔业务记账凭证

　　同理，根据案例企业资料，依次输入其余各笔业务记账凭证的内容。部分凭证列表显示如图 2-2-22 所示。

　　所有记账凭证输入完毕后，利用"有借必有贷，借贷必相等"，对借方、贷方金额进行求和，检验其是否相等，如果相等，则为平衡，如果不相等，则为不平衡。可以使用 IF() 函数及 SUM() 函数完成平衡验证，具体方法为，选择 M2 单元格，输入公式"IF(SUM(J:J)=SUM(K:K),"平衡","不平衡")"，按 Enter 键确认公式，即完成验证平衡公式的设置，如图 2-2-23 所示。

| 类别编号 | 年 | 月 | 日 | 附件 | 摘要 | 科目编号 | 总账科目 | 明细科目 | 借 |
|---|---|---|---|---|---|---|---|---|---|
| 现收1 | 2021 | 03 | 02 | 1 | 收到罚没现金 | 1001 | 库存现金 | | |
| 现收1 | 2021 | 03 | 02 | 1 | 收到罚没现金 | 6301 | 营业外收入 | | |
| 银付1 | 2021 | 03 | 03 | 1 | 提现备用 | 1001 | 库存现金 | | 1 |
| 银付1 | 2021 | 03 | 03 | 1 | 提现备用 | 100201 | 银行存款 | 工行 | |
| 银收1 | 2021 | 03 | 05 | 1 | 收到投资 | 100202 | 银行存款 | 中行 | 6 |
| 银收1 | 2021 | 03 | 05 | 1 | 收到投资 | 400101 | 实收资本 | 泛美集团 | |
| 银付2 | 2021 | 03 | 08 | 1 | 采购材料 | 140302 | 原材料 | 其他材料 | 1 |
| 银付2 | 2021 | 03 | 08 | 1 | 采购材料 | 22210101 | 应交税费 | 应交增值税（进项税） | |
| 银付2 | 2021 | 03 | 08 | 1 | 采购材料 | 100201 | 银行存款 | 工行 | |
| 银收2 | 2021 | 03 | 12 | 1 | 收到还款 | 100201 | 银行存款 | 工行 | 9 |
| 银收2 | 2021 | 03 | 12 | 1 | 收到还款 | 112201 | 应收账款 | 西花园中学 | |
| 转1 | 2021 | 03 | 13 | 1 | 车间设备修理 | 660205 | 管理费用 | 其他费用 | |
| 转1 | 2021 | 03 | 13 | 1 | 车间设备修理 | 220201 | 应付账款 | 河南光电 | |
| 转2 | 2021 | 03 | 14 | 1 | 采购材料 | 140302 | 原材料 | 其他材料 | |
| 转2 | 2021 | 03 | 14 | 1 | 采购材料 | 22210101 | 应交税费 | 应交增值税（进项税） | |
| 转2 | 2021 | 03 | 14 | 1 | 采购材料 | 220202 | 应付账款 | 山西电脑 | |
| 银付3 | 2021 | 03 | 16 | 1 | 支付业务招待费 | 660203 | 管理费用 | 招待费 | |
| 银付3 | 2021 | 03 | 16 | 1 | 支付业务招待费 | 100201 | 银行存款 | 工行 | |
| 现收2 | 2021 | 03 | 18 | 1 | 报销差旅费 | 660202 | 管理费用 | 差旅费 | |
| 现收2 | 2022 | 03 | 18 | 2 | 报销差旅费 | 1001 | 库存现金 | | |
| 现收2 | 2021 | 03 | 18 | 1 | 报销差旅费 | 122101 | 其他应收款 | 邓超 | |
| 转3 | 2021 | 03 | 18 | 1 | 车间领料 | 500101 | 生产成本 | 直接材料 | 16 |
| 转3 | 2021 | 03 | 18 | 1 | 车间领料 | 140302 | 原材料 | 其他材料 | |
| 转4 | 2021 | 03 | 26 | 1 | 采购材料 | 140302 | 原材料 | 其他材料 | 55 |
| 转4 | 2021 | 03 | 26 | 1 | 采购材料 | 22210101 | 应交税费 | 应交增值税（进项税） | 7 |
| 转4 | 2021 | 03 | 26 | 1 | 采购材料 | 220201 | 应付账款 | 河南光电 | |
| 转5 | 2021 | 03 | 27 | 1 | 车间领料 | 500101 | 生产成本 | 直接材料 | 17 |
| 转5 | 2021 | 03 | 27 | 1 | 车间领料 | 140302 | 原材料 | 其他材料 | |
| 转6 | 2021 | 03 | 28 | 1 | 销售商品 | 112202 | 应收账款 | 沈阳黄金 | 1 |
| 转6 | 2021 | 03 | 28 | 1 | 销售商品 | 6001 | 主营业务收入 | | |
| 转6 | 2021 | 03 | 28 | 1 | 销售商品 | 22210105 | 应交税费 | 应交增值税（销项税） | |
| 现收3 | 2021 | 03 | 29 | 1 | 收到赔款 | 1001 | 库存现金 | | |
| 现收3 | 2021 | 03 | 29 | 1 | 收到赔款 | 6301 | 营业外收入 | | |

图 2-2-22　记账凭证列表

公式栏：`=IF(SUM(J:J)=SUM(K:K),"平衡","不平衡")`

| 类别编号 | 年 | 月 | 日 | 附件 | 摘要 | 科目编号 | 总账科目 | 明细科目 | 借方金额 | 贷方金额 | L | M |
|---|---|---|---|---|---|---|---|---|---|---|---|---|
| 现收1 | 2021 | 03 | 02 | 1 | 收到罚没款现金 | 1001 | 库存现金 | | 200.00 | | FALSE | 平衡 |
| 现收1 | 2021 | 03 | 02 | 1 | 收到罚没款现金 | 6301 | 营业外收入 | | | 200.00 | | |
| 银付1 | 2021 | 03 | 03 | 1 | 提现备用 | 1001 | 库存现金 | | 10,000.00 | | | |
| 银付1 | 2021 | 03 | 03 | 1 | 提现备用 | 100201 | 银行存款 | 工行 | | 10,000.00 | | |
| 银收1 | 2021 | 03 | 05 | 1 | 收到投资 | 100202 | 银行存款 | 中行 | 64,208.00 | | | |
| 银收1 | 2021 | 03 | 05 | 1 | 收到投资 | 400101 | 实收资本 | 泛美集团 | | 64,208.00 | | |
| 银付2 | 2021 | 03 | 08 | 1 | 采购材料 | 140302 | 原材料 | 其他材料 | 15,000.00 | | | |
| 银付2 | 2021 | 03 | 08 | 1 | 采购材料 | 22210101 | 应交税费 | 应交增值税（进项税） | 1,950.00 | | | |
| 银付2 | 2021 | 03 | 08 | 1 | 采购材料 | 100201 | 银行存款 | 工行 | | 16,950.00 | | |
| 银收2 | 2021 | 03 | 12 | 1 | 收到还款 | 100201 | 银行存款 | 工行 | 99,600.00 | | | |
| 银收2 | 2021 | 03 | 12 | 1 | 收到还款 | 112201 | 应收账款 | 西花园中学 | | 99,600.00 | | |
| 转1 | 2021 | 03 | 13 | 1 | 车间设备修理 | 660205 | 管理费用 | 其他费用 | 3,000.00 | | | |
| 转1 | 2021 | 03 | 13 | 1 | 车间设备修理 | 220201 | 应付账款 | 河南光电 | | 3,000.00 | | |
| 转2 | 2021 | 03 | 14 | 1 | 采购材料 | 140302 | 原材料 | 其他材料 | 8,000.00 | | | |
| 转2 | 2021 | 03 | 14 | 1 | 采购材料 | 22210101 | 应交税费 | 应交增值税（进项税） | 1,040.00 | | | |
| 转2 | 2021 | 03 | 14 | 1 | 采购材料 | 220202 | 应付账款 | 山西电脑 | | 9,040.00 | | |
| 银付3 | 2021 | 03 | 16 | 1 | 支付业务招待费 | 660203 | 管理费用 | 招待费 | 1,200.00 | | | |
| 银付3 | 2021 | 03 | 16 | 1 | 支付业务招待费 | 100201 | 银行存款 | 工行 | | 1,200.00 | | |
| 现收2 | 2021 | 03 | 18 | 1 | 报销差旅费 | 660202 | 管理费用 | 差旅费 | 1,800.00 | | | |
| 现收2 | 2022 | 03 | 18 | 2 | 报销差旅费 | 1001 | 库存现金 | | 200.00 | | | |
| 现收2 | 2021 | 03 | 18 | 1 | 报销差旅费 | 122101 | 其他应收款 | 邓超 | | 2,000.00 | | |
| 转3 | 2021 | 03 | 18 | 1 | 车间领料 | 500101 | 生产成本 | 直接材料 | 162,680.00 | | | |
| 转3 | 2021 | 03 | 18 | 1 | 车间领料 | 140302 | 原材料 | 其他材料 | | 162,680.00 | | |
| 转4 | 2021 | 03 | 26 | 1 | 采购材料 | 140302 | 原材料 | 其他材料 | 558,250.00 | | | |
| 转4 | 2021 | 03 | 26 | 1 | 采购材料 | 22210101 | 应交税费 | 应交增值税（进项税） | 72,572.50 | | | |
| 转4 | 2021 | 03 | 26 | 1 | 采购材料 | 220201 | 应付账款 | 河南光电 | | 630,822.50 | | |
| 转5 | 2021 | 03 | 27 | 1 | 车间领料 | 500101 | 生产成本 | 直接材料 | 172,847.50 | | | |
| 转5 | 2021 | 03 | 27 | 1 | 车间领料 | 140302 | 原材料 | 其他材料 | | 172,847.50 | | |
| 转6 | 2021 | 03 | 28 | 1 | 销售商品 | 112202 | 应收账款 | 沈阳黄金 | 10,170.00 | | | |
| 转6 | 2021 | 03 | 28 | 1 | 销售商品 | 6001 | 主营业务收入 | | | 9,000.00 | | |
| 转6 | 2021 | 03 | 28 | 1 | 销售商品 | 22210105 | 应交税费 | 应交增值税（销项税） | | 1,170.00 | | |
| 现收3 | 2021 | 03 | 29 | 1 | 收到赔款 | 1001 | 库存现金 | | 5,000.00 | | | |
| 现收3 | 2021 | 03 | 29 | 1 | 收到赔款 | 6301 | 营业外收入 | | | 5,000.00 | | |

图 2-2-23　借贷方平衡验证

**6. 隐藏 P 列和 Q 列、隐藏会计凭证表网格线**

为了只显示记账凭证的内容，需要隐藏 P 列和 Q 列以及网格线。操作方法为，选择 P 列和 Q 列，右击，在弹出的快捷菜单中选择"隐藏"命令。在"视图"/"显示"组中取消勾选"网格线"复选框，隐藏网格线，效果如图 2-2-24 所示。

单击快速访问工具栏的"保存"按钮📅保存工作簿。至此，完成了会计凭证表的制作和填制。

| | A | B | C | D | E | F | G | H | I | J | K | L | M |
|---|---|---|---|---|---|---|---|---|---|---|---|---|---|
| 1 | 类别编号 | 年 | 月 | 日 | 附件 | 摘要 | 科目编码 | 总账科目 | 明细科目 | 借方金额 | 贷方金额 | | |
| 2 | 现收1 | 2021 | 03 | 02 | 1 | 收到罚没现金 | 1001 | 库存现金 | | 200.00 | | FALSE | 平衡 |
| 3 | 现收1 | 2021 | 03 | 02 | 1 | 收到罚没现金 | 6301 | 营业外收入 | | | 200.00 | | |
| 4 | 银付1 | 2021 | 03 | 03 | 1 | 提现备用 | 1001 | 库存现金 | | 10,000.00 | | | |
| 5 | 银付1 | 2021 | 03 | 03 | 1 | 提现备用 | 100201 | 银行存款 | 工行 | | 10,000.00 | | |
| 6 | 银收1 | 2021 | 03 | 05 | 1 | 收到投资 | 100202 | 银行存款 | 中行 | 64,208.00 | | | |
| 7 | 银收1 | 2021 | 03 | 05 | 1 | 收到投资 | 400101 | 实收资本 | 泛美集团 | | 64,208.00 | | |
| 8 | 银付2 | 2021 | 03 | 08 | 1 | 采购材料 | 140302 | 原材料 | 其他材料 | 15,000.00 | | | |
| 9 | 银付2 | 2021 | 03 | 08 | 1 | 采购材料 | 22210101 | 应交税费 | 应交增值税（进项税） | 1,950.00 | | | |
| 10 | 银付2 | 2021 | 03 | 08 | 1 | 采购材料 | 100201 | 银行存款 | 工行 | | 16,950.00 | | |
| 11 | 银收2 | 2021 | 03 | 12 | 1 | 收到还款 | 100201 | 银行存款 | 工行 | 99,600.00 | | | |
| 12 | 银收2 | 2021 | 03 | 12 | 1 | 收到还款 | 112201 | 应收账款 | 西花园中学 | | 99,600.00 | | |
| 13 | 转1 | 2021 | 03 | 13 | 1 | 车间设备修理 | 660205 | 管理费用 | 其他费用 | 3,000.00 | | | |
| 14 | 转1 | 2021 | 03 | 13 | 1 | 车间设备修理 | 220201 | 应付账款 | 河南光电 | | 3,000.00 | | |
| 15 | 转2 | 2021 | 03 | 14 | 1 | 采购材料 | 140301 | 原材料 | 生产用材料 | 8,000.00 | | | |
| 16 | 转2 | 2021 | 03 | 14 | 1 | 采购材料 | 22210101 | 应交税费 | 应交增值税（进项税） | 1,040.00 | | | |
| 17 | 转2 | 2021 | 03 | 14 | 1 | 采购材料 | 220202 | 应付账款 | 山西电脑 | | 9,040.00 | | |
| 18 | 银付3 | 2021 | 03 | 16 | 1 | 支付业务招待费 | 660203 | 管理费用 | 招待费 | 1,200.00 | | | |
| 19 | 银付3 | 2021 | 03 | 16 | 1 | 支付业务招待费 | 100201 | 银行存款 | 工行 | | 1,200.00 | | |
| 20 | 现收3 | 2021 | 03 | 18 | 1 | 报销差旅费 | 660202 | 管理费用 | 差旅费 | 1,800.00 | | | |
| 21 | 现收3 | 2022 | 03 | 18 | 2 | 报销差旅费 | 1001 | 库存现金 | | 200.00 | | | |
| 22 | 现收2 | 2021 | 03 | 18 | 1 | 报销差旅费 | 122101 | 其他应收款 | 邓超 | | 2,000.00 | | |
| 23 | 转3 | 2021 | 03 | 18 | 1 | 车间领料 | 500101 | 生产成本 | 直接材料 | 162,680.00 | | | |
| 24 | 转3 | 2021 | 03 | 18 | 1 | 车间领料 | 140201 | 生产用材料 | | | 162,680.00 | | |
| 25 | 转4 | 2021 | 03 | 26 | 1 | 采购材料 | 140301 | 原材料 | 生产用材料 | 558,250.00 | | | |
| 26 | 转4 | 2021 | 03 | 26 | 1 | 采购材料 | 22210101 | 应交税费 | 应交增值税（进项税） | 72,572.50 | | | |

图 2-2-24　隐藏网格线

# 任务 4　编制科目汇总表

编制科目汇总表

**任务描述**

科目汇总表核算程序是根据审核无误的记账凭证定期汇总编制的科目汇总表登记总分类账的一种会计核算程序。

科目汇总表的编制方法如下：根据一定时期内的全部记账凭证，按相同的会计科目进行归类，将借、贷方每一会计科目的本期发生额定期汇总，将其分别填写在科目汇总表的借方发生额和贷方发生额栏内并分别进行相加，以反映全部会计科目在一定期间的借、贷方发生额。

基于前期会计数据，在 Excel 中利用"数据透视表"功能，编制本案例企业 2021 年 3 月份的末级科目汇总表和总账科目汇总表。

操作步骤

### 4.1  利用"数据透视表"功能生成末级科目汇总表

#### 1.  插入数据透视表

打开"Excel 在会计核算中的应用"文件，找到"记账凭证表"工作表，使用"数据透视表"功能，以"记账凭证表"作为数据来源生成末级科目汇总表。选择"记账凭证表"中的任意一个单元格，单击"插入"菜单命令下的"数据透视表"按钮，系统弹出"创建数据透视表"对话框，如图 2-2-25 所示。

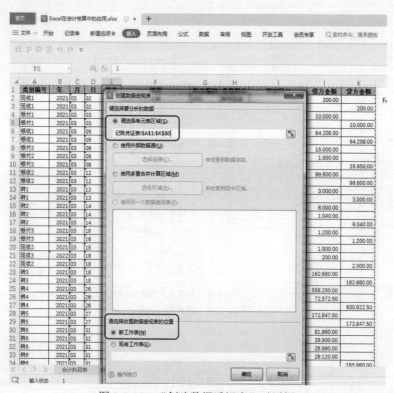

图 2-2-25  "创建数据透视表"对话框

选择"请选择单元格区域"单选按钮，数据透视表通常能自动扩展数据源区域，需要检查数据源区域是否正确，通过查看发现，由于在记账凭证表中我们将第 2 行定义的公式填充至第 80 行，设置了数据有效性，因此，自动扩展的数据源区域默认至第 80 行（图 2-2-25），为了避免数据透视表中出现空白行，可以手动修改数据源区域，将其修改为凭证填制到的行数，即修改为"记账凭证表!$A$1:$K$78"。在"选择放置数据透视表的位置"下，选择默认的"新工作表"单选按钮，单击"确定"按钮，系统会自动插入一张用于设置数据透视表的工作表。

注意，插入的数据透视表位置如选择"现有工作表"单选按钮，需要在当前工作表选择一个单元格作为数据透视表插入的位置。

在插入的新工作表的左侧为数据透视表生成区域，右侧为数据透视表字段列表，如图 2-2-26 所示。

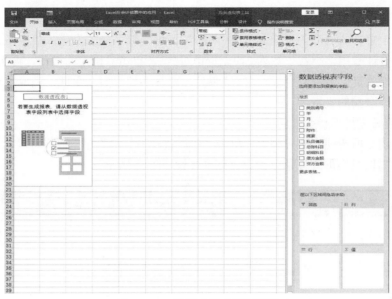

图 2-2-26　数据透视表设置界面

## 2. 设置末级科目汇总表字段名称

在生成的工作表右侧的数据透视表字段列表中：勾选"科目编码""总账科目"以及"明细科目"复选框，将其设置为行字段，或按顺序将"科目编码""总账科目"以及"明细科目"拖入行字段区域，也可将其设置为行字段；勾选"借方金额"和"贷方金额"复选框，由于需要对末级科目的发生额进行汇总，因此将"借方金额"和"贷方金额"拖入值字段区域，如图 2-2-27 所示。

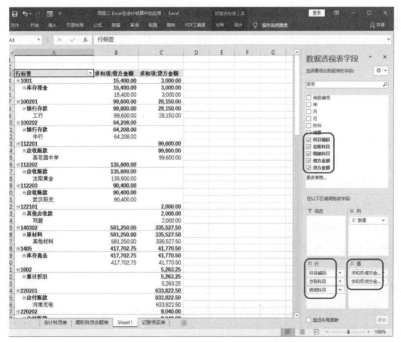

图 2-2-27　将数据插入数据透视表

此时，需要核对值字段的设置，将其设置为“求和项”。以借方金额为例，双击 B3 单元格，将值字段汇总方式修改为“求和”，并单击左下角“数字格式”进入数字格式设置界面，将其设置为“会计专用，小数位数为 2，无货币符号”，单击“确定”按钮，再次单击“确定”按钮。同理，修改贷方金额值字段，对 C3 单元格进行上述设置。至此，完成了对末级科目汇总表的借、贷方金额的设置。

3. 设置数据透视表样式

首先，关闭数据透视表字段列表，单击“数据透视表工具”中的“设计”选项，选择“报表布局”下的“以表格形式显示”命令，结果如图 2-2-28 所示。

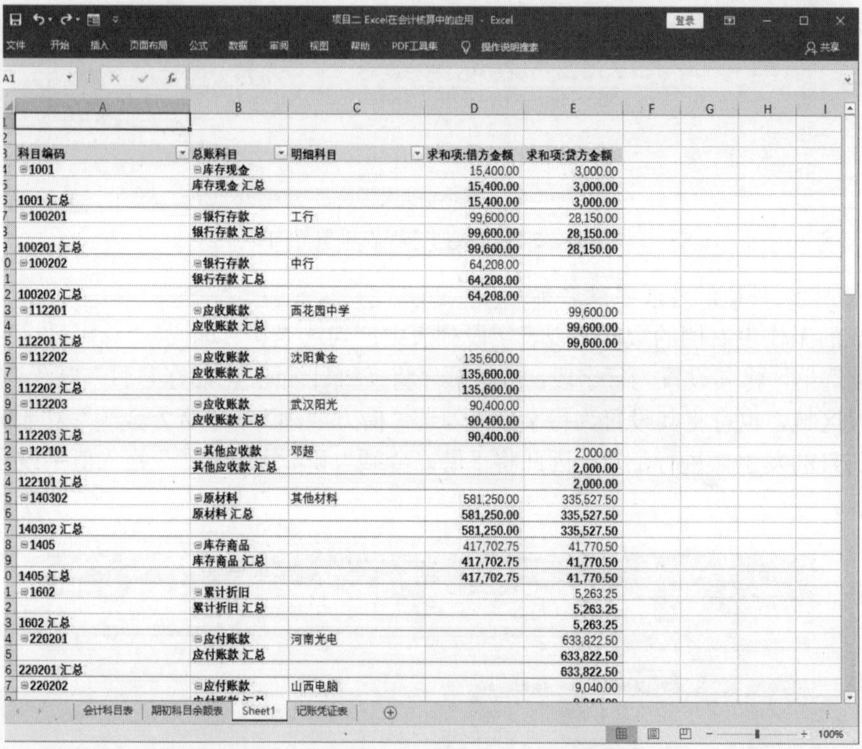

| 科目编码 | 总账科目 | 明细科目 | 求和项:借方金额 | 求和项:贷方金额 |
|---|---|---|---|---|
| ⊟1001 | ⊟库存现金 | | 15,400.00 | 3,000.00 |
| | 库存现金 汇总 | | 15,400.00 | 3,000.00 |
| 1001 汇总 | | | 15,400.00 | 3,000.00 |
| ⊟100201 | ⊟银行存款 | 工行 | 99,600.00 | 28,150.00 |
| | 银行存款 汇总 | | 99,600.00 | 28,150.00 |
| 100201 汇总 | | | 99,600.00 | 28,150.00 |
| ⊟100202 | ⊟银行存款 | 中行 | 64,208.00 | |
| | 银行存款 汇总 | | 64,208.00 | |
| 100202 汇总 | | | 64,208.00 | |
| ⊟112201 | ⊟应收账款 | 西花园中学 | | 99,600.00 |
| | 应收账款 汇总 | | | 99,600.00 |
| 112201 汇总 | | | | 99,600.00 |
| ⊟112202 | ⊟应收账款 | 沈阳黄金 | 135,600.00 | |
| | 应收账款 汇总 | | 135,600.00 | |
| 112202 汇总 | | | 135,600.00 | |
| ⊟112203 | ⊟应收账款 | 武汉阳光 | 90,400.00 | |
| | 应收账款 汇总 | | 90,400.00 | |
| 112203 汇总 | | | 90,400.00 | |
| ⊟122101 | ⊟其他应收款 | 邓超 | | 2,000.00 |
| | 其他应收款 汇总 | | | 2,000.00 |
| 122101 汇总 | | | | 2,000.00 |
| ⊟140302 | ⊟原材料 | 其他材料 | 581,250.00 | 335,527.50 |
| | 原材料 汇总 | | 581,250.00 | 335,527.50 |
| 140302 汇总 | | | 581,250.00 | 335,527.50 |
| ⊟1405 | ⊟库存商品 | | 417,702.75 | 41,770.50 |
| | 库存商品 汇总 | | 417,702.75 | 41,770.50 |
| 1405 汇总 | | | 417,702.75 | 41,770.50 |
| ⊟1602 | ⊟累计折旧 | | | 5,263.25 |
| | 累计折旧 汇总 | | | 5,263.25 |
| 1602 汇总 | | | | 5,263.25 |
| ⊟220201 | ⊟应付账款 | 河南光电 | | 633,822.50 |
| | 应付账款 汇总 | | | 633,822.50 |
| 220201 汇总 | | | | 633,822.50 |
| ⊟220202 | ⊟应付账款 | 山西电脑 | | 9,040.00 |



图 2-2-28 以“表格形式显示”的数据透视表

接下来，选择“分类汇总”下的“不显示分类汇总”命令。最后，删除（隐藏）科目编码及总账科目列的折叠按钮，单击数据透视表工具中“分析”选项，单击其右侧的“+/−”按钮，折叠按钮即被隐藏，效果如图 2-2-29 所示。

4. 格式化末级科目汇总表

选择末级科目汇总表相应区域，打开“设置单元格格式”对话框，选择“边框”选项卡，选择适当的线型，单击“内部”和“外边框”，单击“确定”按钮。对此工作表进行重命名，将其命名为“末级科目汇总表”。

5. 定义名称

按住鼠标左键进行拖拽，选择末级科目汇总表相应区域，单击“公式”选项下的“定义名称”，在弹出的界面中将名称定义为“末级科目汇总表”，单击“确定”按钮。

至此，完成了利用“数据透视表”功能制作末级科目汇总表的操作。

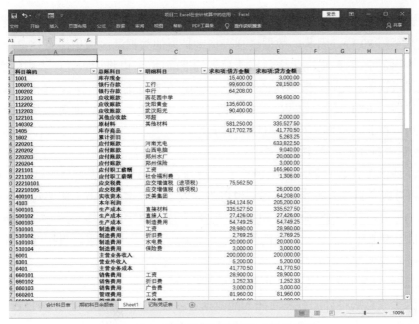

图 2-2-29　设置数据透视表样式后的效果

## 4.2　利用"数据透视表"功能生成总账科目汇总表

### 1. 插入数据透视表

按照上述生成末级科目汇总表的方法，使用"数据透视表"功能，以记账凭证表作为数据来源生成总账科目汇总表。选择记账凭证表中的任意一个单元格，单击"插入"/"数据透视表"，系统弹出"创建数据透视表"对话框，如图 2-2-30 所示。

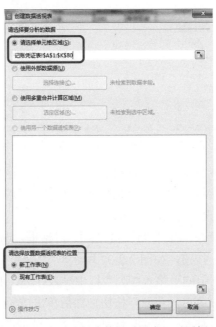

图 2-2-30　"创建数据透视表"对话框

选择"请选择单元格区域"单选按钮，在该项下，由于在记账凭证表中我们将第 2 行定义的公式填充至第 80 行，因此，数据透视表自动扩展的数据源区域依然有空白行，为了避免数据透视表中出现空白行，提高生成数据透视表的准确性，可以将记账凭证表中的空白行删除，再次插入数据透视表，此时，数据源的扩展区域为记账凭证的数据区域。选择"请选择放置数据透视表的位置"下的"新工作表"单选按钮，单击"确定"按钮，此时，系统会自动插入一张工作表，可以在此进一步进行数据透视表的设置。

2.　设置总账科目汇总表字段名称

在上述生成的工作表右侧的数据透视表字段列表中勾选"总账科目"选项，将其设置为行字段，或将总账科目拖入行字段区域，也可将其设置为行字段。由于需要对总账科目的发生额进行汇总，因此，将"借方金额"和"贷方金额"拖入值字段区域。此时，数据透视表中 A 列（总账科目）的排列未按会计科目的排列方式显示，为达到让总账科目按会计科目的排列顺序显示，需要将总账科目进行自定义序列的设置。

3.　设置总账科目的自定义序列并重新插入数据透视表

先删除为生成总账科目汇总表而插入的数据透视表，然后单击"会计科目表"，在"会计科目表"中筛选出总账科目名称，最后再对其进行自定义序列的设置。

筛选出总账科目名称的具体方法为，选择"会计科目表"中任意一个单元格，单击"数据"/"筛选"选项，选择"文本筛选"下的"等于"命令，在弹出的"自定义自动筛选方式"对话框中的"等于"条件后输入英文状态下的 4 个?，单击"确定"按钮，此时，便筛选出科目编码为 4 位数的科目，如图 2-2-31 所示。

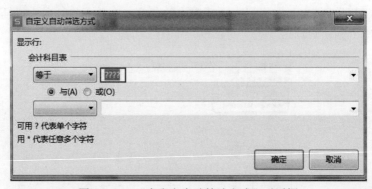

图 2-2-31　"自定义自动筛选方式"对话框

将筛选出的总账科目内容复制到"会计科目表"中的空白区域。选择 B3:B109 区域，右击，选择"复制"命令，然后将复制的内容粘贴在下方空白区域。

4.　将筛选出的总账科目设置为自定义序列

选择"文件"/"选项"命令，打开"Excel 选项"对话框，选择"高级"选项，在"常规"栏中单击"编辑自定义列表"按钮，如图 2-2-32 所示。

在弹出的"选项"对话框中的"输入序列"栏中导入序列，单击"获取"按钮，选择上述进行粘贴的总账科目区域，单击"获取"按钮，然后单击"导入"按钮，如图 2-2-33 所示，此时按"会计科目表"顺序排列的总账科目即被设置成了自定义序列。

图 2-2-32　"Excel 选项"对话框

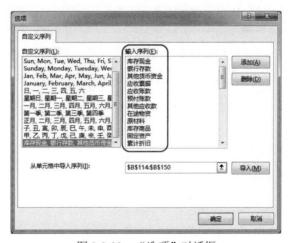

图 2-2-33　"选项"对话框

再次回到"记账凭证表"中，选择记账凭证表中的任意一个单元格，单击"插入"/"数据透视表"，打开"创建数据透视表"对话框，单击"确定"按钮自动插入一张工作表。继续进行数据透视表的设置，将"总账科目"拖入行字段区域，将"借方金额"和"贷方金额"拖入值字段区域，此时，A 列的总账科目能够按照"会计科目表"中总账科目的顺序排列，如图 2-2-34 所示。

核对值字段设置，以借方金额为例，双击 B3 单元格，将"值字段汇总方式"修改为"求和"，单击左下角"数字格式"进入数字格式设置，将其设置为"会计专用，小数位数为 2，无货币符号"，单击"确定"按钮，再次单击"确定"按钮。同理，修改贷方金额值字段，对 C3 单元格进行上述设置，可以根据需要对行标签进行修改。至此，完成了对总账科目汇总表的设置。

图 2-2-34　利用"数据透视表"生成总账科目汇总表

### 5. 格式化总账科目汇总表

选择总账科目汇总表相应区域，打开"设置单元格格式"对话框，选择"边框"选项卡，选择适当的线型，单击"内部"和"外边框"，单击"确定"按钮。对此工作表进行重命名，将其命名为"总账科目汇总表"，如图 2-2-35 所示。

图 2-2-35　格式化总账科目汇总表

### 6. 定义名称

按住鼠标左键进行拖拽，选择总账科目汇总表区域，单击"公式"/"定义名称"，在弹出的界面中将名称定义为"总账科目汇总表"，单击"确定"按钮。

最后，将"末级科目汇总表"拖至"记账凭证表"之后，将"总账科目汇总表"拖拽至最后。单击快速访问工具栏中的"保存"按钮目保存工作簿。至此，完成了利用"数据透视表"功能制作总账科目汇总表的操作。

### 牛刀小试

1. 请根据本实例内容定义相应公式并设计完成如图 2-2-36 所示的科目汇总表。

## 科目汇总表

| 总帐科目 | 期初余额借方 | 期初余额贷方 | 借方发生额 | 贷方发生额 | 期末借方 | 期末贷方 |
|---|---|---|---|---|---|---|
| 库存现金 | 30,000 | | 10,000.00 | | | |
| 银行存款 | 123,456.00 | | 23,100.00 | | | |
| 其他货币资金 | 50,000.00 | | 5,000.00 | | | |
| 应收票据 | 10,000.00 | | | 32,000.00 | | |
| 应收账款 | 320,000.00 | | | 100,000.00 | | |
| 坏账准备 | | 50,000 | | | | |
| 其他应收款 | 60,000.00 | | | 3,000.00 | | |
| 在途物资 | 45,000.00 | | | 45,000.00 | | |
| 原材料 | 320,000.00 | | | 2,000,560.00 | | |
| 周转材料 | 60,000.00 | | 56,000.00 | 5,000.00 | | |
| 生产成本 | 52,000.00 | | 10,000.00 | 52,000.00 | | |
| 库存商品 | 60,000.00 | | 32,000.00 | 55,000.00 | | |
| 固定资产 | 456,789.00 | | 2,164,080.00 | 3,000.00 | | |
| 累计折旧 | | 23,580.00 | | 1,000.00 | | |
| 无形资产 | 50,000.00 | | 5,000.00 | 3,200.00 | | |
| 累计摊销 | | 10,000.00 | | | | |
| 短期借款 | | 80,000.00 | 50,000.00 | 10,000.00 | | |
| 应付账款 | | 234,123.00 | 53,200.00 | 135,620.00 | | |
| 应付职工薪酬 | | 50,000.00 | 50,000.00 | 49,500.00 | | |
| 应缴税费 | | 23,000.00 | 23,000.00 | 32,000.00 | | |
| 应付利息 | | 2,000.00 | 2,000.00 | 1,500.00 | | |
| 实收资本 | | 1,077,542.00 | | | | |
| 盈余公积 | | 52,000.00 | | | | |
| 本年利润 | | 12,000.00 | | 5,000.00 | | |
| 利润分配 | | 23,000.00 | | | | |
| 主营业务收入 | | | | 60,000.00 | | |
| 其他业务收入 | | | | 10,000.00 | | |
| 主营业务成本 | | | 30,000.00 | | | |
| 其他业务成本 | | | 5,000.00 | | | |
| 营业税金及附加 | | | 20,000.00 | | | |
| 销售费用 | | | 30,000.00 | | | |
| 财务费用 | | | 62,000.00 | | | |
| 营业外收入 | | | | 62,000.00 | | |
| 营业外支出 | | | 23,000.00 | | | |
| 所得税费用 | | | 12,000.00 | | | |
| 合计 | | | | | | |

图 2-2-36　科目汇总表

2. 请利用 Excel 制作如图 2-2-37 所示的试算平衡表。

## 试算平衡表

| 科目编码 | 科目名称 | 期初余额 | | 本期发生 | | 期末余额 | |
|---|---|---|---|---|---|---|---|
| | | 借方 | 贷方 | 借方 | 贷方 | 借方 | 贷方 |
| 1001 | 现金 | 48,420.28 | 0 | 1,189,222.42 | 1,189,130.35 | 48,512.35 | 0 |
| 1131 | 应收账款 | 1,689,165.95 | 0 | 1,217,977.45 | -822.05 | 2,907,965.45 | 0 |
| 1133 | 其他应收款 | 80,000.00 | 0 | 177,200.00 | 168,200.00 | 89,000.00 | 0 |
| 1211 | 原材料 | 437,764.15 | 0 | 1,500,566.93 | 1,696,338.38 | 241,992.70 | 0 |
| 1241 | 自制半成品 | 233,380.18 | 0 | 303,376.32 | 283,638.43 | 253,118.07 | 0 |
| 1243 | 产成品 | 267,472.75 | 0 | 1,304,556.15 | 1,178,814.16 | 393,214.74 | 0 |
| 1251 | 委托加工物资 | 220,291.55 | 0 | 835,240.91 | 471,137.10 | 584,395.36 | 0 |
| 1501 | 固定资产 | 0 | 0 | 81,500.00 | 81,500.00 | 0 | 0 |
| 1502 | 累计折旧 | 0 | 0 | 0 | 0 | 0 | 0 |
| 1701 | 固定资产清理 | 0 | 0 | 0 | 0 | 0 | 0 |
| 1901 | 长期待摊费用 | 0 | 0 | 0 | 0 | 0 | 0 |
| 1911 | 待处理财产损 | 0 | 0 | 0 | 0 | 0 | 0 |
| 2121 | 应付账款 | 0 | 1,098,848.35 | 801,144.05 | 1,466,215.36 | 0 | 1,763,919.66 |
| 2151 | 应付工资 | 0 | 140,941.00 | 140,941.00 | 190,102.00 | 0 | 190,102.00 |
| 2181 | 其他应付款 | 0 | 3,504,827.51 | 5,175.00 | 1,100,171.74 | 0 | 4,599,824.25 |
| 3111 | 资本公积 | 0 | 13,060.76 | 0 | 178.62 | 0 | 13,239.38 |
| 3131 | 本年利润 | 1,595,582.30 | 0 | 1,285,022.36 | 2,880,604.66 | 0 | 0 |
| 3141 | 利润分配 | 0 | 0 | 1,662,627.21 | 0 | 1,662,627.21 | 0 |
| 4101 | 生产成本 | 185,600.46 | 0 | 1,407,974.07 | 1,286,515.12 | 307,059.41 | 0 |
| 4105 | 制造费用 | 0 | 0 | 73,828.39 | 73,828.39 | 0 | 0 |
| 5101 | 主营业务收入 | 0 | 0 | 1,217,977.45 | 1,217,977.45 | 0 | 0 |
| 5301 | 营业外收入 | 0 | 0 | 0 | 0 | 0 | 0 |
| 5401 | 主营业务成本 | 0 | 0 | 1,162,408.48 | 1,162,408.48 | 0 | 0 |
| 5501 | 营业费用 | 0 | 0 | 8,598.00 | 8,598.00 | 0 | 0 |
| 5502 | 管理费用 | 0 | 0 | 237,205.61 | 237,205.61 | 0 | 0 |
| 5503 | 财务费用 | 0 | 0 | 205.95 | 205.95 | 0 | 0 |
| 5601 | 营业外支出 | 0 | 0 | 81,500.00 | 81,500.00 | 0 | 0 |
| | 合计 | 4,757,677.62 | 4,757,677.62 | 14,694,247.75 | 14,694,247.75 | 6,567,085.29 | 6,567,085.29 |

输出日期：2017年01月22日

图 2-2-37　试算平衡表

编制科目余额表

# 任务5    编制科目余额表

## 任务描述

科目余额表是基本的会计做账表格（包含各个科目的余额），反映的是至本月末各资产负债的金额，一般包括期初余额、本期发生额、期末余额。

编制科目余额表是企业每期做账必须要完成的工作，主要是为了方便做财务报表。

基于前期会计数据，编制本案例企业 2021 年 3 月份的"末级科目余额表"和"总账科目余额表"，并进行平衡验证。

## 操作步骤

### 5.1    编制"末级科目余额表"

1. 创建"末级科目余额表"并设置格式

打开"Excel 在会计核算中的应用"文件，追加一张工作表并将其重命名为"末级科目余额表"，在"末级科目余额表"中选择相应的单元格区域，完成表头的设置，如图 2-2-38 所示。

| | A | B | C | D | E | F | G | H | I |
|---|---|---|---|---|---|---|---|---|---|
| 1 | | | | | 末级科目余额表 | | | | |
| 2 | 科目编码 | 总账科目 | 明细科目 | 期初借方余额 | 期初贷方余额 | 本期借方发生额 | 本期贷方发生额 | 期末借方余额 | 期末贷方余额 |
| 3 | | | | | | | | | |
| 4 | | | | | | | | | |
| 5 | | | | | | | | | |
| 6 | | | | | | | | | |
| 7 | | | | | | | | | |
| 8 | | | | | | | | | |

图 2-2-38    "末级科目余额表"表头

适当调整列宽，为了避免合并单元格，将 A1:I1 单元格区域的文本对齐方式设置为"跨列居中"，如图 2-2-39 所示。

设置"末级科目余额表"的前 3 列信息。可以查看"会计科目表"的相关信息，并将其复制粘贴至"末级科目余额表"的 A 至 C 列，具体方法为，打开"会计科目表"，复制"有效会计科目表"中的所有会计科目信息，再次打开"末级科目余额表"，选择 A3 单元格，右击，在弹出的快捷菜单中选择"粘贴"命令，即将末级科目信息粘贴在了"末级科目余额表"中，向下拖拽滚动条，找到最后一个科目的下一行，输入"合计"，并将"合计"所在的 A 至 C 列的文本对齐方式设置为"跨列居中"。

接下来设置"末级科目余额表"的边框和数据格式。选择"末级科目余额表"的 A2:I83 区域，打开"设置单元格格式"对话框，在"线条"区域选择适当的线型，单击"外边框""内部"，单击"确定"按钮，完成边框的设置。选择用于输入数据的 D:I 列，打开"单元格格式设置"对话框，将其格式设置为"会计专用，小数位数两位，无货币符号"，如图 2-2-40 所示。

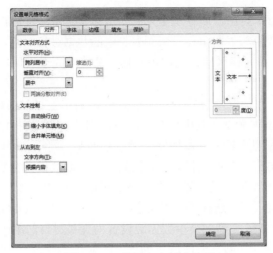

图 2-2-39　设置文本对齐方式

图 2-2-40　创建"末级科目余额表"

2. 设置"末级科目余额表"的取数公式

（1）设置期初余额的取数公式。由于会计科目的期初余额信息已在"期初科目余额表"中，打开"期初科目余额表"，可以看到，第 1 列为科目编码，第 4 列和第 5 列分别为期初借方金额和期初贷方金额，因此，可以利用 VLOOKUP()函数对科目编码进行查找，查找到科目编码对应的期初借方余额和期初贷方余额，并将余额分别生成到"末级科目余额表"的"期初借方金额"和"期初贷方金额"栏。具体操作方法为，选择 D3 单元格，输入公式"=VLOOKUP()"，在括号中设置 VLOOKUP()函数的 4 个参数：第 1 个参数为查找的对象，此处应设置为查找科目的编码 1001，即 A3 单元格；第 2 个参数为查找的区域，即数据源区域，为"期初科目余额表"，可单击"公式"下的"用于公式"，选择"期初科目余额表"；第 3 个参数为返回值在查找的区域的相对列号，此处应设置为 4，第 4 个参数应设置为精确查找，即设置为 FALSE。综上，在 D3 单元格设置的完整公式为"=VLOOKUP(A3,期初科目余额表,4,FALSE)"，按 Enter 键确认公式，此时，1001 库存现金的期初借方余额便能自动从"期初科目余额表"中获取。同理，利用 VLOOKUP()函数查找期初贷方余额，选择 E3 单元格，设置公式"=VLOOKUP(A3,

期初科目余额表,5,FALSE)"，由于库存现金期初贷方余额为 0，因此 E3 单元格显示成小横杠。将 D3、E3 单元格中的数值与"期初科目余额表"中的数据进行对照，验证公式的正确性。确认无误后，选择 D3:E3 单元格区域，利用填充柄将公式填充至表尾，即完成所有末级科目期初余额公式的设置。

（2）设置本期发生额的取数公式。由于前期已经制作了"末级科目汇总表"，对于当期使用过的末级科目，其发生额都在其中进行了汇总，因此，"末级科目汇总表"中的借方金额和贷方金额即为"末级科目余额表"本期发生额的数据源。同样，可以利用 VLOOKUP() 函数查找本期发生额，查找对应科目的科目编码，找到之后返回其借方金额和贷方金额，借方金额为第 4 列，贷方金额为第 5 列。具体操作方法如下所述。

单击"末级科目余额表"，选择 F3 单元格，输入公式"=VLOOKUP()"，在括号中设置 VLOOKUP() 函数的 4 个参数：第 1 个参数仍应设置为查找科目的编码 1001，即 A3 单元格；第 2 个参数为查找的区域，即数据源区域，为"末级科目汇总表"，可单击"公式"下的"名称管理器"，选择"末级科目汇总表"；第 3 个参数为返回值在查找的区域的相对列号，此处应设置为 4；第 4 个参数应设置为精确查找，即设置为 FALSE。综上，在 F3 单元格设置的完整公式为"=VLOOKUP(A3,末级科目汇总表,4,FALSE)"，按 Enter 键确认公式，此时，1001 库存现金的本期发生额便能自动从"末级科目汇总表"中获取，将此金额与"末级科目汇总表"核对，验证公式的正确性。确认无误后，利用填充柄将 F3 单元格中的公式填充至表尾，但此时会发现，有些科目的 F 列出现了 N/A 提示，原因在于这些科目本期无发生额，因此在"末级科目汇总表"中无法查找到这些科目。为了避免出现 N/A 提示，可以利用 IF() 函数和 ISNA() 函数对公式进行修改，选择 F3 单元格，在编辑栏中修改公式，修改为"=IF(ISNA(VLOOKUP(A3,末级科目汇总表,4,FALSE)),0,VLOOKUP(A3,末级科目汇总表,4,FALSE))"，即利用 ISNA() 函数判断 VLOOKUP() 函数查找的结果是否为 N/A，如查找的结果为 N/A，则将其显示为 0，否则，将 VLOOKUP() 函数查找的结果显示出来。接下来，将 F3 单元格中修改过的公式向下填充至表尾，此时，可以看到不再出现"N/A"提示。

同理，设置本期贷方发生额的取数公式，可选择 F3 单元格，利用填充柄向右填充至 G3 单元格，修改 G3 单元格中公式的参数，将 VLOOKUP() 函数的第 1 个参数修改为 A3，将第 3 个参数修改为 5，即 G3 单元格中完整的公式为"=IF(ISNA(VLOOKUP(A3,末级科目汇总表,5,FALSE)),0,VLOOKUP(A3,末级科目汇总表,5,FALSE))"，接下来，将 G3 单元格中的公式向下填充至表尾。至此，完成了所有末级科目本期发生额公式的设置。

（3）设置期末余额的取数公式。利用计算公式"期末余额=期初借方余额-期初贷方余额+本期借方发生额-本期贷方发生额"对期末余额的方向进行判断：若计算出的结果大于 0，则此科目的期末余额在借方；若计算出的结果小于 0，则此科目的期末余额在贷方。具体操作方法如下所述。

选择 H3 单元格，输入公式"=IF((D3-E3+F3-G3)>0,(D3-E3+F3-G3),0)"，第 1 个参数为计算条件，即期末余额的计算公式（为(D3-E3+F3-G3)>0），第 2 个参数为条件为真时的返回结果（为(D3-E3+F3-G3)），第 3 个参数为条件为假时的返回结果（为 0）。同理，输入期末贷方余额的公式，需要注意的是，要判断期末余额公式计算的结果是否小于 0，若小于 0，则意味着其期末余额在贷方，同时要在 I3 单元格填入计算出的结果的绝对值，否则，该科目的期末余额应在借方或为 0。综上，在 I3 单元格设置的完整公式为"=IF((D3-E3+F3-G3)<0,ABS(D3-

E3+F3−G3),0)”。再次核对期末余额取数公式，确认无误后，选择 H3:I3 单元格，利用填充柄将公式填充至表尾，即完成所有末级科目期末余额公式的设置。

（4）设置“合计”行公式。利用 SUM()函数，在 D83 单元格中输入公式“=SUM(D3:D82)”，将 D83 单元格中的公式向右填充至 I83 单元格，即完成“合计”行公式的设置检查合计数是否满足借贷平衡条件，确认无误后，便完成了“末级科目余额表”的编制，如图 2-2-41 所示。

末级科目余额表

| 科目编码 | 总账科目 | 明细科目 | 期初借方余额 | 期初贷方余额 | 本期借方发生额 | 本期贷方发生额 | 期末借方余额 | 期末贷方余额 |
|---|---|---|---|---|---|---|---|---|
| 1001 | 库存现金 | | 8,000.00 | - | 15,400.00 | 3,000.00 | 20,400.00 | - |
| 100201 | 银行存款 | 工行 | 200,000.00 | - | 99,600.00 | 28,150.00 | 271,450.00 | - |
| 100202 | 银行存款 | 中行 | 7,000.00 | - | 64,208.00 | - | 71,208.00 | - |
| 1012 | 其他货币资金 | | - | - | - | - | - | - |
| 1121 | 应收票据 | | - | - | - | - | - | - |
| 112201 | 应收账款 | 西花园中学 | 99,600.00 | - | - | 99,600.00 | - | - |
| 112202 | 应收账款 | 沈阳黄金 | 58,000.00 | - | 135,600.00 | - | 193,600.00 | - |
| 112203 | 应收账款 | 武汉阳光 | - | - | 90,400.00 | - | 90,400.00 | - |
| 112301 | 预付账款 | 河南光电 | - | - | - | - | - | - |
| 122101 | 其他应收款 | 邓超 | 2,000.00 | - | - | 2,000.00 | - | - |
| 122102 | 其他应收款 | 王飞 | - | - | - | - | - | - |
| 122103 | 其他应收款 | 李想 | - | - | - | - | - | - |
| 122104 | 其他应收款 | 张强 | - | - | - | - | - | - |
| 122105 | 其他应收款 | 张可 | 1,800.00 | - | - | - | 1,800.00 | - |
| 122106 | 其他应收款 | 乔杰 | - | - | - | - | - | - |
| 122107 | 其他应收款 | 杨雪 | - | - | - | - | - | - |
| 122108 | 其他应收款 | 白洁 | - | - | - | - | - | - |
| 122109 | 其他应收款 | 何军 | - | - | - | - | - | - |
| 140201 | 在途物资 | 生产用材料 | - | - | - | - | - | - |
| 140202 | 在途物资 | 其他材料 | - | - | - | - | - | - |
| 140301 | 原材料 | 生产用材料 | 150,000.00 | - | - | - | 150,000.00 | - |
| 140302 | 原材料 | 其他材料 | 150,000.00 | - | 581,250.00 | 335,527.50 | 395,722.50 | - |
| 1405 | 库存商品 | | 55,000.00 | - | 417,702.75 | 41,770.50 | 430,932.25 | - |
| 1601 | 固定资产 | | 617,000.00 | - | - | - | 617,000.00 | - |
| 1602 | 累计折旧 | | - | 155,455.00 | - | 5,263.25 | - | 160,718.25 |
| 160401 | 在建工程 | 人工费 | - | - | - | - | - | - |
| 160402 | 在建工程 | 材料费 | - | - | - | - | - | - |
| 160403 | 在建工程 | 其他费用 | - | - | - | - | - | - |
| 160404 | 在建工程 | 工程转出 | - | - | - | - | - | - |
| 170101 | 无形资产 | 专利权 | - | - | - | - | - | - |
| 170102 | 无形资产 | 土地使用权 | - | - | - | - | - | - |
| 191101 | 待处理财产损益 | 待处理流动财产损益 | - | - | - | - | - | - |
| 191102 | 待处理财产损益 | 待处理固定财产损益 | - | - | - | - | - | - |
| 2101 | 短期借款 | | - | - | - | - | - | - |
| 220201 | 应付账款 | 河南光电 | - | 183,060.00 | - | 633,822.50 | - | 816,882.50 |
| 220202 | 应付账款 | 山西电脑 | - | - | - | 9,040.00 | - | 9,040.00 |
| 220203 | 应付账款 | 郑州水厂 | - | - | - | 20,000.00 | - | 20,000.00 |
| 220204 | 应付账款 | 郑州保险 | - | - | - | 3,000.00 | - | 3,000.00 |
| 221101 | 应付职工薪酬 | 工资 | - | - | - | 165,960.00 | - | 165,960.00 |
| 221102 | 应付职工薪酬 | 社会福利费 | - | - | - | 1,306.00 | - | 1,306.00 |
| 221103 | 应付职工薪酬 | 住房公积金 | - | - | - | - | - | - |
| 22210101 | 应交税费 | 应交增值税（进项税） | - | - | 75,562.50 | - | 75,562.50 | - |
| 22210105 | 应交税费 | 应交增值税（销项税） | - | - | - | 26,000.00 | - | 26,000.00 |
| 222102 | 应交税费 | 未交增值税 | - | - | - | - | - | - |
| 222103 | 应交税费 | 应交企业所得税 | - | - | - | - | - | - |
| 222104 | 应交税费 | 应交城建税 | - | - | - | - | - | - |

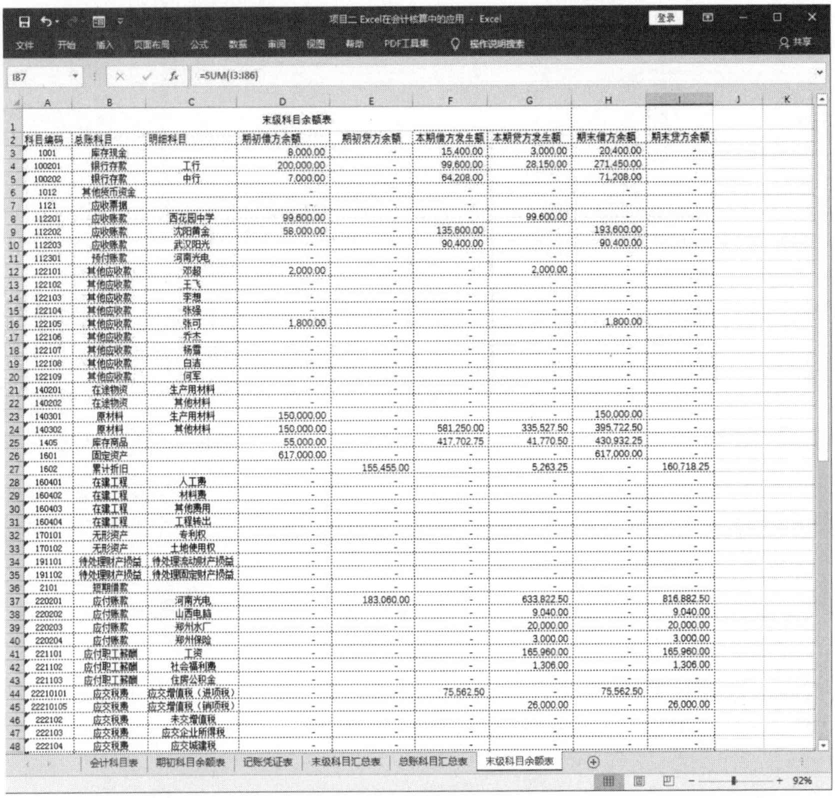

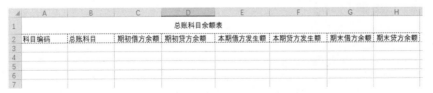

图 2-2-41　末级科目余额表

## 5.2　编制“总账科目余额表”

### 1. 创建“总账科目余额表”并设置格式

打开“Excel 在会计核算中的应用”文件，追加一张工作表并将其重命名为“总账科目余额表”，在“总账科目余额表”中选择相应的单元格区域，完成表头的设置，如图 2-2-42 所示。

总账科目余额表

| 科目编码 | 总账科目 | 期初借方余额 | 期初贷方余额 | 本期借方发生额 | 本期贷方发生额 | 期末借方余额 | 期末贷方余额 |
|---|---|---|---|---|---|---|---|

图 2-2-42　“总账科目余额表”表头

适当调整列宽，为了避免合并单元格，将 A1:H11 单元格区域的文本对齐方式设置为“跨列居中”，如图 2-2-43 所示。

图 2-2-43　设置文件对齐方式

　　设置"总账科目余额表"的前两列信息。可以查看"会计科目表"的相关信息，并将其复制粘贴至"总账科目余额表"的 A:B 列，具体方法为，打开"会计科目表"，在"会计科目表"中利用筛选功能筛选出总账科目，单击"数据"下的"筛选"，在"科目编码"右侧单击筛选按钮，选择"文本筛选"下的"等于"命令，在弹出的对话框中设置"等于"条件为英文输入法下的"????"，即可筛选出总账科目编码和总账科目名称，将这两列内容复制粘贴至"总账科目余额表"的前两列相应的位置。向下拖拽滚动条，找到最后一个科目的下一行，输入"合计"，并将"合计"所在的 A:B 列的文本对齐方式设置为"跨列居中"。

　　最后，设置"总账科目余额表"的边框和数据格式。选择"总账科目余额表"的 A2:H40 区域，打开"设置单元格格式"对话框，选择适当的线条，单击"外边框""内部"，单击"确定"按钮，完成边框的设置。选择用于输入数据的 C:H 列，打开"单元格格式设置"对话框，将其格式设置为"会计专用，小数位数两位，无货币符号"，如图 2-2-44 所示。

图 2-2-44　创建"总账科目余额表"

2. 设置"总账科目余额表"的取数公式

　　（1）设置期初余额的取数公式。由于"总账科目余额表"与"末级科目余额表"的公式基本相同，所以，直接选择 C3 单元格，设置其公式为"=VLOOKUP(A3,期初科目余额表,4, FALSE)"，选择 D3 单元格，设置其公式为"=VLOOKUP(A3,期初科目余额表,5,FALSE)"，选择 C3:D3 单元格，利用填充柄将公式填充至表尾，即完成所有总账科目期初余额公式的设置。

（2）设置本期发生额的取数公式。选择 E3 单元格，利用 IF()函数、ISNA()函数和 VLOOKUP() 函数完成设置。需要注意的是，"总账科目汇总表"作为 VLOOKUP()函数查找的数据源，其第 1 列为总账科目名称，因此，VLOOKUP()函数的第 1 个参数应为 B3，E3 单元格完整的公式为 "=IF(ISNA(VLOOKUP(B3,总账科目汇总表,2,false)),0,VLOOKUP(B3,总账科目汇总表,2,false))"， F3 单元格完整的公式为"=IF(ISNA(VLOOKUP(B3,总账科目汇总表,3,false)), 0,VLOOKUP(B3, 总账科目汇总表,3,false))"。选择 E3:F3 单元格，利用填充柄将公式填充至表尾，即完成所有总 账科目本期发生额公式的设置。

（3）设置期末余额的取数公式。选择 G3 单元格，设置其公式为"=IF((C3-D3+E3-F3)>0, (C3-D3+E3-F3),0)"；选择 H3 单元格，设置其公式为"=IF((C3-D3+E3-F3)<0,ABS(C3-D3+ E3-F3),0)"；选择 G3:H3 单元格，利用填充柄将公式填充至表尾，即完成所有总账科目期末余 额公式的设置。

（4）设置"合计"行公式。利用 SUM()函数，在 C40 单元格中输入公式"=SUM(C3:C39)"， 将 C40 单元格中的公式向右填充至 H40 单元格，即完成"合计"行公式的设置。检查合计数 是否满足借贷平衡条件，确认无误后，便完成了"总账科目余额表"的编制。

单击"保存"按钮保存编制完成的"总账科目余额表"。"总账科目余额表"如图 2-2-45 所示。

| 科目编码 | 总账科目 | 期初借方余额 | 期初贷方余额 | 本期借方发生额 | 本期贷方发生额 | 期末借方余额 | 期末贷方余额 |
|---|---|---|---|---|---|---|---|
| 1001 | 库存现金 | 8,000.00 | - | 15,400.00 | 3,000.00 | 20,400.00 | - |
| 1002 | 银行存款 | 207,000.00 | - | 163,808.00 | 28,150.00 | 342,658.00 | - |
| 1012 | 其他货币资金 | - | - | - | - | - | - |
| 1121 | 应收票据 | - | - | - | - | - | - |
| 1122 | 应收账款 | 157,600.00 | - | 226,000.00 | 99,600.00 | 284,000.00 | - |
| 1123 | 预付账款 | - | - | - | - | - | - |
| 1221 | 其他应收款 | 3,800.00 | - | - | 2,000.00 | 1,800.00 | - |
| 1402 | 在途物资 | - | - | - | - | - | - |
| 1403 | 原材料 | 300,000.00 | - | 581,250.00 | 335,527.50 | 545,722.50 | - |
| 1405 | 库存商品 | 55,000.00 | - | 417,702.75 | 41,770.50 | 430,932.25 | - |
| 1601 | 固定资产 | 617,000.00 | - | - | - | 617,000.00 | - |
| 1602 | 累计折旧 | - | 155,455.00 | - | 5,263.25 | - | 160,718.25 |
| 1604 | 在建工程 | - | - | - | - | - | - |
| 1701 | 无形资产 | - | - | - | - | - | - |
| 1911 | 待处理财产损益 | - | - | - | - | - | - |
| 2101 | 短期借款 | - | - | - | - | - | - |
| 2202 | 应付账款 | - | 183,060.00 | - | 665,862.50 | - | 848,922.50 |
| 2211 | 应付职工薪酬 | - | - | - | 167,266.00 | - | 167,266.00 |
| 2221 | 应交税费 | - | - | 75,562.50 | 26,000.00 | 49,562.50 | - |
| 2241 | 其他应付款 | - | - | - | - | - | - |
| 2501 | 长期借款 | - | - | - | - | - | - |
| 4001 | 实收资本 | - | 1,027,050.00 | - | 64,208.00 | - | 1,091,258.00 |
| 4101 | 盈余公积 | - | - | - | - | - | - |
| 4103 | 本年利润 | - | - | 164,124.50 | 205,200.00 | - | 41,075.50 |
| 4104 | 利润分配 | - | - | - | - | - | - |
| 5001 | 生产成本 | 17,165.00 | - | 417,702.75 | 417,702.75 | 17,165.00 | - |
| 5101 | 制造费用 | - | - | 54,749.25 | 54,749.25 | - | - |
| 6001 | 主营业务收入 | - | - | 200,000.00 | 200,000.00 | - | - |
| 6301 | 营业外收入 | - | - | 5,200.00 | 5,200.00 | - | - |
| 6401 | 主营业务成本 | - | - | 41,770.50 | 41,770.50 | - | - |
| 6403 | 营业税金及附加 | - | - | - | - | - | - |
| 6601 | 销售费用 | - | - | 33,152.33 | 33,152.33 | - | - |
| 6602 | 管理费用 | - | - | 89,201.67 | 89,201.67 | - | - |
| 6603 | 财务费用 | - | - | - | - | - | - |
| 6701 | 资产减值损失 | - | - | - | - | - | - |
| 6711 | 营业外支出 | - | - | - | - | - | - |

图 2-2-45　总账科目余额表

**贴心提示**　在地址栏里选择 C40，在编辑栏里直接输入"=SUM(C3:C39)"也可以完成求和计算。

# 项目 3    Excel 在会计账簿中的应用

会计账簿是以会计凭证为依据，连续、系统、全面地记录各种经济业务，由一定格式的账页所组成的簿记。它是对大量分散的数据或资料进行分类、归集、整理，并将它们逐步加工成有用的会计信息的工具。

编制现金日记账

## 任务 1    编制现金日记账

### 任务描述

现金日记账是以会计分录的形式序时记录经济业务的簿籍，可以作为过往分类账的依据。虽然财务软件中可以很方便地查看现金明细账，但由于现金发生的即时性及某些特殊原因，现金的收入和支出可能会出现不及时入账的情况，所以，作为财务人员要及时登记现金日记备查账。

现金日记账通常设置成 3 栏式日记账，按照现金收入、支出、结余在日记账中分别设置借方栏、贷方栏、余额栏。现金日记账要日清月结，每天核对现金库存量，保证现金实际库存与现金日记账余额相符，其作用是核算现金实际收入、支出和结存。

基于前期会计数据编制本案例企业 2021 年 3 月份的现金日记账，如图 2-3-1 所示。

| 现金日记账 | | | | | | | |
|---|---|---|---|---|---|---|---|
| 2021年 | | 凭证号数 | 摘要 | 借 | 贷 | √ | 余额 |
| 月 | 日 | | | | | | |
| | | | 期初余额 | | | | ¥8,000.00 |
| 03 | 02 | 现收1 | 收到罚没款现金 | ¥200.00 | | | ¥8,200.00 |
| 03 | 03 | 银付1 | 提现备用 | ¥10,000.00 | | | ¥18,200.00 |
| 03 | 18 | 现收2 | 报销差旅费 | ¥200.00 | | | ¥18,400.00 |
| 03 | 29 | 现收3 | 收到赔款 | ¥5,000.00 | | | ¥23,400.00 |
| 03 | 31 | 现付1 | 支付广告费 | | ¥3,000.00 | | ¥20,400.00 |
| | | | 本月合计 | ¥15,400.00 | ¥3,000.00 | | ¥20,400.00 |

图 2-3-1    现金日记账

**操作步骤**

1. 创建库存现金日记账表结构

在编制现金日记账时，用户可以根据数据来快速筛选出现金日记账所需的相关数据信息。

（1）新建日记账表格。在 Excel 中新建一张空白工作表，分别输入工作表标题"现金日记账"及设置表结构，如图 2-3-2 所示。

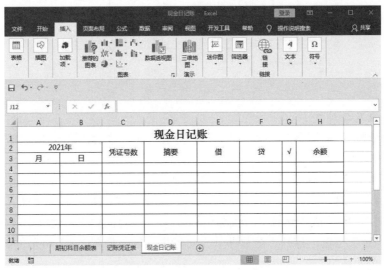

图 2-3-2　创建现金日记账表格

（2）筛选库存现金凭证。切换到"记账凭证表"，选择 A1:H1 单元格区域，单击"数据"/"排序和筛选"组的"筛选"按钮，进入自动筛选状态。单击"总账科目"后的下三角按钮，在弹出的面板中选择"文本筛选"命令，输入"库存现金"，然后单击"确定"按钮，筛选结果如图 2-3-3 所示。

图 2-3-3　筛选结果

（3）复制相关信息。把日期、凭证号数、摘要和金额复制到现金日记账中，结果如图 2-3-4 所示。

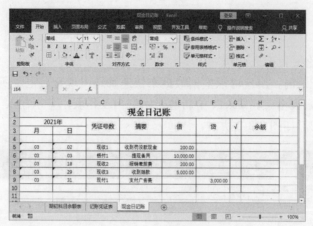

图 2-3-4　复制结果

2. 获取余额及合计数

首先获取（登记）期初余额，接着计算每笔业务余额，最后计算本期借贷发生额合计及期末余额。

（1）获取期初余额。现金日记账期初余额可以从"期初科目余额表"中通过 VLOOKUP() 函数进行查找。选择 H4 单元格，单击编辑区"插入函数"按钮 *f*x，弹出"插入函数"对话框，在"或选择类别"下拉列表中选择"查找与引用"，在"选择函数"列表框中选择 VLOOKUP() 函数，单击"确定"按钮，打开"函数参数"对话框，输入如图 2-3-5 所示的参数。单击"确定"按钮，H4 单元格将获得期初余额，如图 2-3-6 所示。

图 2-3-5　"函数参数"对话框

（2）计算每笔业务余额。选中 H5 单元格，输入公式"=H4+E5-F5"，并通过快速填充功能计算其他每笔业务余额，结果如图 2-3-7 所示。

（3）计算 3 月份现金日记账借贷方发生额合计数及期末余额。在 D10 单元格输入"本月合计"，单击 E10 单元格，选择"公式"选项卡，在"函数库"组单击"自动求和"按钮，对其上方数据进行求和，获得借方发生额。拖拽 E10 单元格的填充柄至 F10 单元格，复制公式获得贷方发生额。选择 H10 单元格，输入"=H4+E10-F10"，按 Enter 键得到本月余额，计算结果如图 2-3-8 所示。

选中 E4:H10 区域，单击"开始"选项卡"数字"组中的"常规"下三角按钮，在弹出的下拉列表中选择"货币"，使选中区域数据按"货币"形式显示。最终结果如图 2-3-9 所示。

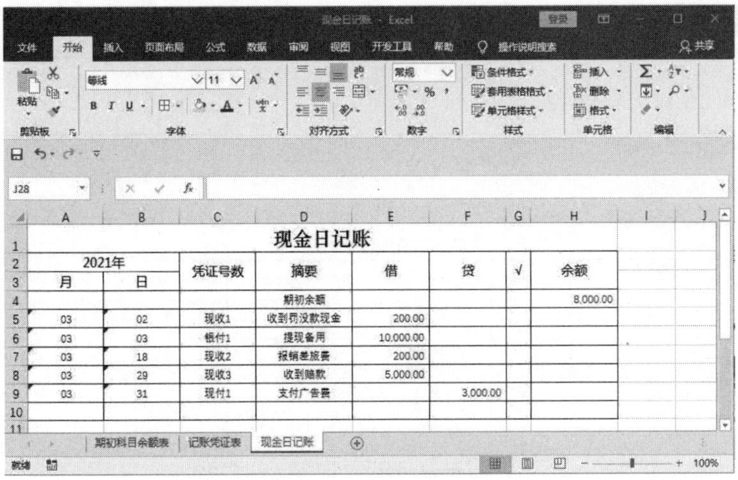

图 2-3-6　期初余额

图 2-3-7　每笔业务余额

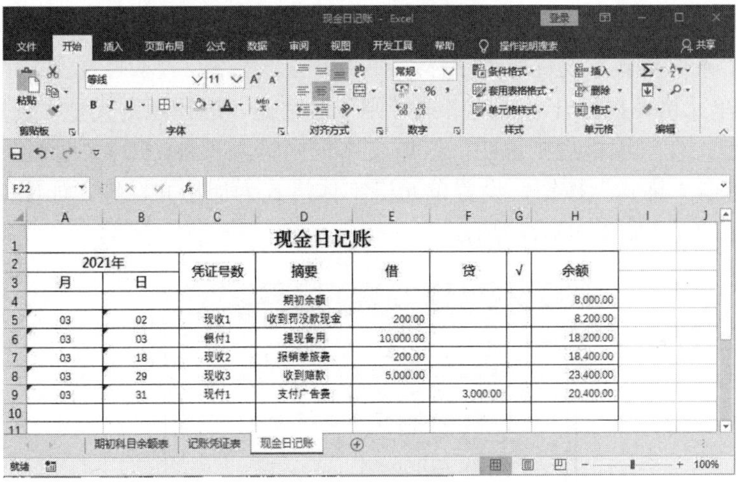

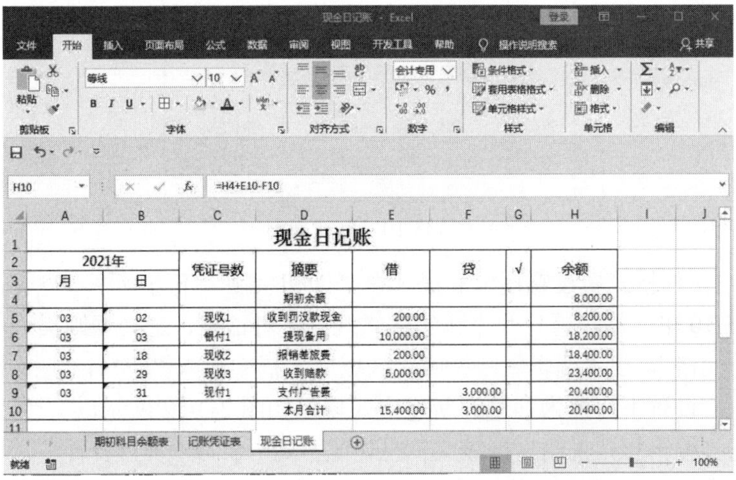

图 2-3-8　获取本月借贷方发生额及期末余额

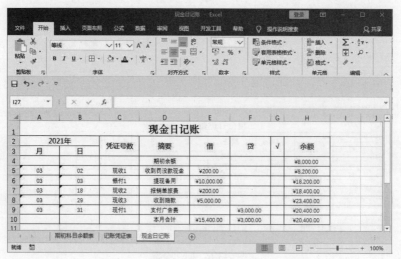

图 2-3-9　最终结果

3. 期末设置及划线

（1）利用"条件格式"设置所需字体。对"期初余额"及"本月合计"字体加粗并标红。先选中 D4:D10 单元格，再打开"新建格式规则"对话框，选择规则类型"使用公式确定要设置格式的单元格"，在"编辑规则说明"区域文本框中输入"=or($D4="期初余额", $D4="本月合计")"，然后单击"格式"按钮，设置单元格字体格式为加粗并标红，如图 2-3-10 所示。单击"确定"按钮，结果如图 2-3-11 所示。

图 2-3-10　格式规则

（2）利用"条件格式"设置期末划线。在"期初余额"下方及"本月合计"上下方划红线。先选中 A4:H10 单元格，再打开"新建格式规则"对话框，选择规则类型"使用公式确定要设置格式的单元格"，在"编辑规则说明"区域文本框中输入"=$D4="期初余额""，然后单击"格式"按钮，设置下边框为红色，新建格式规则如图 2-3-12 所示。

同样地，在"编辑规则说明"区域文本框中输入"= $D4="本月合计""，设置上、下边框为红色，最终结果如图 2-3-13 所示。

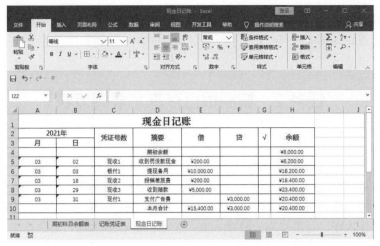

图 2-3-11　字体设置结果

图 2-3-12　新建格式规则

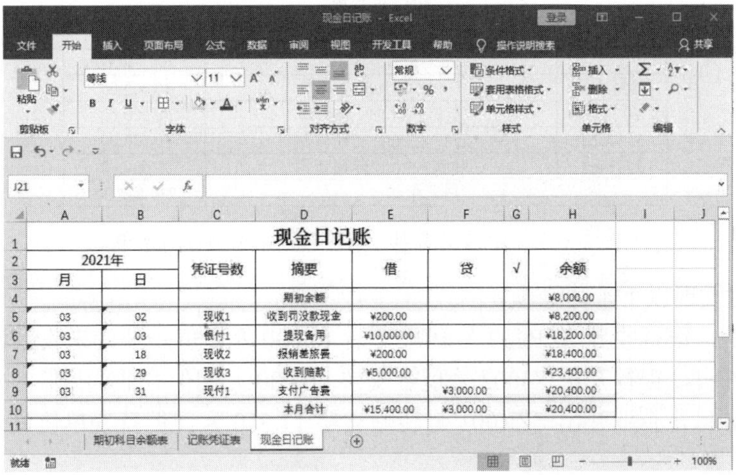

图 2-3-13　最终结果

（3）隐藏网格线。取消勾选"视图"/"显示"组的"网格线"复选框，隐藏网格线。保存工作簿，现金日记账编制完毕。

编制银行存款余额调节表

# 任务 2　编制银行存款余额调节表

### 任务描述

对于同一款项的收付业务，由于凭证传递时间和记账时间的不同，在企业和开户银行之间会发生一方已经入账而另一方尚未入账的情况（即产生了未达账项），具体包括以下 4 种情况：企业已经收款入账，而银行尚未收款入账；企业已经付款入账，而银行尚未付款入账；银行已经收款入账，而企业尚未收款入账；银行已经付款入账，而企业尚未付款入账。

上述任何一种情况的发生，都会使企业和银行之间产生未达账项，从而导致双方的账面金额不一致。在对账过程中如果发现存在未达账项，则应通过编制银行存款余额调节表来进行调节，以便检查账簿记录的正确性。

企业 2021 年 3 月 31 日，中国银行美元账户的企业日记账和银行对账单均为 1,000 美元，无未达账项。

企业在中国工商银行人民币账户，银行存款的单位日记账的账面余额为 200,000 元，银行转来的银行对账单的余额为 240,000 元，如图 2-3-14 所示。

**单位日记账**

| 日　期 | 摘　　要 | 金　额 |
|---|---|---|
| | 期初余额 | 200,000.00 |
| 3月3日 | 开出XJ001现金支票一张 | 10,000.00 |
| 3月3日 | 开出ZZR001转账支票一张 | 17,550.00 |
| 3月12日 | 收到ZZR002转账支票一张 | 99,600.00 |
| 3月16日 | 开出ZZR003转账支票一张 | 1,200.00 |
| | 月末余额 | 270,850.00 |

**银行对账单**

| 日　期 | 摘　　要 | 金　额 |
|---|---|---|
| | 期初余额 | 240,000.00 |
| 3月3日 | 支付XJ001现金支票 | 10,000.00 |
| 3月6日 | 支付XJ002现金支票 | 60,000.00 |
| 3月10日 | 支付ZZR001转账支票 | 50,000.00 |
| 3月14日 | 收到ZZR002转账支票 | 99,600.00 |
| | 月末余额 | 219,600.00 |

图 2-3-14　中国工商银行单位日记账和银行对账单

经逐笔核对发现以下未达账项。

（1）2 月份，银行收到 ZZR123 号转账支票 40,000 元，但企业尚未收到通知，未入账。

（2）3 月 6 日，银行开出 XJ002 号现金支票 60,000 元，但企业尚未收到通知，未入账。

（3）3 月 8 日，企业开出 ZZR001 号转账支票 17,550 元，但持票单位尚未到银行办理转账，银行尚未记账。

（4）3 月 10 日，银行代企业支付前欠货款 50,000 元，但企业尚未入账。

（5）3 月 16 日，企业开出 ZZR003 号转账支票 1,200 元，但持票单位尚未到银行办理转账，银行尚未记账。

所编制的银行余额调节表如图 2-3-15 所示。

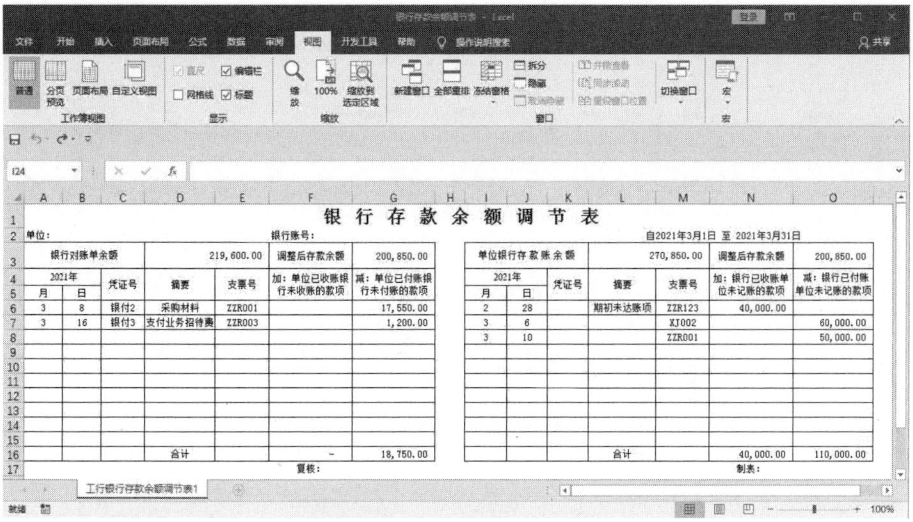

银 行 存 款 余 额 调 节 表

单位：　　银行账号：　　自2021年3月1日 至 2021年3月31日

| 2021年 月 | 日 | 凭证号 | 摘要 | 支票号 | 加：单位已收账银行未收账的款项 | 减：单位已付账银行未付账的款项 |
|---|---|---|---|---|---|---|
| 银行对账单余额 | | | 219,600.00 | | 调整后存款余额 | 200,850.00 |
| 3 | 8 | 银付2 | 采购材料 | ZZR001 | | 17,550.00 |
| 3 | 16 | 银付3 | 支付业务招待费 | ZZR003 | | 1,200.00 |
| | | | 合计 | | - | 18,750.00 |

| 2021年 月 | 日 | 凭证号 | 摘要 | 支票号 | 加：银行已收账单位未记账的款项 | 减：银行已付账单位未记账的款项 |
|---|---|---|---|---|---|---|
| 单位银行存款账余额 | | | 270,850.00 | | 调整后存款余额 | 200,850.00 |
| 2 | 28 | | 期初未达账项 | ZZR123 | 40,000.00 | |
| 3 | 6 | | | XJ002 | | 60,000.00 |
| 3 | 10 | | | ZZR001 | | 50,000.00 |
| | | | 合计 | | 40,000.00 | 110,000.00 |

复核：　　制表：

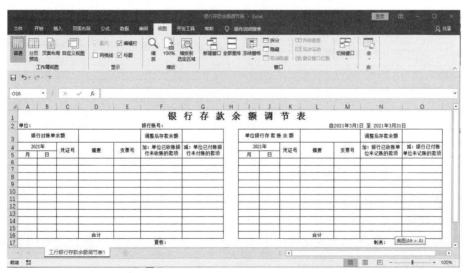

图 2-3-15　银行余额调节表

如果调整后的存款余额一致，说明双方记账无差错，如果调整后的余额仍不相等，说明银行或企业记账有误，应查明原因予以更正。

## 操作步骤

### 1. 创建银行存款余额调节表结构

在 Excel 中新建一张空白工作表，分别输入工作表标题“银行存款余额调节表”及设置表结构，如图 2-3-16 所示。

银 行 存 款 余 额 调 节 表

单位：　　银行账号：　　自2021年3月1日 至 2021年3月31日

| 2021年 月 | 日 | 凭证号 | 摘要 | 支票号 | 加：单位已收账银行未收账的款项 | 减：单位已付账银行未付账的款项 |
|---|---|---|---|---|---|---|
| 银行对账单余额 | | | | | 调整后存款余额 | |
| | | | 合计 | | | |

| 2021年 月 | 日 | 凭证号 | 摘要 | 支票号 | 加：银行已收账单位未记账的款项 | 减：银行已付账单位未记账的款项 |
|---|---|---|---|---|---|---|
| 单位银行存款账余额 | | | | | 调整后存款余额 | |
| | | | 合计 | | | |

复核：　　制表：

图 2-3-16　银行余额调节表的标题及结构

**2. 定义公式**

（1）通过自动求和公式计算合计行单元格 F16 的数据，如图 2-3-17 所示。同理，计算出 G16、N16、O16 单元格的数据。

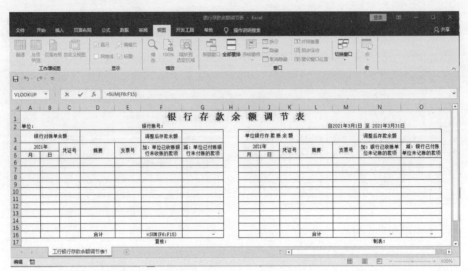

图 2-3-17　定义合计栏计算公式

（2）在银行调整后的存款余额存放单元格（即 G3 单元格）中输入公式"D3+F16−G16"，如图 2-3-18 所示。

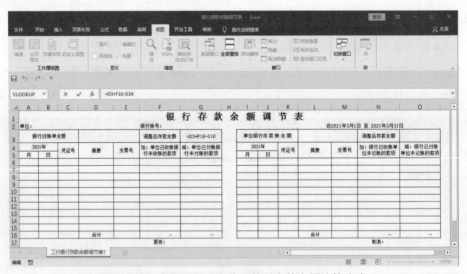

图 2-3-18　定义银行对账单调整后存款余额计算公式

（3）在 O3 单元格中输入公式"=L3+N16−O16"，如图 2-3-19 所示。

**3. 输入数据**

根据例题分析，将各项未达账项分别填入表中，工作表将根据数据公式自动计算出调节后的余额，如图 2-3-20 所示。

也可以编制如图 2-3-21 所示的简洁版的银行存款余额调节表。

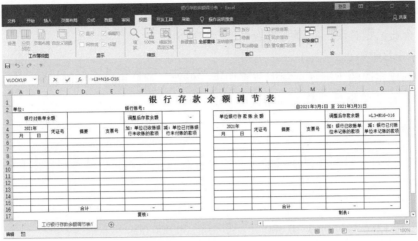

图 2-3-19　定义单位日记账调整后存款余额计算公式

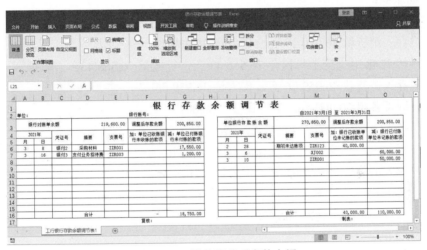

图 2-3-20　计算调节后存款余额

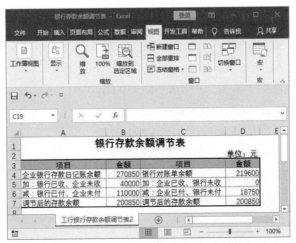

图 2-3-21　计算调节后存款余额（简洁版）

经过上述操作后，若余额相等则说明双方记账无差错，如果发现调整后的余额仍不相等，说明银行或企业记账有误，应查明原因并进行相应更正。

4. 保存并打印输出

首先将创建完成的"银行余额调节表"进行保存，然后再进行页面设置，最后执行"文件"/"打印"命令将余额调节表打印输出。

## 牛刀小试

1. 某工厂 3 月 1 日到 3 月 5 日的企业银行存款日记账账面记录与银行出具的 3 月 5 日对账单记录如下。

账面记录：

1 日转 1246 号付料款 30,000 元，贷方记 30,000.00；

1 日转 1247 号付料款 59,360 元，借方记 59,360.00，经查为登记时方向记错，立即更正并调整账面余额；

1 日存入销货款 43,546.09 元，借方记 43,546.09；

2 日存入销货款 36,920.29 元，借方记 36,920.29；

2 日转 1248 号上交上月税金 76,566.43 元，贷方记 76,566.43；

3 日存入销货款 46,959.06 元，借方记 46,959.06；

3 日取现备用 20,000 元，贷方记 20,000.00；

4 日转 1249 号付料款 64,500 元，贷方记 64,500.00；

4 日转 1250 号支付职工养老保险金 29,100 元，贷方记 29,100.00；

5 日存入销货款 64,067.91 元，借方记 64,067.91；

5 日转 1251 号支付汽车修理费 4,500 元，贷方记 4,500.00；

5 日自查后账面余额为 506,000.52 元。

银行对账单记录：

2 日转 1246 号付出 30,000 元，借方记 30,000.00；

2 日转 1247 号付出 59,369 元，借方记 59,360.00；

2 日收入存款 43,546.09 元，贷方记 43,546.09；

3 日收入存款 36,920.29 元，贷方记 36,920.29；

3 日转 1248 号付出 76,566.43 元，借方记 76,566.43；

4 日收入存款 46,959.06 元，贷方记 46,959.06；

4 日付出 20,000 元，借方记 20,000.00；

4 日代交电费 12,210.24 元，借方记 12,210.24；

5 日收存货款 43,000 元，贷方记 43,000.00；

5 日转 1250 号付出 2,9100 元；借方记 2,9100.00；

5 日代付电话费 5,099.32 元，借方记 5,099.32；

5 日余额为 53,6623.05 元。

请根据上述资料编制填写银行存款余额调节表，如图 2-3-22 所示。

## 银行存款余额调节表

单位：元

| 项目 | 金额 | 项目 | 金额 |
|---|---|---|---|
| 企业银行存款日记账余额 | | 银行对账单余额 | |
| 加：银行已收、企业未收 | | 加：企业已收、银行未收 | |
| 减：银行已付、企业未付 | | 减：企业已付、银行未付 | |
| 调节后的存款余额 | | 调节后的存款余额 | |

图 2-3-22　银行存款余额调节表

2. 根据以下两笔记账记录，为华天公司完成如图 2-3-25 所示的银行存款余额调节表的编制。

（1）华天公司银行存款日记账的记录如图 2-3-23 所示。

| 日　期 | 摘　要 | 金　额 |
|---|---|---|
| 12月29日 | 因销售商品收到98#转账支票一张 | 15,000.00 |
| 12月29日 | 开出78#现金支票一张 | 1,000.00 |
| 12月30日 | 收到A公司交来的355#转账支票一张 | 3,800.00 |
| 12月30日 | 开出105#转账支票以支付货款 | 11,700.00 |
| 12月31日 | 开出106#转账支票支付明年报刊订阅费 | 500.00 |
| | 月末余额 | 153,200.00 |

图 2-3-23　银行存款日记账

（2）银行对账单的记录（假定银行记录无误）如图 2-3-24 所示。

| 日　期 | 摘　要 | 金　额 |
|---|---|---|
| 12月29日 | 支付78#现金支票 | 1,000.00 |
| 12月30日 | 收到98#转账支票 | 15,000.00 |
| 12月30日 | 收到托收的货款 | 25,000.00 |
| 12月30日 | 支付105#转账支票 | 11,700.00 |
| 12月31日 | 结转银行结算手续费 | 100.00 |
| | 月末余额 | 174,800.00 |

图 2-3-24　银行对账单

企业银行存款日记账余额

（1）153,200

加：银行已收、企业未收的款项合计

（2）12 月 30 日　　　收到托收的货款　　　　　　　　　　　　25,000

减：银行已付、企业未付的款项合计

（3）12 月 31 日　　　结转银行结算手续费　　　　　　　　　　100

调节后余额

（4）178,100

银行对账单余额

（5）174,800

加：企业已收、银行未收的款项合计

（6）12 月 30 日　　　收到 A 公司交来的 355#转账支票一张　　3,800

减：企业已付、银行未付的款项合计

（7）12 月 31 日　　　开出 106#转账支票支付明年报刊订阅费　500

调节后余额

（8）178,100

经调节后，(4)=(8)=178,100，调节平衡。

请根据上述资料编制填写的银行存款余额调节表如图 2-3-25 所示。

# 银 行 存 款 余 额 调 节 表

单位：　　　　　　　　　银行账号：　　　　　　　　　　　　　　自　年　月　日至　年　月　日

| 银行对账单余额 | | | | | 调整后存款余额 | | 单位银行存款账余额 | | | | | 调整后存款余额 | |
|---|---|---|---|---|---|---|---|---|---|---|---|---|---|
| 年 | | 记账凭证号 | 摘要 | 支票号 | 加：单位已收账银行未收账的款项 | 减：单位已付账银行未付账的款项 | 年 | | 记账凭证号 | 摘要 | 支票号 | 加：银行已收账单位未记账的款项 | 减：银行已付账单位未记账的款项 |
| 月 | 日 | | | | | | 月 | 日 | | | | | |
| | | | | | | | | | | | | | |
| | | | | | | | | | | | | | |
| | | | | | | | | | | | | | |
| | | | | | | | | | | | | | |
| | | | | | | | | | | | | | |
| | | | | | | | | | | | | | |
| | | | | | | | | | | | | | |
| | | 合计 | | | | | | | 合计 | | | | |

复核：　　　　　　　　　　　　　　　　　　　　　　　　　　　制表：

图 2-3-25　银行存款余额调节表

编制原材料
收发存明细账

# 任务3　编制原材料收发存明细账

## 实例描述

对于原材料不仅要求核算其金额还要核算其数量，所以，会计常采用数量金额式的明细账来核算原材料。

原材料发出计价方法有个别计价法、先进先出法、移动加权平均法及月末一次加权平均法，企业可以根据自己的需要进行选择。本案例分别采用先进先出法和月末一次加权平均法进行计算。

企业 3 月份原材料-其他材料收发结存的有关资料如图 2-3-26 所示。

| 日期 | 凭证号 | 摘要 | 数量 | 单价 |
|---|---|---|---|---|
| | | 期初余额 | 100 | 1,500 |
| 3 月 8 日 | 银付 2 | 购入材料 | 10 | 1,500 |
| 3 月 14 日 | 转 2 | 购入材料 | 5 | 1,600 |
| 3 月 18 日 | 转 3 | 车间领用 | 112 | |
| 3 月 26 日 | 转 4 | 购入材料 | 385 | 1,450 |
| 3 月 27 日 | 转 5 | 车间领用 | 119 | |

图 2-3-26　原材料-其他材料收发结存

## 3.1　先进先出法

公司明细账结果如图 2-3-27 所示。

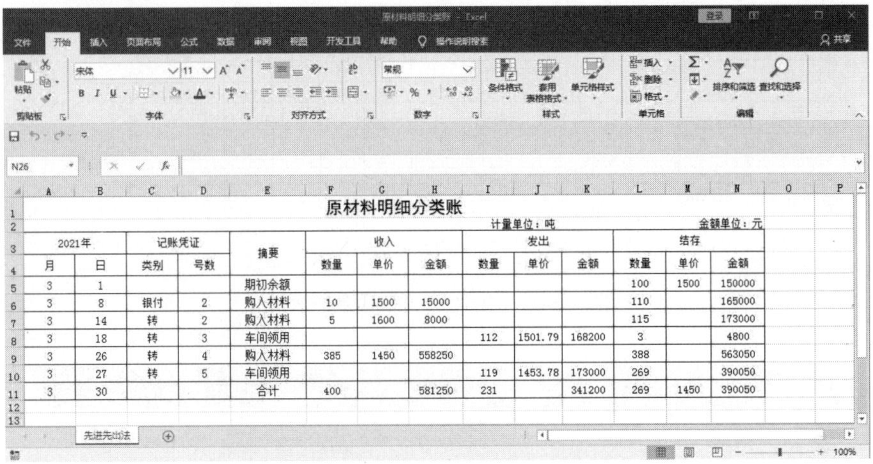

原材料明细分类账

计量单位：吨　　金额单位：元

| 2021年 | | 记账凭证 | | 摘要 | 收入 | | | 发出 | | | 结存 | | |
|---|---|---|---|---|---|---|---|---|---|---|---|---|---|
| 月 | 日 | 类别 | 号数 | | 数量 | 单价 | 金额 | 数量 | 单价 | 金额 | 数量 | 单价 | 金额 |
| 3 | 1 | | | 期初余额 | | | | | | | 100 | 1500 | 150000 |
| 3 | 8 | 银付 | 2 | 购入材料 | 10 | 1500 | 15000 | | | | 110 | | 165000 |
| 3 | 14 | 转 | 2 | 购入材料 | 5 | 1600 | 8000 | | | | 115 | | 173000 |
| 3 | 18 | 转 | 3 | 车间领用 | | | | 112 | 1501.79 | 168200 | 3 | | 4800 |
| 3 | 26 | 转 | 4 | 购入材料 | 385 | 1450 | 558250 | | | | 388 | | 563050 |
| 3 | 27 | 转 | 5 | 车间领用 | | | | 119 | 1453.78 | 173000 | 269 | | 390050 |
| 3 | 30 | | | 合计 | 400 | | 581250 | 231 | | 341200 | 269 | 1450 | 390050 |

图 2-3-27　先进先出法原材料明细分类账

### 操作步骤

1. 创建先进先出法原材料明细分类账

打开 Excel，执行“文件”/“新建”命令，在右侧弹出的模板栏中单击选择“空白工作簿”选项就可以新建一张空白表格，通过合并单元格等操作创建如图 2-3-28 所示的原材料明细分类账。

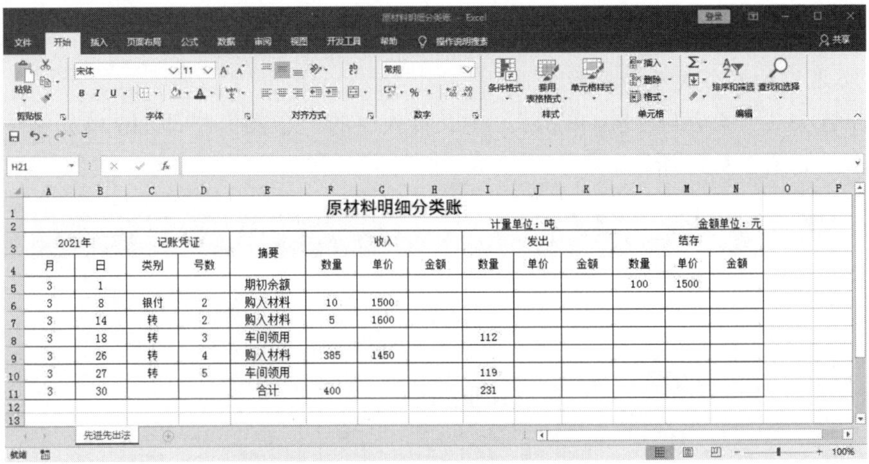

原材料明细分类账

计量单位：吨　　金额单位：元

| 2021年 | | 记账凭证 | | 摘要 | 收入 | | | 发出 | | | 结存 | | |
|---|---|---|---|---|---|---|---|---|---|---|---|---|---|
| 月 | 日 | 类别 | 号数 | | 数量 | 单价 | 金额 | 数量 | 单价 | 金额 | 数量 | 单价 | 金额 |
| 3 | 1 | | | 期初余额 | | | | | | | 100 | 1500 | |
| 3 | 8 | 银付 | 2 | 购入材料 | 10 | 1500 | | | | | | | |
| 3 | 14 | 转 | 2 | 购入材料 | 5 | 1600 | | | | | | | |
| 3 | 18 | 转 | 3 | 车间领用 | | | | 112 | | | | | |
| 3 | 26 | 转 | 4 | 购入材料 | 385 | 1450 | | | | | | | |
| 3 | 27 | 转 | 5 | 车间领用 | | | | 119 | | | | | |
| 3 | 30 | | | 合计 | 400 | | | 231 | | | | | |

图 2-3-28　原材料明细分类账

2. 期初结存金额公式定义及数据输入

根据金额的计算公式“金额=数量×单价”，在“结存”的“金额”栏即 N5 单元格中定义公式“= L5*M5”，如图 2-3-29 所示。然后在 E5 单元格中输入“期初余额”及结存的各项数据，结果如图 2-3-30 所示。

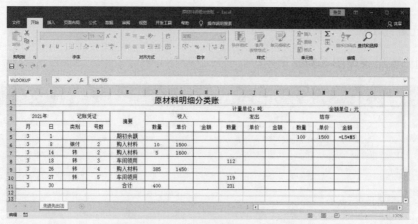

图 2-3-29　定义期初结存金额公式

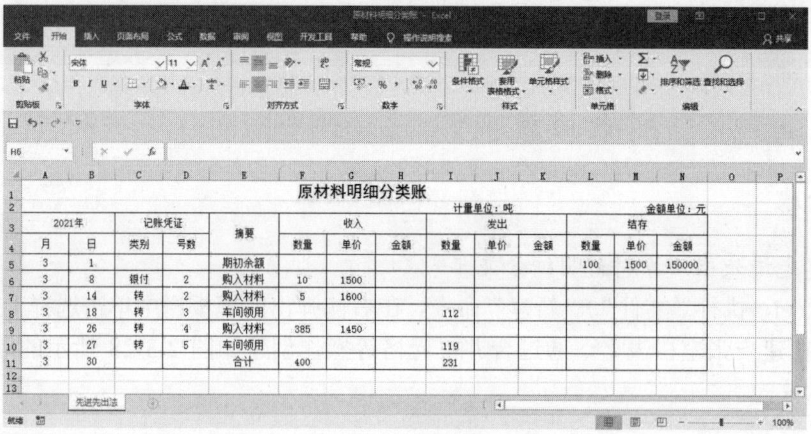

图 2-3-30　输入期初结存金额数据

## 3. 定义本期购入公式及输入数据

根据计算公式"金额=数量×单价"，在"收入"的"金额"栏即 H6 单元格中定义公式"= F6*G6"，如图 2-3-31 所示。

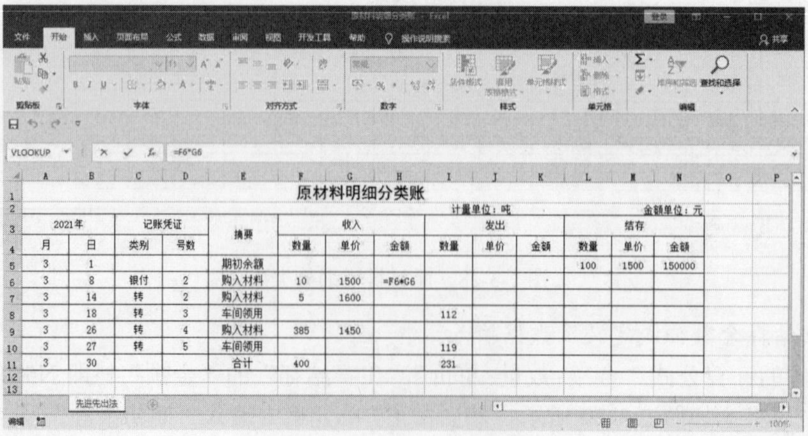

图 2-3-31　定义收入金额公式

另外，结存的数量=期初的数量+本期增加的数量-本期减少的数量，在“结存”的“数量”栏 L6 单元格中定义公式“=L5+F6-I6”，如图 2-3-32 所示。

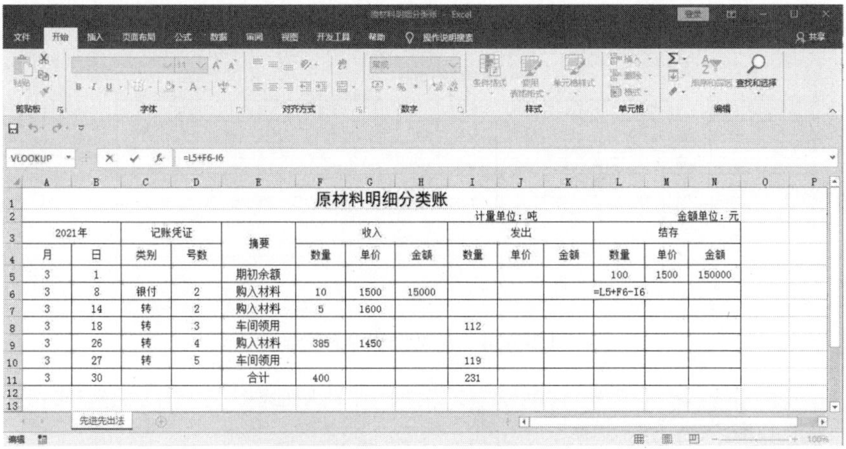

原材料明细分类账

计量单位：吨　　金额单位：元

| 2021年 | | 记账凭证 | | 摘要 | 收入 | | | 发出 | | | 结存 | | |
|---|---|---|---|---|---|---|---|---|---|---|---|---|---|
| 月 | 日 | 类别 | 号数 | | 数量 | 单价 | 金额 | 数量 | 单价 | 金额 | 数量 | 单价 | 金额 |
| 3 | 1 | | | 期初余额 | | | | | | | 100 | 1500 | 150000 |
| 3 | 8 | 银付 | 2 | 购入材料 | 10 | 1500 | 15000 | | | | =L5+F6-I6 | | |
| 3 | 14 | 转 | 2 | 购入材料 | 5 | 1600 | | | | | | | |
| 3 | 18 | 转 | 3 | 车间领用 | | | | 112 | | | | | |
| 3 | 26 | 转 | 4 | 购入材料 | 385 | 1450 | | | | | | | |
| 3 | 27 | 转 | 5 | 车间领用 | | | | 119 | | | | | |
| 3 | 30 | | | 合计 | 400 | | | 231 | | | | | |

图 2-3-32　定义结存数量公式

结存的金额=期初的金额+本期收入的金额-本期发出的金额，在“结存”的“金额”栏 N6 单元格中定义公式“=N5+H6-K6”，利用快速填充功能快速填充所有“收入”栏的“金额”及“结存”栏的“数量”与“金额”，它们分别对应单元格 H7、L7、N7，如图 2-3-33 所示。

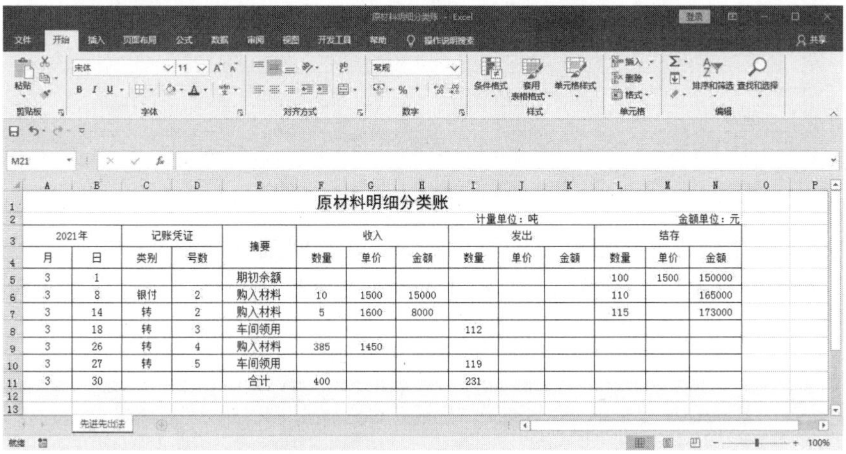

原材料明细分类账

计量单位：吨　　金额单位：元

| 2021年 | | 记账凭证 | | 摘要 | 收入 | | | 发出 | | | 结存 | | |
|---|---|---|---|---|---|---|---|---|---|---|---|---|---|
| 月 | 日 | 类别 | 号数 | | 数量 | 单价 | 金额 | 数量 | 单价 | 金额 | 数量 | 单价 | 金额 |
| 3 | 1 | | | 期初余额 | | | | | | | 100 | 1500 | 150000 |
| 3 | 8 | 银付 | 2 | 购入材料 | 10 | 1500 | 15000 | | | | 110 | | 165000 |
| 3 | 14 | 转 | 2 | 购入材料 | 5 | 1600 | 8000 | | | | 115 | | 173000 |
| 3 | 18 | 转 | 3 | 车间领用 | | | | 112 | | | | | |
| 3 | 26 | 转 | 4 | 购入材料 | 385 | 1450 | | | | | | | |
| 3 | 27 | 转 | 5 | 车间领用 | | | | 119 | | | | | |
| 3 | 30 | | | 合计 | 400 | | | 231 | | | | | |

图 2-3-33　购存明细账结果

4. 定义本期车间领用材料的金额公式及输入数据

由于本案例采用的是先进先出法，先购入的先发出，因而领用数量 112 吨由期初的 100 吨与 8 日“银付 2”号凭证购入的 10 吨及 14 日“转 2”号凭证购入的 2 吨共同构成，我们先计算出发出金额，再倒挤出单价。

根据上述内容，同样单击 K8 单元格，定义公式“=L5*M5+F6*G6+(I8-L5-F6)*G7”，如图 2-3-34 所示。

最后，根据定义的公式及快速填充功能即可得到发出存货和结存的有关明细账，如图 2-3-35 所示。

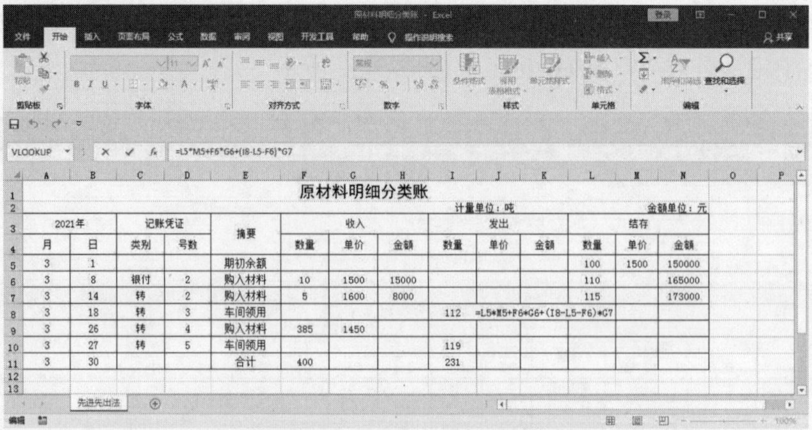

原材料明细分类账

计量单位：吨　金额单位：元

| 2021年 | | 记账凭证 | | 摘要 | 收入 | | | 发出 | | | 结存 | | |
|---|---|---|---|---|---|---|---|---|---|---|---|---|---|
| 月 | 日 | 类别 | 号数 | | 数量 | 单价 | 金额 | 数量 | 单价 | 金额 | 数量 | 单价 | 金额 |
| 3 | 1 | | | 期初余额 | | | | | | | 100 | 1500 | 150000 |
| 3 | 8 | 银付 | 2 | 购入材料 | 10 | 1500 | 15000 | | | | 110 | | 165000 |
| 3 | 14 | 转 | 2 | 购入材料 | 5 | 1600 | 8000 | | | | 115 | | 173000 |
| 3 | 18 | 转 | 3 | 车间领用 | | | | 112 | =L5*M5+F6*G6+(I8-L5-F6)*G7 | | | | |
| 3 | 26 | 转 | 4 | 购入材料 | 385 | 1450 | | | | | | | |
| 3 | 27 | 转 | 5 | 车间领用 | | | | 119 | | | | | |
| 3 | 30 | | | 合计 | 400 | | | 231 | | | | | |

图 2-3-34　定义发出金额公式

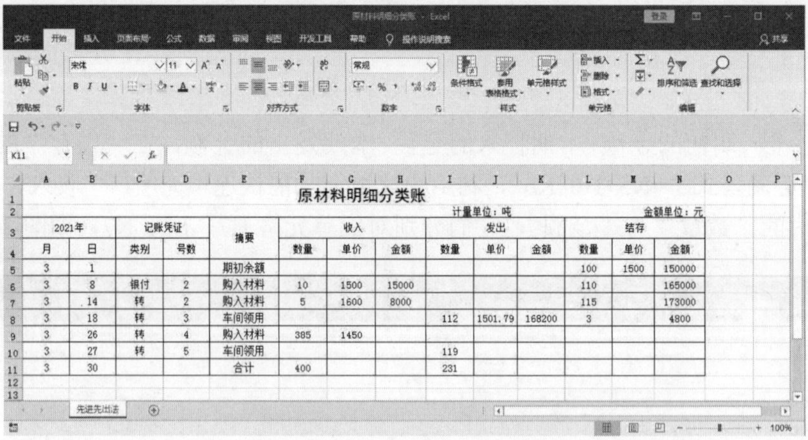

原材料明细分类账

计量单位：吨　金额单位：元

| 2021年 | | 记账凭证 | | 摘要 | 收入 | | | 发出 | | | 结存 | | |
|---|---|---|---|---|---|---|---|---|---|---|---|---|---|
| 月 | 日 | 类别 | 号数 | | 数量 | 单价 | 金额 | 数量 | 单价 | 金额 | 数量 | 单价 | 金额 |
| 3 | 1 | | | 期初余额 | | | | | | | 100 | 1500 | 150000 |
| 3 | 8 | 银付 | 2 | 购入材料 | 10 | 1500 | 15000 | | | | 110 | | 165000 |
| 3 | 14 | 转 | 2 | 购入材料 | 5 | 1600 | 8000 | | | | 115 | | 173000 |
| 3 | 18 | 转 | 3 | 车间领用 | | | | 112 | 1501.79 | 168200 | 3 | | 4800 |
| 3 | 26 | 转 | 4 | 购入材料 | 385 | 1450 | | | | | | | |
| 3 | 27 | 转 | 5 | 车间领用 | | | | 119 | | | | | |
| 3 | 30 | | | 合计 | 400 | | | 231 | | | | | |

图 2-3-35　收发存明细分类账

依次类推，采用先进先出法计算的原材料的收发存明细分类账都可根据上述操作进行处理，“合计”行的“收入”和“发出”金额通过求和公式输入，而“结存”栏的数据即为最后一笔业务的数据，最终结果如图 2-3-36 所示。

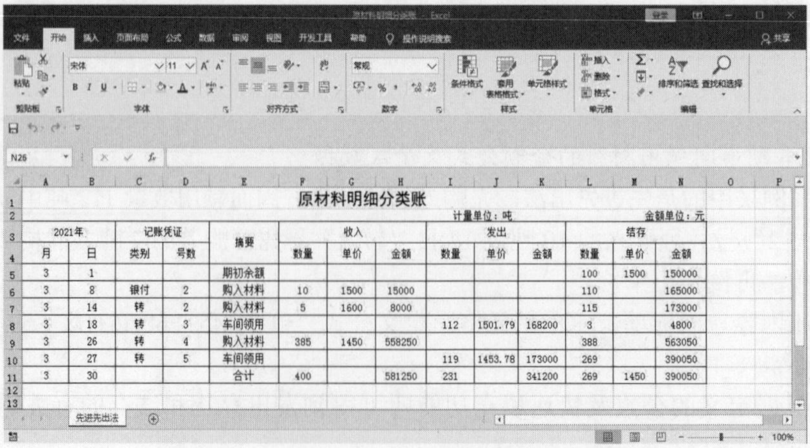

原材料明细分类账

计量单位：吨　金额单位：元

| 2021年 | | 记账凭证 | | 摘要 | 收入 | | | 发出 | | | 结存 | | |
|---|---|---|---|---|---|---|---|---|---|---|---|---|---|
| 月 | 日 | 类别 | 号数 | | 数量 | 单价 | 金额 | 数量 | 单价 | 金额 | 数量 | 单价 | 金额 |
| 3 | 1 | | | 期初余额 | | | | | | | 100 | 1500 | 150000 |
| 3 | 8 | 银付 | 2 | 购入材料 | 10 | 1500 | 15000 | | | | 110 | | 165000 |
| 3 | 14 | 转 | 2 | 购入材料 | 5 | 1600 | 8000 | | | | 115 | | 173000 |
| 3 | 18 | 转 | 3 | 车间领用 | | | | 112 | 1501.79 | 168200 | 3 | | 4800 |
| 3 | 26 | 转 | 4 | 购入材料 | 385 | 1450 | 558250 | | | | 388 | | 563050 |
| 3 | 27 | 转 | 5 | 车间领用 | | | | 119 | 1453.78 | 173000 | 269 | | 390050 |
| 3 | 30 | | | 合计 | 400 | | 581250 | 231 | | 341200 | 269 | 1450 | 390050 |

图 2-3-36　采用先进先出法计算的原材料明细分类账

5. 修饰及输出

首先对明细账目表进行适当的修饰，单击快速访问工具栏的“保存”按钮进行保存；然后通过“页面布局”选项卡内的功能进行页面设置；最后执行“文件”/“打印”命令打印输出。

## 3.2　月末一次加权平均法

公司明细账结果如图 2-3-37 所示。

原材料明细账

计量单位：吨　金额单位：元

| 2021年 | | 凭证号 | 摘要 | 收入 | | | 发出 | | | 结存 | | |
|---|---|---|---|---|---|---|---|---|---|---|---|---|
| 月 | 日 | | | 数量 | 单价 | 金额 | 数量 | 单价 | 金额 | 数量 | 单价 | 金额 |
| 3 | 1 | | 期初余额 | | | | | | | 100.00 | 1500.00 | 150000.00 |
| 3 | 8 | 银付2 | 购入材料 | 10.00 | 1500.00 | 15000.00 | | | | 110.00 | | |
| 3 | 14 | 转2 | 购入材料 | 5.00 | 1600.00 | 8000.00 | | | | 115.00 | | |
| 3 | 18 | 转3 | 车间领用 | | | | 112.00 | 1462.50 | 163800.00 | 3.00 | | |
| 3 | 26 | 转4 | 购入材料 | 385.00 | 1450.00 | 558250.00 | | | | 388.00 | | |
| 3 | 27 | 转5 | 车间领用 | | | | 119.00 | 1462.50 | 174037.50 | 269.00 | | |
| 3 | 30 | | 合计 | 400.00 | | 581250.00 | 231.00 | 1462.50 | 337837.50 | 269.00 | 1462.50 | 393412.50 |

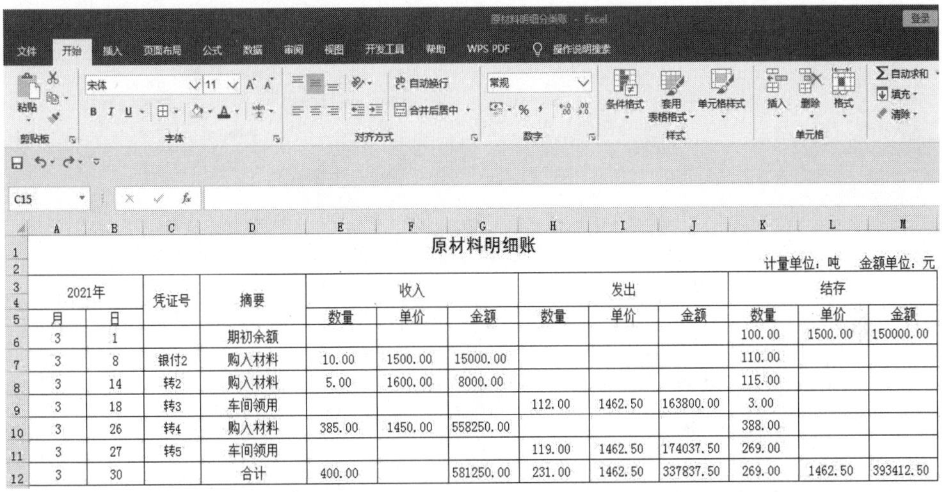

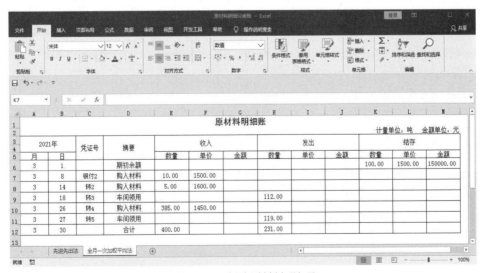

图 2-3-37　采用月末一次加权平均法创建的原材料明细账

### 操作步骤

1. 采用月末一次加权平均法创建原材料明细账

新建一张空白表格，通过合并单元格等操作分别设置原材料明细账的结构及输入相应内容，如图 2-3-38 所示。

原材料明细账

计量单位：吨　金额单位：元

| 2021年 | | 凭证号 | 摘要 | 收入 | | | 发出 | | | 结存 | | |
|---|---|---|---|---|---|---|---|---|---|---|---|---|
| 月 | 日 | | | 数量 | 单价 | 金额 | 数量 | 单价 | 金额 | 数量 | 单价 | 金额 |
| 3 | 1 | | 期初余额 | | | | | | | 100.00 | 1500.00 | 150000.00 |
| 3 | 8 | 银付2 | 购入材料 | 10.00 | 1500.00 | | | | | | | |
| 3 | 14 | 转2 | 购入材料 | 5.00 | 1600.00 | | | | | | | |
| 3 | 18 | 转3 | 车间领用 | | | | 112.00 | | | | | |
| 3 | 26 | 转4 | 购入材料 | 385.00 | 1450.00 | | | | | | | |
| 3 | 27 | 转5 | 车间领用 | | | | 119.00 | | | | | |
| 3 | 30 | | 合计 | 400.00 | | | 231.00 | | | | | |

图 2-3-38　创建原材料明细账

2. 定义本期收入金额及结存数量公式并输入数据

由公式“收入金额=数量×单价”可定义单元格 G7 中的公式为“=E7*F7”，利用快速填充功能快速填充“收入”栏的其余“金额”，并利用求和公式计算出收入栏的合计“金额”。

由公式“结存数量=期初数量+本期增加数量−本期减少数量”可定义单元格 K7 中的公式为“=K6+E7−H7”，利用快速填充功能快速计算“结存”栏的其余“数量”。

合计行的结存“数量”等于最后一笔业务的结存数量，即 K12=K11，如图 2-3-39 所示。

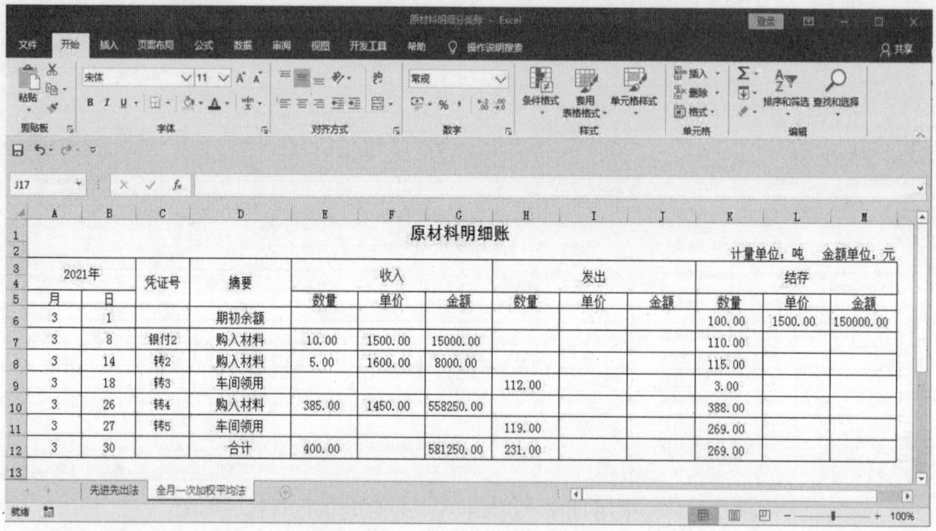

原材料明细账

计量单位：吨　金额单位：元

| 2021年 | | 凭证号 | 摘要 | 收入 | | | 发出 | | | 结存 | | |
|---|---|---|---|---|---|---|---|---|---|---|---|---|
| 月 | 日 | | | 数量 | 单价 | 金额 | 数量 | 单价 | 金额 | 数量 | 单价 | 金额 |
| 3 | 1 | | 期初余额 | | | | | | | 100.00 | 1500.00 | 150000.00 |
| 3 | 8 | 银付2 | 购入材料 | 10.00 | 1500.00 | 15000.00 | | | | 110.00 | | |
| 3 | 14 | 转2 | 购入材料 | 5.00 | 1600.00 | 8000.00 | | | | 115.00 | | |
| 3 | 18 | 转3 | 车间领用 | | | | 112.00 | | | 3.00 | | |
| 3 | 26 | 转4 | 购入材料 | 385.00 | 1450.00 | 558250.00 | | | | 388.00 | | |
| 3 | 27 | 转5 | 车间领用 | | | | 119.00 | | | 269.00 | | |
| 3 | 30 | | 合计 | 400.00 | | 581250.00 | 231.00 | | | 269.00 | | |

图 2-3-39　收入金额及结存数量

3. 定义期末结存单价公式并输入数据

由公式“月末一次加权平均法的单价=(本月期初原材料金额+本月购入原材料金额)/(本月期初原材料数量+本月购入原材料数量)”可定义单元格 L12 中的公式为“=(M6+G12)/(K6+E12)”，如图 2-3-40 所示。

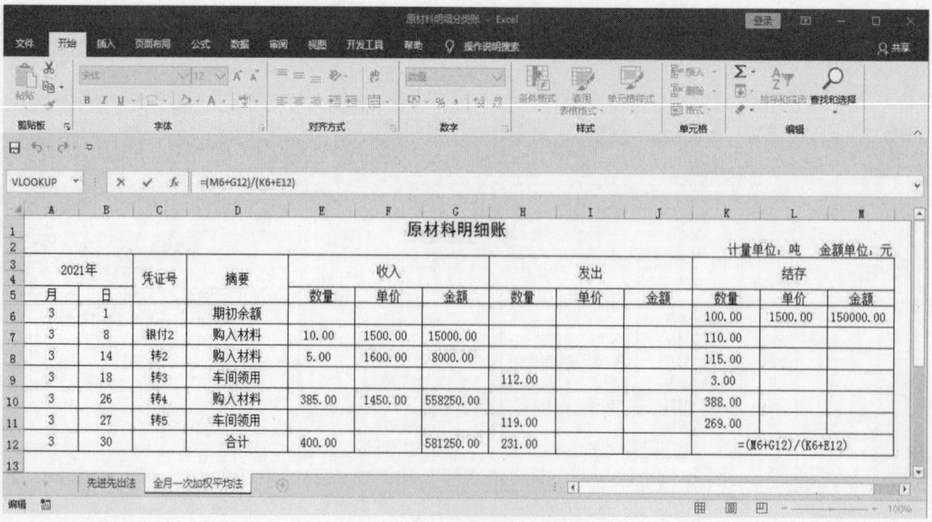

原材料明细账

计量单位：吨　金额单位：元

| 2021年 | | 凭证号 | 摘要 | 收入 | | | 发出 | | | 结存 | | |
|---|---|---|---|---|---|---|---|---|---|---|---|---|
| 月 | 日 | | | 数量 | 单价 | 金额 | 数量 | 单价 | 金额 | 数量 | 单价 | 金额 |
| 3 | 1 | | 期初余额 | | | | | | | 100.00 | 1500.00 | 150000.00 |
| 3 | 8 | 银付2 | 购入材料 | 10.00 | 1500.00 | 15000.00 | | | | 110.00 | | |
| 3 | 14 | 转2 | 购入材料 | 5.00 | 1600.00 | 8000.00 | | | | 115.00 | | |
| 3 | 18 | 转3 | 车间领用 | | | | 112.00 | | | 3.00 | | |
| 3 | 26 | 转4 | 购入材料 | 385.00 | 1450.00 | 558250.00 | | | | 388.00 | | |
| 3 | 27 | 转5 | 车间领用 | | | | 119.00 | | | 269.00 | | |
| 3 | 30 | | 合计 | 400.00 | | 581250.00 | 231.00 | | | | =(M6+G12)/(K6+E12) | |

图 2-3-40　期末结存单价

## 4. 定义发出金额及结存金额公式并输入数据

由公式"月末一次加权平均法发出单价=期末结存单价",因而 I9=L12、I11=L12。

另外根据"金额=数量×单价"可以快速计算出其余的金额。最终采用月末一次加权平均法编制的原材料收发存明细账如图 2-3-41 所示。

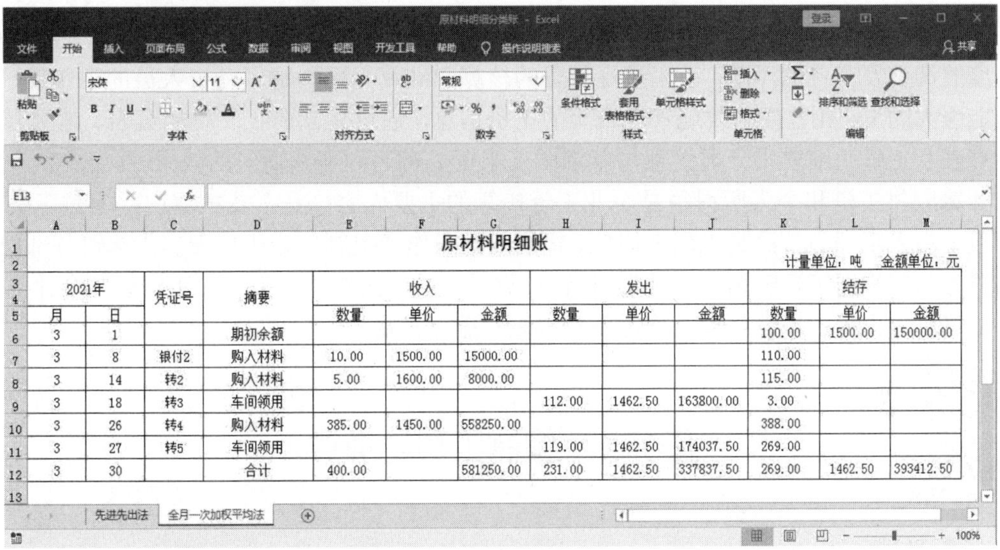

图 2-3-41　采用月末一次加权平均法编制的原材料收发存明细账

## 5. 修饰及输出

首先对明细账目表进行适当的修饰,单击快速访问工具栏的"保存"按钮🖫,保存工作簿为"原材料明细分类账";然后在"页面布局"选项卡进行页面设置;最后执行"文件"/"打印"命令进行打印输出。

**牛刀小试**

请用本实例的知识,分别采用先进先出法、月末一次加权平均法完成如图 2-3-42 所示的"原材料明细账"表格。

原材料明细账

|  |  |  |  |  |  |  |  |  |  |  |  |  |  |
|---|---|---|---|---|---|---|---|---|---|---|---|---|---|
|  |  |  |  |  |  |  |  |  |  | 计量单位:件　金额单位:元 |  |  |  |
| 年 |  | 凭证号 | 摘要 | 收入 |  |  | 发出 |  |  | 结存 |  |  |  |
| 月 | 日 |  |  | 数量 | 单价 | 金额 | 数量 | 单价 | 金额 | 数量 | 单价 | 金额 |  |
| 12 | 1 |  | 期初余额 |  |  |  |  |  |  |  |  |  |  |
| 12 | 2 | 1 | 购入材料 | 3,000 | 2.1 |  |  |  |  |  |  |  |  |
| 12 | 3 | 2 | 购入材料 | 5,000 | 1.9 |  |  |  |  |  |  |  |  |
| 12 | 5 | 3 | 车间领用 |  |  |  | 2,500 |  |  |  |  |  |  |
| 12 | 6 | 4 | 购入材料 | 10,000 | 2 |  |  |  |  |  |  |  |  |
| 12 | 10 | 5 | 管理部门领用 |  |  |  | 50 |  |  |  |  |  |  |
| 12 | 12 | 6 | 一车间领用 |  |  |  | 1,200 |  |  |  |  |  |  |
| 12 | 13 |  | 二车间领用 |  |  |  | 1,230 |  |  |  |  |  |  |
| 12 | 13 |  | 三车间领用 |  |  |  | 2,000 |  |  |  |  |  |  |
| 12 | 14 |  | 工程领用 |  |  |  | 5,000 |  |  |  |  |  |  |
| 12 | 20 |  | 购入材料 | 2,000 | 2.1 |  |  |  |  |  |  |  |  |
| 12 | 30 |  | 合计 |  |  |  |  |  |  |  |  |  |  |

图 2-3-42　原材料明细账

# 项目 4　Excel 在工资管理中的应用

当企业员工变动较频繁时，工资管理是一件非常麻烦的工作，再加上不断有人事部门考核制度的调整及工资的浮动，手工进行工资的核算和结算无疑增加了劳资人员的工作量。而运用功能强大的 Excel 方便高效地管理职工的工资信息，通过建立职工工资档案表、考勤表、奖金核算表及工资明细表来分类管理与查询职工工资，可达到事半功倍的效果。

计算应付工资和个人所得税是企业工资核算的主要内容。在工资核算中，应付工资的资料一般是由人事部门按照员工所在岗位、级别以及工作情况制作成工资表提供给财务部门，然后由财务部门根据工资表扣减相关项目，计算每一位员工的实发工资制作工资条和会计部门的工资结算单，根据工资结算单制作工资核算表，据以记账。

编制工资结算单

## 任务 1　编制工资结算单

### 任务描述

本案例中个人所得税按照分月预缴、年终汇算清缴的方式。分月预缴税依照个人所得税税率表（综合所得适用）按月换算后计算缴纳税款，税前予以扣除的专项扣除、专项附加扣除和其他扣除于年底一并汇算清缴。

创建如图 2-4-1 所示的企业工资结算单。

工资结算单（2021年3月）

| 编号 | 姓名 | 基本工资 | 岗位工资 | 奖金 | 加班工资 | 事假扣款 | 应发工资 | 五险一金计提基数 | 养老保险金8% | 住房公积金12% | 医疗保险金2% | 失业保险金0.2% | 计税工资 | 应纳税所得额 | 所得税 | 扣款合计 | 实发工资 |
|---|---|---|---|---|---|---|---|---|---|---|---|---|---|---|---|---|---|
| 101 | 邓超 | 19000 | 2500 | 800 | 0 | 0 | 22300 | 21500 | 1720 | 2580 | 430 | 43 | 17527 | 12527 | 1095.4 | 5868.4 | 16431.6 |
| 102 | 王飞 | 15000 | 2500 | 600 | 0 | 150 | 17950 | 17500 | 1400 | 2100 | 350 | 35 | 14065 | 9065 | 696.5 | 4581.5 | 13368.5 |
| 103 | 李想 | 8000 | 1000 | 600 | 0 | 0 | 9600 | 9000 | 720 | 1080 | 180 | 18 | 7602 | 2602 | 78.06 | 2076.06 | 7523.94 |
| 104 | 张强 | 5000 | 800 | 600 | 0 | 0 | 6400 | 5800 | 464 | 696 | 116 | 11.6 | 5112.4 | 112.4 | 3.372 | 1290.972 | 5109.028 |
| 小计 | | 47000 | 6800 | 2600 | 0 | 150 | 56250 | 53800 | 4304 | 6456 | 1076 | 107.6 | 44306.4 | 24306.4 | 1873.332 | 13816.93 | 42433.07 |
| 201 | 张可 | 18000 | 2500 | 700 | 300 | 0 | 21500 | 20500 | 1640 | 2460 | 410 | 41 | 16949 | 11949 | 984.9 | 5535.9 | 15964.1 |
| 202 | 乔杰 | 6000 | 800 | 600 | 0 | 0 | 7400 | 6800 | 544 | 816 | 136 | 13.6 | 5890.4 | 890.4 | 26.712 | 1536.312 | 5863.688 |
| 小计 | | 24000 | 3300 | 1300 | 300 | 0 | 28900 | 27300 | 2184 | 3276 | 546 | 54.6 | 22839.4 | 12839.4 | 1011.612 | 7072.212 | 21827.79 |
| 301 | 孙质强 | 16000 | 2500 | 680 | 150 | 150 | 19180 | 18500 | 1480 | 2220 | 370 | 37 | 15073 | 10073 | 797.3 | 4904.3 | 14275.7 |
| 302 | 杨明亮 | 5000 | 800 | 580 | 150 | 0 | 6530 | 5800 | 464 | 696 | 116 | 11.6 | 5242.4 | 242.4 | 7.272 | 1294.872 | 5235.128 |
| 小计 | | 21000 | 3300 | 1260 | 300 | 150 | 25710 | 24300 | 1944 | 2916 | 486 | 48.6 | 20315.4 | 10315.4 | 804.572 | 6199.172 | 19510.83 |
| 401 | 白洁 | 15000 | 2500 | 700 | 600 | 0 | 18800 | 17500 | 1400 | 2100 | 350 | 35 | 14915 | 9915 | 781.5 | 4666.5 | 14133.5 |
| 402 | 何军 | 8000 | 800 | 580 | 800 | 0 | 10180 | 8800 | 704 | 1056 | 176 | 17.6 | 8226.4 | 3226.4 | 112.64 | 2066.24 | 8113.76 |
| 403 | 李秋菊 | 7000 | 800 | 580 | 750 | 0 | 9130 | 7800 | 624 | 936 | 156 | 15.6 | 7398.4 | 2398.4 | 71.952 | 1803.552 | 7326.448 |
| 404 | 何向蓝 | 3500 | 500 | 580 | 550 | 0 | 5130 | 4000 | 320 | 480 | 80 | 8 | 4242 | 0 | 0 | 888 | 4242 |
| 405 | 段兰之 | 5000 | 600 | 580 | 450 | 300 | 6330 | 5600 | 448 | 672 | 112 | 11.2 | 5086.8 | 86.8 | 2.604 | 1245.804 | 5084.196 |
| 406 | 卢静静 | 3800 | 500 | 580 | 650 | 0 | 5530 | 4300 | 344 | 516 | 86 | 8.6 | 4575.4 | 0 | 0 | 954.6 | 4575.4 |
| 小计 | | 42300 | 5700 | 3600 | 3800 | 300 | 55100 | 48000 | 3840 | 5760 | 960 | 96 | 44444 | 15626.6 | 968.696 | 11624.7 | 43475.3 |
| 合计 | | 134300 | 18100 | 8760 | 4400 | 600 | 165960 | 153400 | 12272 | 18408 | 3068 | 306.8 | 131905.2 | 63087.6 | 4658.212 | 38713.01 | 127247 |

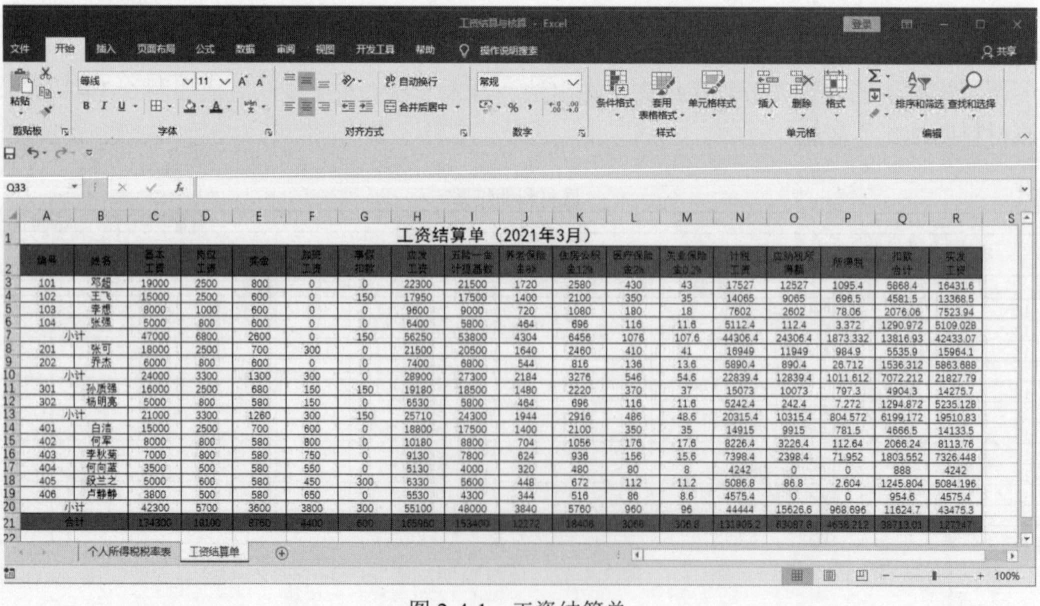

图 2-4-1　工资结算单

## 操作步骤

### 1. 创建工资表

启动 Excel，在空白工作表中输入工资结算单的基本内容，输入过程中，标题进行了“合并后居中”处理，表头内容通过按 Alt+Enter 组合键进行换行，效果如图 2-4-2 所示。

工资结算单（2021年3月）

| 编号 | 姓名 | 基本工资 | 岗位工资 | 奖金 | 加班工资 | 事假扣款 | 应发工资 | 五险一金计提基数 | 养老保险金8% | 住房公积金12% | 医疗保险金2% | 失业保险金0.2% | 计税工资 | 应纳税所得额 | 所得税 | 扣款合计 | 实发工资 |
|---|---|---|---|---|---|---|---|---|---|---|---|---|---|---|---|---|---|

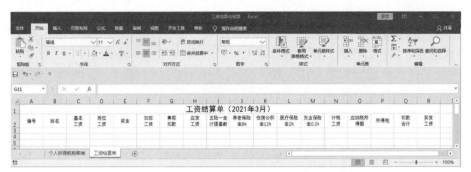

图 2-4-2　输入工资表的基本内容

### 2. 输入表内容

输入编号、姓名和工资等内容，如图 2-4-3 所示。

工资结算单（2021年3月）

| 编号 | 姓名 | 基本工资 | 岗位工资 | 奖金 | 加班工资 | 事假扣款 | 应发工资 | 五险一金计提基数 | 养老保险金8% | 住房公积金12% | 医疗保险金2% | 失业保险金0.2% | 计税工资 | 应纳税所得额 | 所得税 | 扣款合计 | 实发工资 |
|---|---|---|---|---|---|---|---|---|---|---|---|---|---|---|---|---|---|
| 101 | 邓超 | 19000 | 2500 | 800 | 0 | 0 | | | | | | | | | | | |
| 102 | 王飞 | 15000 | 2500 | 600 | 0 | 150 | | | | | | | | | | | |
| 103 | 李想 | 8000 | 1000 | 600 | 0 | 0 | | | | | | | | | | | |
| 104 | 张强 | 5000 | 800 | 600 | 0 | 0 | | | | | | | | | | | |
| 小计 | | | | | | | | | | | | | | | | | |
| 201 | 张可 | 18000 | 2500 | 700 | 300 | 0 | | | | | | | | | | | |
| 202 | 乔杰 | 6000 | 800 | 600 | 0 | 0 | | | | | | | | | | | |
| 小计 | | | | | | | | | | | | | | | | | |
| 301 | 孙质强 | 16000 | 2500 | 680 | 150 | 150 | | | | | | | | | | | |
| 302 | 杨明亮 | 5000 | 800 | 580 | 150 | 0 | | | | | | | | | | | |
| 小计 | | | | | | | | | | | | | | | | | |
| 401 | 白洁 | 15000 | 2500 | 700 | 600 | 0 | | | | | | | | | | | |
| 402 | 何军 | 8000 | 800 | 580 | 800 | 0 | | | | | | | | | | | |
| 403 | 李秋菊 | 7000 | 800 | 580 | 750 | 0 | | | | | | | | | | | |
| 404 | 何向蓝 | 3500 | 500 | 580 | 550 | 0 | | | | | | | | | | | |
| 405 | 段兰之 | 5000 | 600 | 580 | 450 | 300 | | | | | | | | | | | |
| 406 | 卢静静 | 3800 | 500 | 580 | 650 | 0 | | | | | | | | | | | |
| 小计 | | | | | | | | | | | | | | | | | |
| 合计 | | | | | | | | | | | | | | | | | |

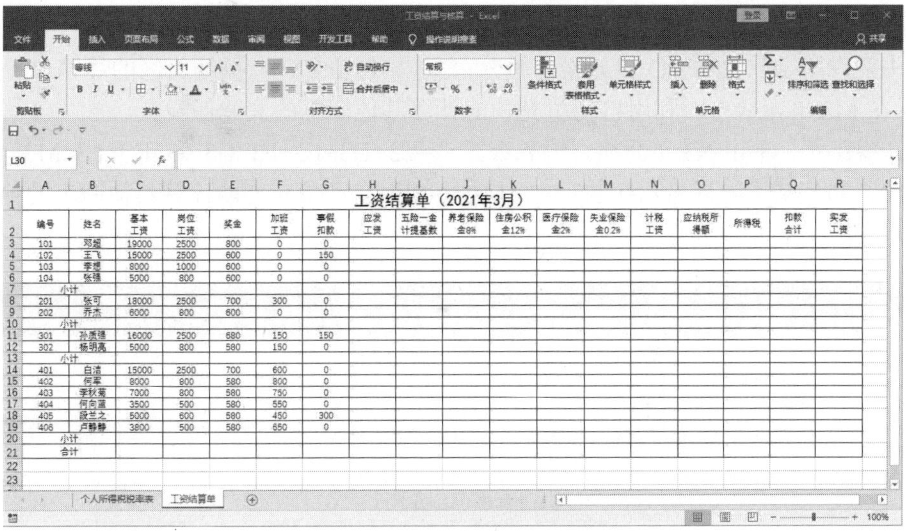

图 2-4-3　输入基础工资内容

### 3. 公式计算

（1）表中各个栏目之间的关系如下：

- 应发工资=基本工资+岗位工资+奖金+加班工资
- 五险一金计提基数=基本工资+岗位工资
- 养老保险金=五险一金计提基数×8%
- 住房公积金=五险一金计提基数×12%
- 医疗保险金=五险一金计提基数×2%
- 失业保险金=五险一金计提基数×0.2%

- 计税工资=基本工资+岗位工资+奖金+加班工资-养老保险金-住房公积金-医疗保险金-失业保险金-事假扣款
- 应纳税所得额=计税工资-5,000
- 所得税=应纳税所得额×税率-速算扣除数
- 扣款合计=养老保险金+住房公积金+医疗保险金+失业保险金+所得税
- 实发工资=应发工资-扣款合计

（2）输入基本数据之后，根据以上公式计算以下各项的值：应发工资、五险一金计提基数、养老保险金、住房公积金、医疗保险金、失业保险金及计税工资。计算方法如下所述。

1）应发工资：单击 H3 单元格，输入公式"=C3+D3+E3+F3"，按编辑区的"输入"按钮✓，结果显示在 H3 单元格内，利用自动填充功能计算其他职工的应发工资。

2）五险一金计提基数：单击 I3 单元格，输入公式"=C3+D3"，按编辑区的"输入"按钮✓，结果显示在 I3 单元格内，利用自动填充功能计算其他职工的五险一金计提基数。

3）养老保险金：单击 J3 单元格，输入公式"=I3*8%"，按编辑区的"输入"按钮✓，结果显示在 J3 单元格内，利用自动填充功能计算其他职工的养老保险金。

4）住房公积金：单击 K3 单元格，输入公式"=I3*12%"，按编辑区的"输入"按钮✓，结果显示在 K3 单元格内，利用自动填充功能计算其他职工的住房公积金。

5）医疗保险金：单击 L3 单元格，输入公式"=I3*2%"，按编辑区的"输入"按钮✓，结果显示在 L3 单元格内，利用自动填充功能计算其他职工的医疗保险金。

6）失业保险金：单击 M3 单元格，输入公式"=I3*0.2%"，按编辑区的"输入"按钮✓，结果显示在 M3 单元格内，利用自动填充功能计算其他职工的失业保险金。

7）计税工资：单击 N3 单元格，输入公式"=C3+D3+E3+F3-G3-J3-K3-L3-M3"，按编辑区的"输入"按钮✓，结果显示在 N3 单元格内，利用自动填充功能计算其他职工的计税工资。

计算结果如图 2-4-4 所示。

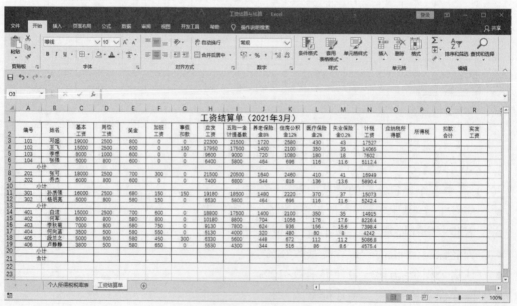

图 2-4-4　计算结果

（3）计算应纳税所得额。为方便计算所得税，在此设置了应纳税所得额列，应纳税所得额为计税工资扣除纳税起征点 5,000 后的金额，而有些员工其计税工资不足 5,000，为避免出现负数，在此对应纳税所得额用 IF()函数进行计算。单击 O3 单元格，输入公式“=IF(N3-5000>=0,N3-5000,0)”，输入的函数参数如图 2-4-5 所示。

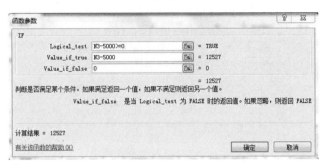

图 2-4-5　输入函数参数

利用自动填充功能计算其他职工的应纳税所得额，计算结果如图 2-4-6 所示。

工资结算单（2021年3月）

| 编号 | 姓名 | 基本工资 | 岗位工资 | 奖金 | 加班工资 | 事假扣款 | 应发工资 | 五险一金计提基数 | 养老保险金8% | 住房公积金12% | 医疗保险金2% | 失业保险金0.2% | 计税工资 | 应纳税所得额 | 所得税 | 扣款合计 | 实发工资 |
|---|---|---|---|---|---|---|---|---|---|---|---|---|---|---|---|---|---|
| 101 | 邓超 | 19000 | 2500 | 800 | 0 | 0 | 22300 | 21500 | 1720 | 2580 | 430 | 43 | 17527 | 12527 | | | |
| 102 | 王飞 | 15000 | 2500 | 600 | 0 | 150 | 17950 | 17500 | 1400 | 2100 | 350 | 35 | 14065 | 9065 | | | |
| 103 | 李想 | 8000 | 1000 | 600 | 0 | 0 | 9600 | 9000 | 720 | 1080 | 180 | 18 | 7602 | 2602 | | | |
| 104 | 张强 | 5000 | 800 | 600 | 0 | 0 | 6400 | 5800 | 464 | 696 | 116 | 11.6 | 5112.4 | 112.4 | | | |
| 小计 | | | | | | | | | | | | | | | | | |
| 201 | 张可 | 18000 | 2500 | 700 | 300 | 0 | 21500 | 20500 | 1640 | 2460 | 410 | 41 | 16949 | 11949 | | | |
| 202 | 乔杰 | 6000 | 800 | 600 | 0 | 0 | 7400 | 6800 | 544 | 816 | 136 | 13.6 | 5890.4 | 890.4 | | | |
| 小计 | | | | | | | | | | | | | | | | | |
| 301 | 孙质强 | 16000 | 2500 | 680 | 150 | 150 | 19180 | 18500 | 1480 | 2220 | 370 | 37 | 15073 | 10073 | | | |
| 302 | 杨明亮 | 5000 | 800 | 580 | 150 | 0 | 6530 | 5800 | 464 | 696 | 116 | 11.6 | 5242.4 | 242.4 | | | |
| 小计 | | | | | | | | | | | | | | | | | |
| 401 | 白洁 | 15000 | 2500 | 700 | 600 | 0 | 18800 | 17500 | 1400 | 2100 | 350 | 35 | 14915 | 9915 | | | |
| 402 | 何军 | 8000 | 800 | 580 | 800 | 0 | 10180 | 8800 | 704 | 1056 | 176 | 17.6 | 8226.4 | 3226.4 | | | |
| 403 | 李秋菊 | 7000 | 800 | 580 | 750 | 0 | 9130 | 7800 | 624 | 936 | 156 | 15.6 | 7398.4 | 2398.4 | | | |
| 404 | 何向蓝 | 3500 | 500 | 580 | 550 | 0 | 5130 | 4000 | 320 | 480 | 80 | 8 | 4242 | 0 | | | |
| 405 | 段兰之 | 5000 | 600 | 580 | 450 | 300 | 6330 | 5600 | 448 | 672 | 112 | 11.2 | 5086.8 | 86.8 | | | |
| 406 | 卢静静 | 3800 | 500 | 580 | 650 | 0 | 5530 | 4300 | 344 | 516 | 86 | 8.6 | 4575.4 | 0 | | | |
| 小计 | | | | | | | | | | | | | | | | | |
| 合计 | | | | | | | | | | | | | | | | | |

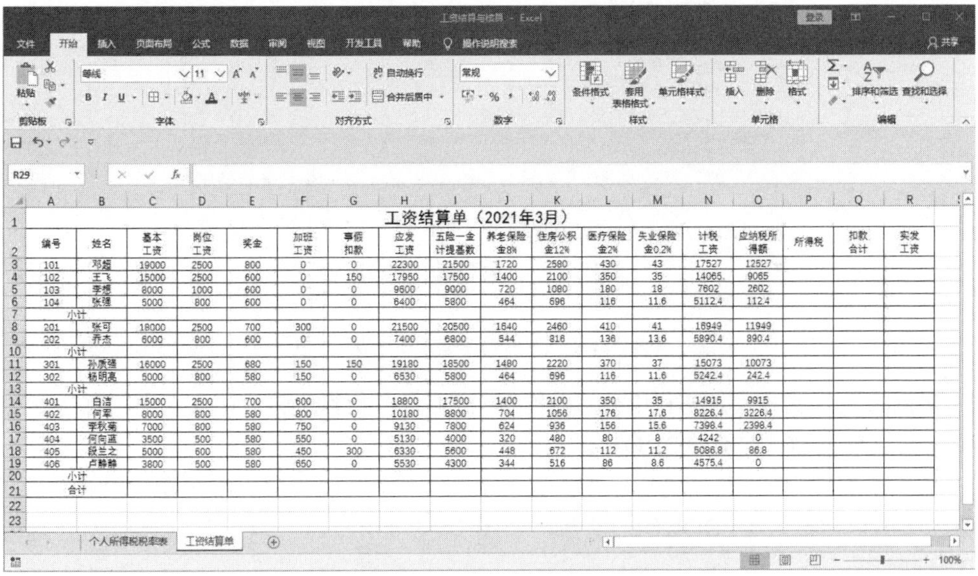

图 2-4-6　计算应纳税所得额

（4）计算所得税。个人所得税税率表如图 2-4-7 所示。

计算所得税的公式为“所得税=应纳税所得额×税率−速算扣除数”，本计算的关键在于根据每位员工的应纳税所得额找到相应的税率及速算扣除数，在此可以用查找函数 VLOOKUP()从个人所得税税率表中找出对应税率及速算扣除数进而进行计算（也可以通过 IF()函数进行计算）。具体步骤如下所述。

1）查找第一位员工邓超所适用的所得税税率，其税率的选定是依据他的应纳税所得额在个人所得税税率表中的薪资等级。选中 P3 单元格，单击“插入函数”按钮，打开“插入函数”对话框，在“选择函数”中选择 VLOOKUP()函数，单击“确定”按钮弹出“函数参数”对话框，如图 2-4-8 所示。

图 2-4-7　个人所得税税率表

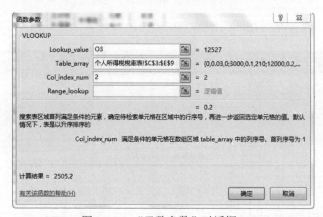

图 2-4-8　"函数参数"对话框 1

2）根据查找到的税率，先利用公式"税率×应纳税所得额"进行计算，即"VLOOKUP(O3，个人所得税税率表!$C$2:$E$9,2)*O3"。

3）因"所得税=应纳税所得额×税率-速算扣除数"，所以最后一步是查找出其对应的速算扣除数，即需再次插入 VLOOKUP()函数，如图 2-4-9 所示。

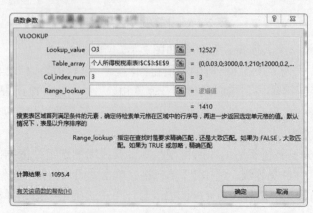

图 2-4-9　"函数参数"对话框 2

4）单击"确定"按钮计算出第一位员工的所得税，然后利用自动填充功能计算其他职工的所得税，结果如图 2-4-10 所示。

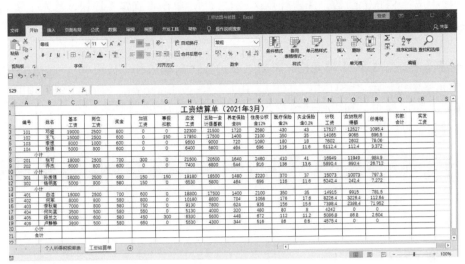

图 2-4-10　计算所得税

思考　　所得税的计算同样可以采用 IF() 函数进行计算，大家思考如何进行计算。

（5）计算扣款合计和实发工资，具体方法如下所述。

1）计算扣款合计：选中 Q3 单元格，输入公式"=I3+J3+K3+L3+M3+P3"，单击"输入"按钮✔即可，其他单元格可以采用自动填充功能完成。

2）计算实发工资：选中 R3 单元格，输入公式"=G3-Q3"，单击"输入"按钮✔即可，其他单元格可以采用自动填充功能完成。

计算结果如图 2-4-11 所示。

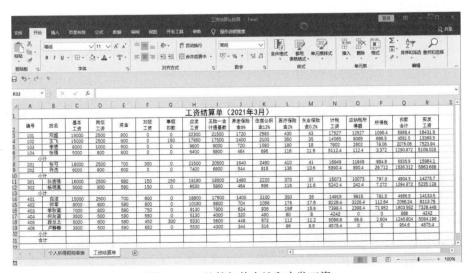

图 2-4-11　计算扣款合计和实发工资

（6）计算不同部门人员薪资的小计金额及全体员工薪资数据的合计金额。

1）计算小计。单击 C7 单元格，单击编辑区的"插入函数"按钮 $f_x$，在打开的"插入函数"对话框中选择 SUM()函数，选定计算区域 C3:C6，单击"确定"按钮，基本工资项的小计将显示在 C7 单元格中。利用自动填充功能计算其他项目的小计。采用同样方法计算其他组的小计。

2）计算合计。单击 C21 单元格，单击"公式"/"自动求和"按钮 Σ，选择相应的参数，在 C21 单元格中将显示"=SUM(C20,C13,C10,C7)"，按 Enter 键，"基本工资"项的合计结果将显示在 C21 单元格中。利用自动填充功能完成其他项目的合计计算。

最终计算结果如图 2-4-12 所示。

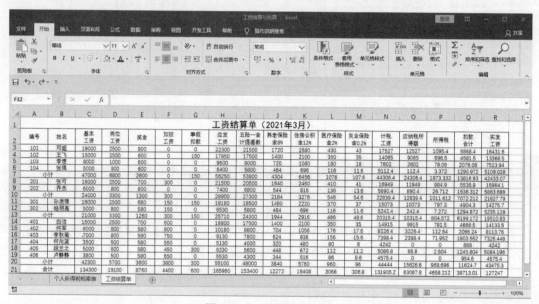

图 2-4-12　最终计算结果

4. 修饰及输出

首先对工资结算单进行适当的修饰。单击快速访问工具栏的"保存"按钮，保存工作簿为"工资结算与核算"，在"页面布局"选项卡进行页面设置，如图 2-4-13 所示。最后执行"文件"/"打印"命令进行打印输出。

5. 填制"工资结算汇总表"

（1）新建工作表，修改工作表名称为"工资结算汇总表"。单击 A1 单元格，输入"工资表 1（2021 年 3 月）"，选中 A1:R1 单元格区域，合并单元格并居中显示。

（2）单击 A2 单元格，输入"=工资结算单!A2"，单击编辑区"输入"按钮，得到"编号"的值。拖拽 A2 单元格填充柄，获得工资表 1 的内容，如图 2-4-14 所示。

（3）复制 A1 单元格内容至 A8 单元格，并将其修改为"工资表 2（2021 年 3 月）"。单击 A9 单元格，输入"=工资结算单!A2"，单击编辑区"输入"按钮，拖拽 A9 单元格填充柄，横向填充至 R9，单击 A10 单元格，输入"=工资结算单!A8"，单击编辑区"输入"按钮，得到"编号"的值。拖拽 A10 单元格填充柄，获得工资表 2 的内容。用同样方法获得工资表 3 和工资表 4 的内容，如图 2-4-15 所示。

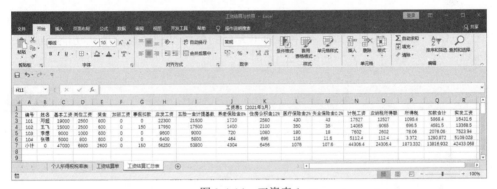

图 2-4-13　修饰及保存

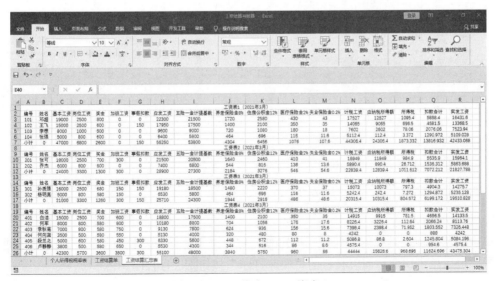

图 2-4-14　工资表 1

图 2-4-15　工资表 1～工资表 4

（4）单击 A27 单元格，输入"工资结算单汇总表（2021 年 3 月）"，选中 A27:R27 单元格区域，合并单元格并居中显示。

（5）单击 A28 单元格，输入"=工资结算单!A2"，单击编辑区"输入"按钮 ✔，拖拽 A28 单元格填充柄，横向填充至 R28，获得表头。

（6）单击 A29 单元格，输入"表 1"，拖拽 A29 单元格填充柄至 A32 单元格。

（7）选中 C29 单元格，输入"=C7"，单击"输入"按钮 ✔，则 C29 单元格中即可显示 C7 的数据。拖拽 C29 填充柄至 R29，获得"工资表 1"的小计数据。

（8）选中 C30 单元格，输入"=C12"，单击"输入"按钮 ✔，则 C30 单元格中即可显示 C12 的数据。拖拽 C30 单元格填充柄至 R30 单元格，获得"工资表 2"的小计数据。

（9）选中 C31 单元格，输入"=C17"，单击"输入"按钮 ✔，则 C31 单元格中即可显示 C17 的数据。拖拽 C31 单元格填充柄至 R31 单元格，获得"工资表 3"的小计数据。

（10）选中 C32 单元格，输入"=C26"，单击"输入"按钮 ✔，则 C31 单元格中即可显示 C26 的数据。拖拽 C32 单元格填充柄至 R32 单元格，获得"工资表 4"的小计数据。

（11）计算 C33 单元格的值：单击 C33 单元格，单击"公式"中的"自动求和"按钮 **Σ**，C33 单元格将显示"=SUM(C29:C32)"，单击"输入"按钮 ✔，则 C33 中即可显示"C29+C30+C31+C32"的值。C33 行中其他单元格的值可以利用自动填充功能完成。

填制的"工资结算汇总表"如图 2-4-16 所示。

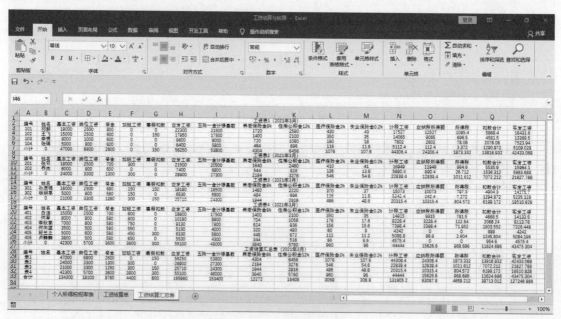

图 2-4-16　工资结算汇总表

6. 保存并输出

单击快速访问工具栏的"保存"按钮 🖫，保存"工资结算与核算"工作簿，然后进行页面设置，最后单击快速访问工具栏的"快速打印"按钮 🖨 进行打印。

编制工资核算单

# 任务 2　编制工资核算单

## 任务描述

企业根据工资结算单制作工资核算单，据以记账。

在工资结算单的基础上创建如图 2-4-17 所示的工资核算单。

| 部门 | 成本科目 | 编号 | 姓名 | 基本工资 | 岗位 | 奖金 | 加班工资 | 事假扣款 | 应付工资 | 三险一金计提基数 | 养老保险8% | 住房公积12% | 医疗保险2% | 失业保险0.2% | 计提工资 | 应纳税所得额 | 所得税 | 扣款合计 | 实发工资 |
|---|---|---|---|---|---|---|---|---|---|---|---|---|---|---|---|---|---|---|---|
| 管理部 | 管理费用 | 101 | 邓超 | 19000 | 2500 | 800 | 0 | 0 | 22300 | 21500 | 1720 | 2580 | 430 | 43 | 17527 | 12527 | 1095.4 | 5868.4 | 16431.6 |
| | | 102 | 王飞 | 15000 | 2500 | 600 | 0 | 150 | 17950 | 17500 | 1400 | 2100 | 350 | 35 | 14065 | 9065 | 696.5 | 4581.5 | 13368.5 |
| | | 103 | 李想 | 8000 | 1000 | 600 | 0 | 0 | 9600 | 9000 | 720 | 1080 | 180 | 18 | 7602 | 2602 | 78.06 | 2076.06 | 7523.94 |
| | | 104 | 张强 | 5000 | 800 | 600 | 0 | 0 | 6400 | 5800 | 464 | 696 | 116 | 11.6 | 5112.4 | 112.4 | 3.372 | 1290.972 | 5109.028 |
| | | | 小计 | 47000 | 6800 | 2600 | 0 | 150 | 56250 | 53800 | 4304 | 6456 | 1076 | 107.6 | 44306.4 | 24306.4 | 1873.332 | 13816.93 | 42433.07 |
| 销售部 | 销售费用 | 201 | 张可 | 18000 | 2500 | 700 | 300 | 0 | 21500 | 20500 | 1640 | 2460 | 410 | 41 | 16949 | 11949 | 984.9 | 5535.9 | 15964.1 |
| | | 202 | 乔杰 | 6000 | 800 | 600 | 0 | 0 | 7400 | 6800 | 544 | 816 | 136 | 13.6 | 5890.4 | 890.4 | 26.712 | 1536.312 | 5863.688 |
| | | | 小计 | 24000 | 3300 | 1300 | 300 | 0 | 28900 | 27300 | 2184 | 3276 | 546 | 54.6 | 22839.4 | 12839.4 | 1011.612 | 7072.212 | 21827.79 |
| 采购部 | 管理费用 | 301 | 孙彦强 | 15000 | 2500 | 680 | 150 | 150 | 19180 | 18500 | 1480 | 2220 | 370 | 37 | 15073 | 10073 | 797.3 | 4904.3 | 14275.7 |
| | | 302 | 杨明高 | 5000 | 800 | 580 | 150 | 0 | 6530 | 5800 | 464 | 696 | 116 | 11.6 | 5242.4 | 242.4 | 7.272 | 1294.872 | 5235.128 |
| | | | 小计 | 21000 | 3300 | 1280 | 300 | 150 | 25710 | 24300 | 1944 | 2916 | 486 | 48.6 | 20315.4 | 10315.4 | 804.572 | 6199.172 | 19510.83 |
| 制造车间 | 管理人员 制造费用 | 401 | 白洁 | 15000 | 2500 | 700 | 600 | 0 | 17900 | 17500 | 1400 | 2100 | 350 | 35 | 14915 | 9915 | 781.5 | 4668.5 | 14133.5 |
| | | 402 | 何军 | 8000 | 800 | 580 | 800 | 0 | 10180 | 8800 | 704 | 1056 | 176 | 17.6 | 8226.4 | 3226.4 | 112.64 | 2086.24 | 8113.76 |
| | | | 小计 | 23000 | 3300 | 1280 | 1400 | 0 | 28980 | 26300 | 2104 | 3156 | 526 | 52.6 | 23141.4 | 13141.4 | 894.14 | 6732.74 | 22247.26 |
| | 生产工人 生产成本 | 403 | 李秋菊 | 7000 | 800 | 580 | 750 | 0 | 9130 | 7800 | 624 | 936 | 156 | 15.6 | 7398.4 | 2398.4 | 71.952 | 1803.552 | 7326.448 |
| | | 404 | 何向蓝 | 3500 | 500 | 580 | 550 | 0 | 5130 | 4000 | 320 | 480 | 80 | 8 | 4242 | 0 | 0 | 888 | 4242 |
| | | 405 | 段兰之 | 5000 | 600 | 580 | 450 | 300 | 6330 | 5600 | 448 | 672 | 112 | 11.2 | 5085.8 | 85.8 | 2.604 | 1245.804 | 5084.196 |
| | | 406 | 卢静静 | 3800 | 500 | 580 | 650 | 0 | 5530 | 4300 | 344 | 516 | 86 | 8.6 | 4575.4 | 0 | 0 | 954.6 | 4575.4 |
| | | | 小计 | 19300 | 2400 | 2320 | 2400 | 300 | 26120 | 21700 | 1736 | 2604 | 434 | 43.4 | 21302.6 | 2485.2 | 74.556 | 4891.956 | 21228.04 |
| | | | 合计 | 134300 | 19100 | 8780 | 4400 | 600 | | | | | | | | | | | |
| | | | | 应付职工薪酬 | | 其他应付款 | 其他应付款 | 其他应付款 | 其他应付款 | | | | | | | | 应交税费-应交个人所得税 | | 银行存款 |

图 2-4-17　工资核算单

## 操作步骤

### 1. 复制工资结算单

右击"工资结算单"工作表，在弹出的快捷菜单中选择"移动或复制工作表"命令，打开"移动或复制工作表"对话框，勾选"建立副本"复选框，如图 2-4-18 所示，复制工资结算单。

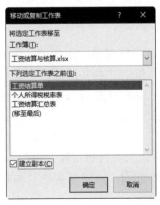

图 2-4-18　"移动或复制工作表"对话框

将复制的工作表移至最后并命名为"工资核算单"。

2. 创建工资核算单

修改 A1 单元格内容为"工资核算单"。选择 A2 单元格，单击"开始"/"单元格"组的"插入"按钮旁的下三角按钮，在弹出的下拉列表中选择"插入工作表列"选项，在 A 列前插入 1 列，用同样方法在其前再插入 2 列，结果如图 2-4-19 所示。

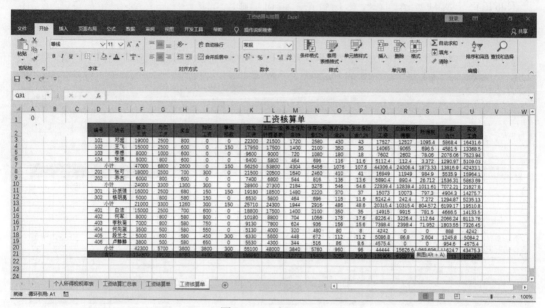

图 2-4-19  插入 3 列

贴心提示

- 由于"编号"开头为 1 的是管理部门，开头为 2 的是销售部门，开头为 3 的是采购部门，开头为 4 的是制造车间，因此，根据部门中各位员工的岗位确定"应发工资"是属于"管理费用""销售费用""生产成本"或者"制造费用"科目借方应记金额，同时对应的应发工资合计数为"应付职工薪酬"科目贷方应记金额。
- 发放工资时，应发工资合计数则为"应付职工薪酬"科目借方应记金额，而"所得税"合计数是"应交税费—应交个人所得税"科目贷方应记金额，"养老保险金"合计数是"其他应付款—养老保险金"科目贷方应记金额，其他保险依次类推，"实发工资"则记入"银行存款"的贷方。

如图 2-4-20 所示设置完善"工资核算单"工作表，将表中"部门"和"会计科目"下面的栏目使用"开始"/"对齐方式"组的"合并后居中"按钮完成相应单元格的合并。其中，F16=F14+F15，F21=F17+F18+F19+F20，F22=F7+F10+F13+F16+F21，此三个单元格右侧的各个单元格可以用自动填充功能完成填写。

3. 修饰及输出

对工资核算单进行适当的修饰，在"页面布局"选项卡进行页面设置，如图 2-4-21 所示；单击快速访问工具栏的"保存"按钮，以"工资结算与核算"为名保存工作簿；最后执行"文件"/"打印"命令进行打印输出。

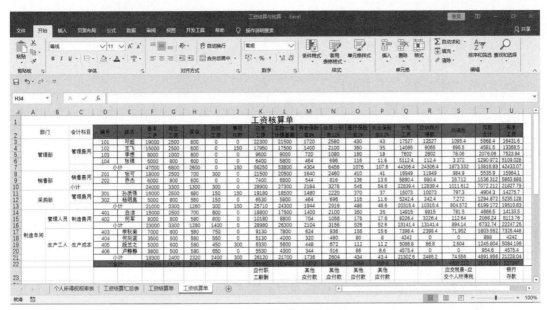

图 2-4-20　输入核算表内容

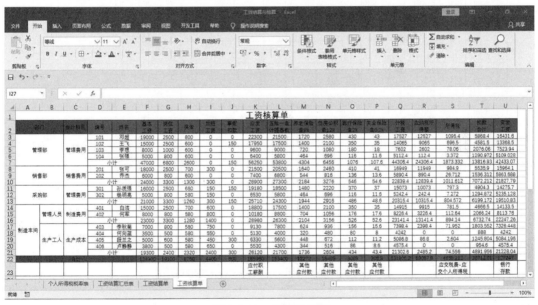

图 2-4-21　修饰并保存

**牛刀小试**

1．请结合本实例内容，将如图 2-4-22 所示的天明公司某年 12 月工资结算单填写完整。

（1）工资结算计算公式如下：

请假扣款=请假天数×50

住房公积金=应发工资×12%

应发工资=基本工资+岗位工资+奖金-请假扣款

医疗保险金=应发工资×2%

失业保险金=应发工资×1%

养老保险金=应发工资×4%

应纳税所得额=应发工资-3,500

扣发额=社会保险+住房公积金+应纳所得税

实发工资=应发工资-扣发额

天明公司 12 月工资结算单

| 车间 | 姓名 | 人员类别 | 基本工资 | 岗位工资 | 奖金 | 请假扣款 | 应发工资 | 失业保险 | 养老保险 | 医疗保险 | 住房公积金 | 应纳所得税 | 应纳税所得额 | 扣发额 | 请假天数 | 实发工资 |
|---|---|---|---|---|---|---|---|---|---|---|---|---|---|---|---|---|
| 一车间 | 王金牌 | 车工 | 3500 | 350 | 200 | | | | | | | | | | | |
| 一车间 | 何炎坤 | 车工 | 3500 | 350 | 201 | | | | | | | | | | 1 | |
| 一车间 | 成伟强 | 车工 | 3800 | 380 | 204 | | | | | | | | | | | |
| 二车间 | 康佳 | 车工 | 3500 | 350 | 210 | | | | | | | | | | | |
| 二车间 | 韩春秋 | 车工 | 3600 | 350 | 211 | | | | | | | | | | | |
| 二车间 | 周飞燕 | 车工 | 3700 | 360 | 212 | | | | | | | | | | | |
| 三车间 | 景娟 | 车工 | 3300 | 330 | 205 | | | | | | | | | | 1 | |
| 三车间 | 水丽娟 | 车工 | 3300 | 330 | 206 | | | | | | | | | | | |
| 三车间 | 李晓晓 | 车工 | 3500 | 350 | 207 | | | | | | | | | | | |
| 一车间 | 陈雪娜 | 电工 | 2800 | 280 | 212 | | | | | | | | | | | |
| 一车间 | 孙奇 | 电工 | 3000 | 300 | 213 | | | | | | | | | | | |
| 一车间 | 杜欢欢 | 电工 | 3000 | 300 | 214 | | | | | | | | | | 1 | |
| 一车间 | 陈新 | 电工 | 3200 | 320 | 220 | | | | | | | | | | | |
| 二车间 | 付娟 | 电工 | 3200 | 320 | 221 | | | | | | | | | | | |
| 二车间 | 牛晓兰 | 电工 | 3500 | 350 | 222 | | | | | | | | | | | |
| 三车间 | 李珍 | 电工 | 3900 | 390 | 217 | | | | | | | | | | | |
| 二车间 | 李盼盼 | 电工 | 4000 | 400 | 218 | | | | | | | | | | | |
| 三车间 | 刘宁 | 电工 | 4000 | 400 | 219 | | | | | | | | | | | |
| 一车间 | 赵锦秀 | 电焊工 | 2400 | 240 | 215 | | | | | | | | | | | |
| 一车间 | 张烨 | 电焊工 | 2600 | 260 | 216 | | | | | | | | | | | |
| 一车间 | 务豪 | 电焊工 | 2800 | 280 | 217 | | | | | | | | | | 0.5 | |
| 二车间 | 魏菲 | 电焊工 | 4200 | 420 | 227 | | | | | | | | | | | |
| 二车间 | 郭飒 | 电焊工 | 4200 | 420 | 228 | | | | | | | | | | | |
| 二车间 | 余茹茹 | 电焊工 | 4500 | 450 | 229 | | | | | | | | | | | |
| 三车间 | 王璐 | 电焊工 | 4200 | 420 | 220 | | | | | | | | | | 0.5 | |
| 三车间 | 谷婷婷 | 电焊工 | 4200 | 420 | 221 | | | | | | | | | | | |
| 三车间 | 李岩 | 电焊工 | 4500 | 450 | 222 | | | | | | | | | | | |
| 一车间 | 张天征 | 钳工 | 2600 | 260 | 205 | | | | | | | | | | | |
| 一车间 | 杨铭 | 钳工 | 2600 | 260 | 206 | | | | | | | | | | 2 | |
| 一车间 | 苗帅奇 | 钳工 | 2800 | 280 | 207 | | | | | | | | | | | |
| 二车间 | 陈惠子 | 钳工 | 2900 | 290 | 217 | | | | | | | | | | | |
| 二车间 | 孟楠 | 钳工 | 2900 | 290 | 218 | | | | | | | | | | | |
| 二车间 | 王飞飞 | 钳工 | 3000 | 300 | 219 | | | | | | | | | | 1 | |
| 二车间 | 李梦飞 | 钳工 | 2200 | 220 | 210 | | | | | | | | | | | |
| 三车间 | 孟林 | 钳工 | 2200 | 220 | 211 | | | | | | | | | | | |
| 三车间 | 魏若若 | 钳工 | 2400 | 240 | 212 | | | | | | | | | | 1 | |
| 平均工资 | 车工 | | | 电工 | | | | 电焊工 | | | | 钳工 | | | | |
| 合计： | 一车间 | | | 二车间 | | | | 三车间 | | | | | | | | |

图 2-4-22　天明公司 12 月工资结算单

（2）个人所得税税率表如图 2-4-23 所示。

个人所得税税率表

| 级数 | 全月应纳税所得额（每月收入额-5000） | 下线 | 税率 | 速算扣除数 |
|---|---|---|---|---|
| 1 | 不超过3000元的部分 | 0 | 3% | 0 |
| 2 | 超过3000元至12000元的部分 | 3000 | 10% | 210 |
| 3 | 超过12000元至25000元的部分 | 12000 | 20% | 1410 |
| 4 | 超过25000元至35000元的部分 | 25000 | 25% | 2660 |
| 5 | 超过35000元至55000元的部分 | 35000 | 30% | 4410 |
| 6 | 超过55000元至80000元的部分 | 55000 | 35% | 7160 |
| 7 | 超过80000元的部分 | 80000 | 45% | 15160 |

图 2-4-23　个人所得税税率表

2．请利用 Excel 制作如图 2-4-24 至图 2-4-26 所示的工资表，并填写完成如图 2-4-27 所示的平均工资比较表。

一车间工资表

| 姓名 | 人员类别 | 基本工资 | 岗位工资 | 奖金 | 请假扣款 | 应发工资 | 养老保险 | 失业保险 | 医疗保险 | 扣发额 | 请假天数 | 应纳税所得额 | 应纳所得税额 | 实发合计 |
|---|---|---|---|---|---|---|---|---|---|---|---|---|---|---|
| 韩豫雪 | 干部 | 3460 | 300 | 300 | | | | | | | | | | |
| 白刘颖 | 干部 | 3956 | 400 | 600 | | | | | | | | | | |
| 王珊 | 干部 | 3483 | 400 | 600 | | | | | | | 2 | | | |
| 代莎莎 | 干部 | 3000 | 400 | 600 | | | | | | | 4 | | | |
| | 干部 汇总 | | | | | | | | | | | | | |
| 卢景枝 | 管理人员 | 3687 | 200 | 345 | | | | | | | 4 | | | |
| 白娇娇 | 管理人员 | 3648 | 300 | 400 | | | | | | | | | | |
| 任真 | 管理人员 | 3975 | 300 | 400 | | | | | | | 5 | | | |
| 张敬贤 | 管理人员 | 3953 | 300 | 345 | | | | | | | | | | |
| 肖梦 | 管理人员 | 3005 | 300 | 400 | | | | | | | | | | |
| 龙易杰 | 管理人员 | 3690 | 300 | 400 | | | | | | | | | | |
| | 管理人员 汇总 | | | | | | | | | | | | | |
| 王钦 | 职员 | 4520 | 200 | 350 | | | | | | | 0.5 | | | |
| 王雅艺 | 职员 | 4456 | 200 | 320 | | | | | | | | | | |
| 章思思 | 职员 | 3257 | 200 | 330 | | | | | | | 2 | | | |
| 刘芳 | 职员 | 3656 | 200 | 360 | | | | | | | | | | |
| 刘韩洋 | 职员 | 3126 | 200 | 315 | | | | | | | | | | |
| 孙楠 | 职员 | 3258 | 200 | 300 | | | | | | | | | | |
| 郝昊 | 职员 | 3981 | 200 | 350 | | | | | | | 3.5 | | | |
| | 职员 汇总 | | | | | | | | | | | | | |
| | 总计 | | | | | | | | | | | | | |
| 平均工资 | | | | | | | | | | | | | | |

图 2-4-24　一车间工资表

二车间工资表

| 姓名 | 人员类别 | 基本工资 | 岗位工资 | 奖金 | 请假扣款 | 应发工资 | 养老保险 | 失业保险 | 医疗保险 | 扣发额 | 请假天数 | 应纳税所得额 | 应纳所得税额 | 实发合计 |
|---|---|---|---|---|---|---|---|---|---|---|---|---|---|---|
| 李嫣然 | 干部 | 3680 | 520 | 421 | | | | | | | 1 | | | |
| 张少鹏 | 干部 | 2500 | 520 | 419 | | | | | | | 2.5 | | | |
| | 干部 汇总 | | | | | | | | | | | | | |
| 孙肖萌 | 管理人员 | 2987 | 348 | 432 | | | | | | | 2 | | | |
| 李佳 | 管理人员 | 3950 | 336 | 444 | | | | | | | 6 | | | |
| 王月 | 管理人员 | 3336 | 326 | 476 | | | | | | | | | | |
| 张娇 | 管理人员 | 4920 | 395 | 465 | | | | | | | | | | |
| 王晓丽 | 管理人员 | 3649 | 420 | 444 | | | | | | | 2.5 | | | |
| 芮梦露 | 管理人员 | 3622 | 350 | 444 | | | | | | | 1 | | | |
| 徐涛 | 管理人员 | 2600 | 350 | 437 | | | | | | | 2 | | | |
| | 管理人员 汇总 | | | | | | | | | | | | | |
| 曹倩 | 职员 | 3640 | 360 | 450 | | | | | | | | | | |
| 梁贝贝 | 职员 | 3649 | 369 | 456 | | | | | | | | | | |
| 李聪 | 职员 | 3640 | 315 | 420 | | | | | | | | | | |
| 郭煜明 | 职员 | 2950 | 369 | 430 | | | | | | | 1 | | | |
| 张帆 | 职员 | 3194 | 350 | 425 | | | | | | | 4 | | | |
| 姚垚 | 职员 | 1500 | 350 | 487 | | | | | | | 1.5 | | | |
| 景岗山 | 职员 | 1500 | 350 | 498 | | | | | | | | | | |
| | 职员 汇总 | | | | | | | | | | | | | |
| | 总计 | | | | | | | | | | | | | |
| 平均工资 | | | | | | | | | | | | | | |

图 2-4-25　二车间工资表

三车间工资表

| 姓名 | 人员类别 | 基本工资 | 岗位工资 | 奖金 | 请假扣款 | 应发工资 | 养老保险 | 失业保险 | 医疗保险 | 扣发额 | 请假天数 | 应纳税所得额 | 应纳所得税额 | 实发合计 |
|---|---|---|---|---|---|---|---|---|---|---|---|---|---|---|
| 章瑞影 | 干部 | 5630 | 600 | 800 | | | | | | | 1 | | | |
| 徐梦琪 | 干部 | 4760 | 650 | 700 | | | | | | | | | | |
| 严菁菁 | 干部 | 4980 | 650 | 700 | | | | | | | | | | |
| 邵慧敏 | 干部 | 3500 | 650 | 500 | | | | | | | 4 | | | |
| | 干部 汇总 | | | | | | | | | | | | | |
| 苗璐 | 管理人员 | 5690 | 550 | 850 | | | | | | | 0.5 | | | |
| 苗圃 | 管理人员 | 4698 | 450 | 700 | | | | | | | | | | |
| 侯晓燕 | 管理人员 | 4469 | 550 | 650 | | | | | | | 3 | | | |
| 刘琦 | 管理人员 | 4463 | 580 | 650 | | | | | | | 5 | | | |
| 李宗盛 | 管理人员 | 4321 | 580 | 650 | | | | | | | 3 | | | |
| | 管理人员 汇总 | | | | | | | | | | | | | |
| 裴璐 | 职员 | 5879 | 350 | 880 | | | | | | | 3.5 | | | |
| 张佩玉 | 职员 | 5566 | 380 | 830 | | | | | | | | | | |
| 郭俊杰 | 职员 | 4890 | 380 | 730 | | | | | | | 2 | | | |
| 段金丽 | 职员 | 4700 | 350 | 705 | | | | | | | | | | |
| 董俊婷 | 职员 | 4980 | 350 | 750 | | | | | | | | | | |
| 张俊陪 | 职员 | 3469 | 350 | 550 | | | | | | | 1.5 | | | |
| 于丽娜 | 职员 | 2659 | 300 | 370 | | | | | | | 1.5 | | | |
| | 职员 汇总 | | | | | | | | | | | | | |
| | 总计 | | | | | | | | | | | | | |
| 平均工资 | | | | | | | | | | | | | | |

图 2-4-26　三车间工资表

平均工资比较表

| 车间 | 平均工资 | 取整 |
|---|---|---|
| 一车间 | | |
| 二车间 | | |
| 三车间 | | |

图 2-4-27　平均工资比较表

　　3. 根据上述资料分别制作一车间、二车间、三车间的平均工资柱状图和各类人员工资比重图。

# 项目 5　Excel 在固定资产核算中的应用

固定资产是指同时具有以下特征的有形资产：①为生产产品、提供劳务、出租或经营管理的需要而持有的；②使用寿命超过一个会计年度。

根据历史成本计价基础的要求，固定资产一般按照取得时候的成本入账。但是，固定资产在使用过程中是会磨损的，而且为购买固定资产而付出的资金也要收回。固定资产在使用过程中价值的磨损，会计上称为折旧。折旧其实就是固定资产的价值逐步转移到产品成本或者期间费用中的方式，同时也反映了企业投入到固定资产上的资金收回的状况。因此计算固定资产折旧是企业会计工作中必不可少的一项。

固定资产计提折旧的方法有平均年限法、工作量法、年数总和法和双倍余额递减法。企业可以根据自己的固定资产特点和有关规定选择使用。

会计人员除了需要会使用这些折旧方法，日常工作中关于固定资产核算的非常重要的工作是汇总固定资产折旧额，编制"固定资产折旧汇总表"，并且根据它编制后面的记账凭证。

本企业固定资产的原始卡片如图 2-5-1 所示。

| 固定资产编号和名称 | 使用部门 | 预计使用年限 | 开始使用日期 | 折旧方法 | 资产原值 | 累计折旧 |
|---|---|---|---|---|---|---|
| 1001 办公楼 | 管理部门 | 10 | 2018-2-29 | 平均年限法 | 100,000.00 | 28,500.00 |
| 1002 办公设备 | 管理部门 | 15 | 2019-2-27 | 年数总和法 | 30,000.00 | 16,200.00 |
| 2001 房屋 | 销售部门 | 10 | 2018-2-29 | 平均年限法 | 80,000.00 | 22,800.00 |
| 2002 运输设备 | 销售部门 | 8 | 2019-4-20 | 工作量法 | 50,000.00 | 950.00 |
| 2003 办公设备 | 销售部门 | 5 | 2019-2-16 | 双倍余额递减法 | 12,000.00 | 7,680.00 |
| 3001 厂房 | 生产车间 | 10 | 2018-3-22 | 平均年限法 | 240,000.00 | 66,500.00 |
| 3002 车床 | 生产车间 | 10 | 2018-4-24 | 平均年限法 | 45,000.00 | 12,112.50 |
| 3003 生产线 | 生产车间 | 8 | 2019-3-26 | 工作量法 | 60,000.00 | 712.50 |
| 合计 | | | | | 617,000.00 | 155,455.00 |

图 2-5-1　固定资产的原始卡片

本会计期间没有新增和减少的固定资产，所以只需对原始固定资产进行计提折旧的处理。以下将介绍计提折旧的几种方法的表格的制定和"固定资产折旧汇总表"的编制。

## 任务 1　平均年限法

平均年限法

**任务描述**

平均年限法也称年限平均法，是根据固定资产的应计提折旧总额和规定的预计使用年限来平均地计算折旧的方法，相应的计算公式如下：

年折旧额=[原值-(预计残值-预计清理费用)]÷预计使用年限

预计净残值=预计残值-预计清理费用

预计净残值率=(预计残值-预计清理费用)÷原值

年折旧额=原值×(1-预计净残值率)÷预计使用年限

预计净残值率根据有关规定应该不超过 5%。

创建用企业平均年限法计提折旧的固定资产折旧表，如图 2-5-2 所示。

### 固定资产折旧表（平均年限法）

| 编号 | 名称 | 原值 | 1-残值率 | 折旧年限 | 年折旧额 | 月折旧额 | 折旧月数 | 实际年折旧额 |
|---|---|---|---|---|---|---|---|---|
| 1001 | 办公楼 | 100000 | 95% | 10 | 9500.00 | 791.67 | 10 | 7916.67 |
| 2001 | 房屋 | 80000 | 95% | 10 | 7600.00 | 633.33 | 10 | 6333.33 |
| 3001 | 厂房 | 240000 | 95% | 10 | 22800.00 | 1900.00 | 9 | 17100.00 |
| 3002 | 车床 | 45000 | 95% | 10 | 4275.00 | 356.25 | 8 | 2850.00 |
| 合计 | | 465000 | | | 44175.00 | 3681.25 | | 34200.00 |

图 2-5-2　固定资产折旧表（平均年限法）

**操作步骤**

1. 创建固定资产折旧表

打开 Excel，在空白工作表中输入固定资产折旧表的基本内容，如图 2-5-3 所示。

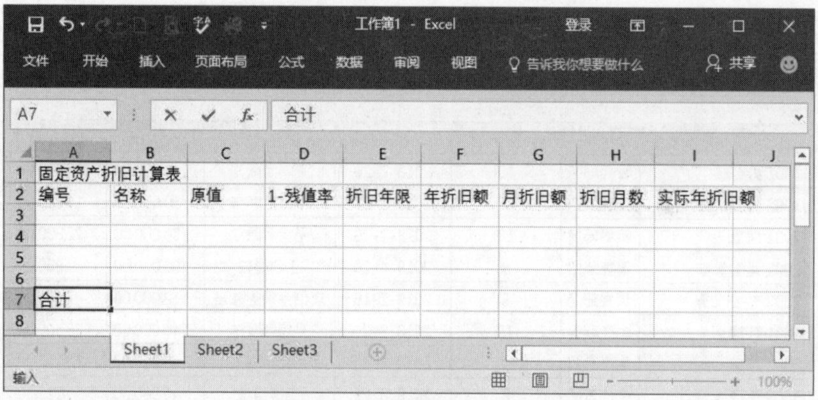

图 2-5-3　创建固定资产折旧表

2. 输入表格内容

依次输入"编号""名称""原值"等基本数据，如图 2-5-4 所示。

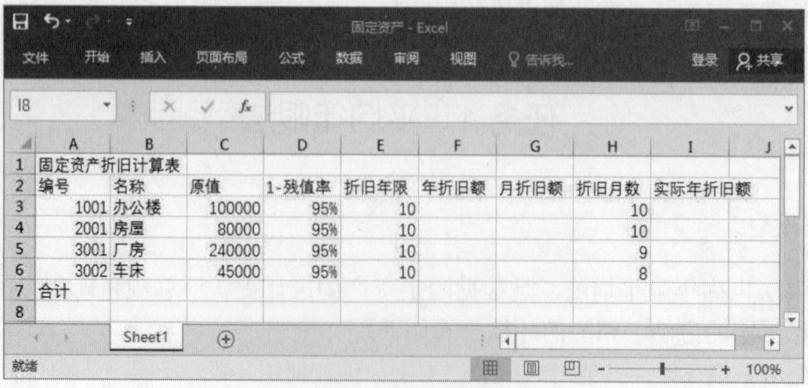

图 2-5-4　输入表格内容

3．输入公式

基本数据输入完成后，输入公式，计算结果将自动显示，如图 2-5-5 所示。

表中各个栏目之间的关系如下：

年折旧额=原值×(1-预计净残值率)÷预计使用年限

月折旧额=年折旧额÷12

实际年折旧额=月折旧额×折旧月数

（1）年折旧额的计算。单击 F3 单元格，输入=，然后单击 C3 单元格，输入*，单击 D3 单元格，输入/，单击 E3 单元格，最后单击编辑区的"输入"按钮✔，结果将显示在 F3 单元格内。利用自动填充功能（即将鼠标指针移至 F3 单元格右下角，当鼠标指针变为╋形状时，拖拽光标至 F6 单元格）自动完成计算 F4～F6 单元格的值。

（2）月折旧额的计算。单击 G3 单元格，输入=，然后单击 F3 单元格，输入/12，最后单击"输入"按钮✔，此时计算结果将显示在 G3 单元格内，同样利用自动填充功能计算 G4～G6 单元格的值。

（3）实际年折旧额的计算。单击 I3 单元格，输入=，然后单击 G3 单元格，输入*，再单击 H3 单元格，最后单击"输入"按钮✔，此时计算结果将显示在 I3 单元格内，同样利用自动填充功能计算 I4～I6 单元格的值。

（4）将 F3～F7 单元格、G3～G7 单元格、I3～I7 单元格的格式设置成"数值"型。

（5）合计栏的计算。"原值"合计即计算 C7 单元格的值，拖拽光标框选 C3 至 C6 单元格，单击"开始"/"编辑"组的"自动求和"按钮 Σ，即可完成 C7=SUM(C3:C6)的计算，合计值显示在 C7 单元格中。用同样方法计算 F7 单元格、G7 单元格和 I7 单元格的值。

最后计算结果如图 2-5-5 所示。

图 2-5-5　计算各项的值

4．美化、保存及输出

选择 A1:I1 单元格，单击"开始"/"对齐方式"组中的"合并后居中"按钮🔲合并单元格，用同样方法合并 A7:B7 单元格。表中文本居中对齐，数字右对齐，适当设置字体、字号、填充方式和边框。双击工作表标签，将其改名为"平均年限法"，单击快速访问工具栏中的"保存"按钮🔲，将工作簿以"固定资产折旧表"为文件名进行保存，如图 2-5-6 所示。最后进行页面设置，满意后单击访问工具栏"快速打印"按钮🖶进行打印输出。

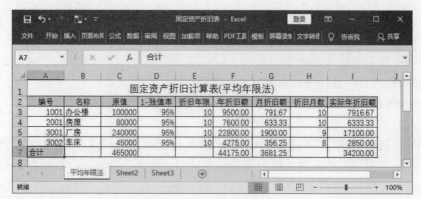

图 2-5-6　美化及保存

工作量法

# 任务 2　工作量法

## 任务描述

工作量法是根据固定资产的应计折旧额和预计其在使用期间的工作量（行驶里程，工作小时）来计算折旧的方法。

创建用企业工作量法计提折旧的固定资产折旧表，如图 2-5-7 所示。

固定资产折旧表（工作量法）

| 编号 | 名称 | 原值（元） | 1-残值率 | 预计总工作量 | | 单位工作量折旧额 | 本月工作量 | | 本月折旧额 |
|---|---|---|---|---|---|---|---|---|---|
| | | | | 数量 | 单位 | | 数量 | 单位 | |
| 2002 | 运输设备 | 50000 | 95% | 500000 | 公里 | 0.095 | 5000 | 公里 | 475 |
| 3003 | 生产线 | 60000 | 95% | 80000 | 小时 | 0.7125 | 720 | 小时 | 513 |
| 合计 | | 110000 | | | | | | | 988 |

图 2-5-7　固定资产折旧表（工作量法）

## 操作步骤

### 1. 创建固定资产折旧表

在 Excel 中单击空白工作表，在工作表中输入固定资产折旧表的标题及表头，如图 2-5-8 所示。

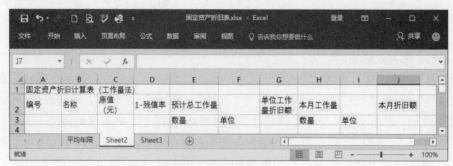

图 2-5-8　创建标题及表头

2. 输入基本数据

输入编号等基本数据，如图 2-5-9 所示。

图 2-5-9　输入基本数据

3. 计算各项的值

输入基本数据之后，开始使用公式计算各项的值。

表中各栏之间的关系如下：

单位工作量折旧额=固定资产原值×(1-预计净残值率)÷预计总工作量

本月折旧额=本月工作量×单位工作量折旧额

（1）单位工作量折旧额的计算。单击 G4 单元格，输入=，然后单击 C4 单元格，输入*，单击 D4 单元格，输入/，单击 E4 单元格，最后单击"输入"按钮✔，计算结果将显示在 G4 单元格内。利用自动填充功能计算 G5 单元格的值。

（2）本月折旧额的计算。单击 J4 单元格，输入=，单击 G4 单元格，输入*，单击 H4 单元格，最后单击"输入"按钮✔，计算结果将显示在 J4 单元格内。利用自动填充功能计算 J5 的值。

（3）合计栏中值的计算。拖拽光标并框选 C4 和 C5 单元格，单击"开始"/"编辑"组中的"自动求和"按钮 Σ，即可完成 C6=SUM(C4:C5)的计算，合计值显示在 C6 单元格中。用同样方法计算 J6 单元格的值。计算结果如图 2-5-10 所示。

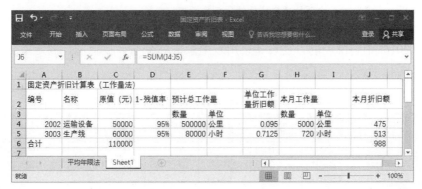

图 2-5-10　计算各项的值

4. 美化、保存及输出

选择 A1:J1 单元格，单击"开始"/"对齐方式"组中的"合并后居中"按钮囯合并单元格。用同样方法合并 A2:A3 单元格、B2:B3 单元格、C2:C3 单元格、E2:F2 单元格、H2:I2 单元格、J2:J3 单元格、A6:B6 单元格。表中文本居中对齐，数字右对齐，适当设置字体、字号、填充方式和边框。双击工作表标签，将其改名为"工作量法"，单击快速访问工具栏的"保存"按钮，保存"固定资产折旧表"工作簿文件，如图 2-5-11 所示。最后进行页面设置，满意后单击访问工具栏"快速打印"按钮进行打印输出。

图 2-5-11　美化及保存

双倍余额递减法

# 任务 3　双倍余额递减法

**任务描述**

双倍余额递减法是指在不考虑固定资产净残值的情况下，按每期期初固定资产净值和该固定资产预计使用年限的倒数的双倍为折旧率来计算折旧的一种方法。

贴心提示　采用双倍余额递减法计提折旧的固定资产，应当在固定资产折旧年限到期以前的两年内，将固定资产净值扣除预计净残值后的余额平均摊销。

对编号 2016 销售部门的办公设备采用双倍余额递减法计提折旧，固定资产折旧表如图 2-5-12 所示。

固定资产折旧表（双倍余额递减法）

| 年次 | 年初固定资产净值 | 月折旧率 | 月折旧额 | 年度折旧 | 累计折旧 | 年末固定资产净值 |
|---|---|---|---|---|---|---|
| 第一年 | 12000.00 | 0.03 | 400.00 | 4800.00 | 4800.00 | 7200.00 |
| 第二年 | 7200.00 | 0.03 | 240.00 | 2880.00 | 7680.00 | 4320.00 |
| 第三年 | 4320.00 | 0.03 | 144.00 | 1728.00 | 9408.00 | 2592.00 |
| 第四年 | 2592.00 | | 91.33 | 1095.96 | 10503.96 | 1496.04 |
| 第五年 | 1496.04 | | 91.33 | 1095.96 | 11599.92 | 400.00 |

图 2-5-12　固定资产折旧表（双倍余额递减法）

**操作步骤**

1. 创建固定资产折旧表

在 Excel 中单击空白工作表，在工作表中输入固定资产折旧表的基本内容，如图 2-5-13 所示。

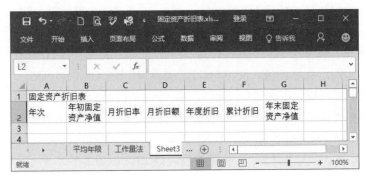

图 2-5-13  输入基本内容

2. 输入基本数据

输入采用双倍余额递减法计提折旧的固定资产的各项数据，如图 2-5-14 所示。表中的固定资产原值为 12,000，净残值为 400。

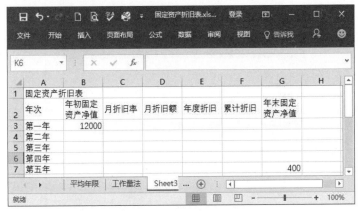

图 2-5-14  输入基本数据

3. 利用公式计算各项

基本数据输入完成后，使用公式计算各项的值，计算结果将自动显示在各自的单元格中。

各项目之间的关系如下：

年度折旧=2÷预计使用年限×100%

月折旧率=年度折旧÷12

月折旧额=固定资产年初账面净值×月折旧率

年折旧额=月折旧额×12

累计折旧=上年折旧+本年年度折旧

年末固定资产净值=年初固定资产净值−年度折旧

固定资产前三年采用双倍余额递减法正常计提折旧。最后两年采用平均年限法计提折旧：最后两年的月折旧额=(倒数第二年年初资产净值-预计净残值)/2/12。

（1）月折旧率的计算。单击 C3 单元格，输入"=2/5*100%/12"，按 Enter 键，结果显示在 C3 单元格中（此处的月折旧率自动保留两位小数）。使用自动填充功能计算 C4:C5 单元格区域的值。

（2）月折旧额的计算。单击 D3 单元格，输入=，单击 B3 单元格，输入*，单击 C3 单元格，按 Enter 键，结果将显示在 D3 单元格内，利用自动填充功能将公式复制到 D4 和 D5 单元格。单击 D6 单元格，输入公式"=(B6-400)/2/12"，对单元格 D7 有 D7=D6。

（3）关于年初固定资产净值，有 B4=G3，B5=G4，B6=G5，B7=G6。

（4）年度折旧的计算。单击 E3 单元格，输入=，单击 D3 单元格，输入*12，按 Enter 键，结果将显示在 E3 单元格中，利用自动填充功能将公式复制到 E4～E7 单元格中。

也可利用 DDB()函数进行计算：单击 E3 单元格，单击"插入函数"按钮 *fx*，打开"插入函数"对话框，选择类别为"财务"，选择函数为 DDB，如图 2-5-15 所示。

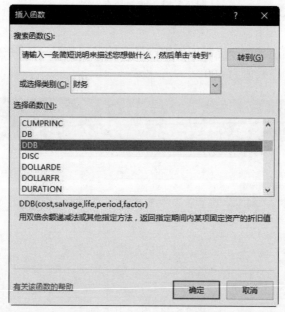

图 2-5-15　"插入函数"对话框

单击"确定"按钮，打开"函数参数"对话框，输入各项参数，如图 2-5-16 所示。

单击"确定"按钮，结果显示在 E3 单元格中。

计算 E4:E7 的值时，只是将 Period 参数依次设置为 2、3、4、5（即第几年的折旧）即可，其他参数不变。

（5）累计折旧的计算。根据公式有，F3=E3+0、F4=F3+E4、F5=F4+E5、F6=F5+E6、F7=F6+E7。单击 F3 单元格，输入=，再单击 E3 单元格，按 Enter 键即可得出其结果。选中 F4 单元格，输入=，单击 F3 单元格，输入+，单击 E4 单元格，单击"输入"按钮 ✔ 即可完成计算。利用自动填充功能将 F4 单元格的公式复制到 F5～F7 单元格中。

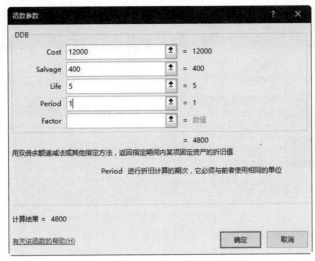

图 2-5-16　"函数参数"对话框

（6）年末固定资产净值的计算。选中 G3 单元格，输入=，单击 B3 单元格，输入-，单击 E3 单元格，单击"输入"按钮✔，结果将显示在 G3 单元格中。利用自动填充功能计算 G4:G6 单元格的值。

也可利用公式"年末固定资产净值=固定资产原值-累计折旧"来进行计算。选中 G3 单元格，输入"=12000-"，单击 F3 单元格，单击"输入"按钮✔，结果将显示在 G3 单元格中。利用自动填充功能计算 G4:G6 单元格的值。

（7）利用 B4=G3、B5=G4、B6=G5、B7=G6，在 B4 单元格输入 G3 的值，在 B5 单元格输入 G4 的值，依次类推，后续结果将自动显示。最终结果如图 2-5-17 所示。

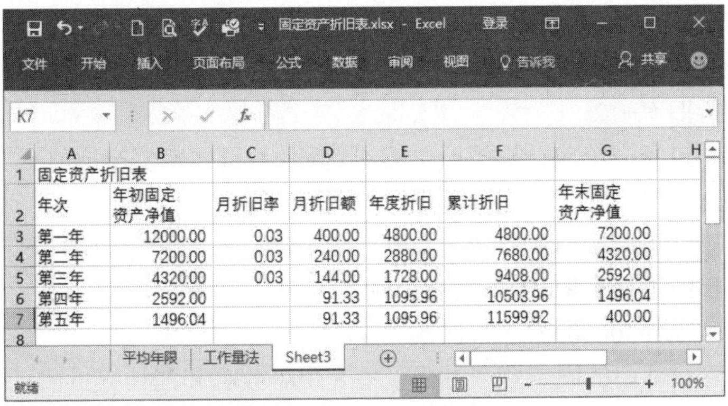

图 2-5-17　计算各项的值

**4. 美化、保存及输出**

选择 A1:G1 单元格，单击"开始"/"对齐方式"组中的"合并后居中"按钮📧合并单元格，表中文本居中对齐，数字右对齐并保留小数点后两位，适当设置字体、字号、填充方式和边框。双击工作表标签，将其改名为"双倍余额递减"，单击快速访问工具栏的"保存"按钮📊，保存"固定资产折旧表"工作簿文件，如图 2-5-18 所示。最后进行页面设置，满意后单击访问工具栏"快速打印"按钮📇进行打印输出。

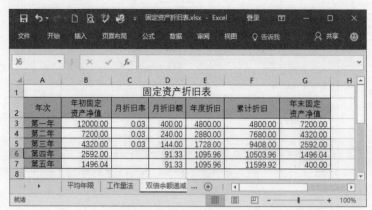

图 2-5-18　美化及保存

年数总和法

# 任务 4　年数总和法

**任务描述**

年数总和法也称使用年限积数法，是根据应计提折旧的固定资产总额乘以一个逐年递减的分数折旧率计算折旧的方法。该折旧率是年初时固定资产尚可使用年限与使用年数数字总和的比值。这种方法的特点是，计算折旧的基数不变，折旧率随使用年数增加逐年下降，其计算公式如下所述。

年折旧率=尚可使用年限÷预计使用年限总和

　　　　=(折旧年限−已使用年限)÷[折旧年限×(折旧年限+1)÷2]

年度折旧额=应计提折旧总额×年折旧率

月折旧率=年折旧率÷12

月度折旧额=固定资产年应计提折旧总额×月折旧率−(固定资产原值−预计净残值)×

　　　　月折旧率

　　　　=年度折旧额÷12

累计折旧=上年的累计折旧+本年度折旧额

年末固定资产净值=30000−累计折旧额

对编号 1002 管理部门的固定资产办公设备采用年数总和法计提折旧，固定资产折旧表如图 2-5-19 所示，该固定资产原值为 30,000。

固定资产折旧表（年数总和法）

| 年次 | 应计提折旧总额 | 尚可使用年限 | 使用年限总数 | 年折旧率 | 年度折旧额 | 月折旧率 | 月度折旧额 | 累计折旧 | 年末固定资产净值 |
|---|---|---|---|---|---|---|---|---|---|
| 1 | 27000.00 | 5 | 15 | 0.33 | 9000.00 | 0.03 | 750.00 | 9000.00 | 21000.00 |
| 2 | 27000.00 | 4 | 15 | 0.27 | 7200.00 | 0.02 | 600.00 | 16200.00 | 13800.00 |
| 3 | 27000.00 | 3 | 15 | 0.20 | 5400.00 | 0.02 | 450.00 | 21600.00 | 8400.00 |
| 4 | 27000.00 | 2 | 15 | 0.13 | 3600.00 | 0.01 | 300.00 | 25200.00 | 4800.00 |
| 5 | 27000.00 | 1 | 15 | 0.07 | 1800.00 | 0.01 | 150.00 | 27000.00 | 3000.00 |

图 2-5-19　固定资产折旧表（年数总和法）

**操作步骤**

1. 创建固定资产折旧表

在 Excel 中单击空白工作表,在工作表中输入固定资产折旧表的基本内容,如图 2-5-20 所示。

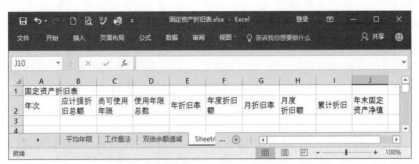

图 2-5-20　创建固定资产折旧表(年数总和法)

2. 输入基本数据

输入采用年数总和法计提折旧的固定资产的基本数据,如图 2-5-21 所示。

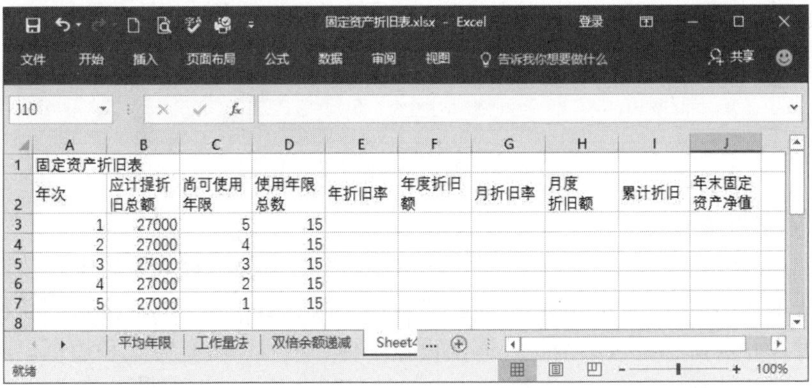

图 2-5-21　输入基本数据

3. 输入公式进行计算

输入基本数据之后,开始输入公式,计算各项结果。

(1)年折旧率的计算。单击 E3 单元格,输入=,单击 C3 单元格,输入/,再单击 D3 单元格,按"输入"按钮✔,结果显示在 E3 单元格中。利用自动填充功能计算 E4:E7 单元格的值。

(2)年度折旧额的计算。单击 F3 单元格,输入=,单击 B3 单元格,输入*,再单击 E3 单元格,按"输入"按钮✔,结果显示在 F3 单元格中。利用自动填充功能计算 F4:F7 单元格的值。

(3)月折旧率的计算。单击 G3 单元格,输入=,单击 E3 单元格,输入/12,单击"输入"按钮✔,结果显示在 G3 单元格中。利用自动填充功能计算 G4:G7 单元格的值。

(4)月度折旧额的计算。单击 H3 单元格,输入=,单击 F3 单元格,输入/12,单击"输入"按钮✓，结果显示在 H3 单元格中。

或者单击 H3 单元格，输入=，单击 B3 单元格，输入*，再单击 G3 单元格，最后单击"输入"按钮✓，结果同样显示在 H3 单元格中。

利用自动填充功能计算 H4:H7 单元格的值。

（5）累计折旧的计算：利用公式 I3=F3，I4=I3+F4，复制 I4 单元格的公式，将其分别粘贴到 I5、I6 和 I7 单元格中。单击 I3 单元格，输入=，单击 F3 单元格，单击"输入"按钮✓即可获得 I3 的值。单击 I4 单元格，输入=，单击 I3 单元格，输入+，单击 F4 单元格，单击"输入"按钮✓即可获得 I4 的值。利用自动填充功能计算 I5:I7 单元格的值。

（6）年末固定资产净值的计算：单击 J3 单元格，输入"=30000-"，单击 I3 单元格，单击"输入"按钮✓即可显示 J3 的值。利用自动填充功能计算 J4:J7 单元格的值。

最后的计算结果如图 2-5-22 所示。

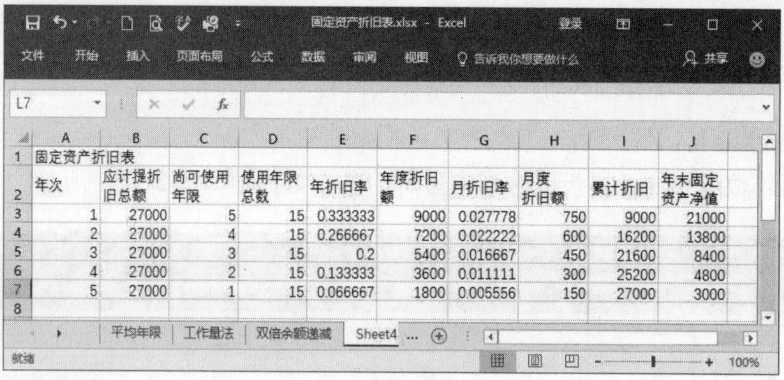

图 2-5-22　各项的计算结果

4. 美化及保存输出

选择 A1:J1 单元格，单击"开始"/"对齐方式"组中的"合并后居中"按钮⊞，合并单元格，表中文本及"年次""尚可使用年限""使用年限总数"及"应计提折旧总额"列居中对齐，其余右对齐并保留小数点后两位，适当设置字体、字号、填充方式和边框。双击工作表标签，将其改名为"年数总和"，单击快速访问工具栏的"保存"按钮🖫，保存"固定资产折旧表"工作簿文件，如图 2-5-23 所示。最后进行页面设置，满意后单击访问工具栏"快速打印"按钮🖨进行打印输出。

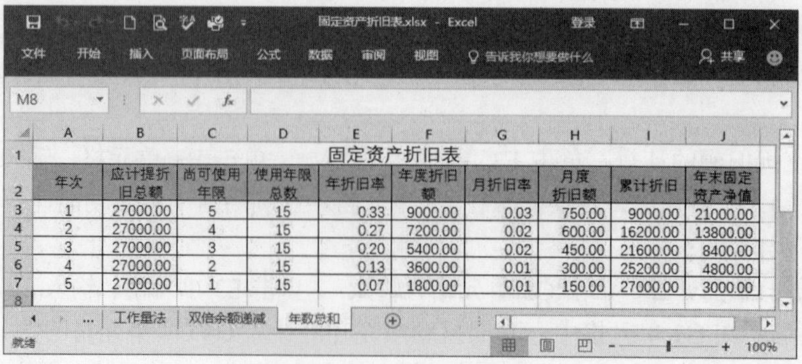

图 2-5-23　美化及保存

# 任务 5　固定资产折旧汇总表

固定资产折旧汇总表

### 任务描述

固定资产折旧汇总表是根据固定资产的折旧方法计算出固定资产的月折旧额而编制的表格，是会计实务中计提固定资产折旧的业务的原始凭证。

创建企业固定资产折旧计算汇总表，如图 2-5-24 所示。

| 使用部门 | 编号和名称 | 资产原值 | 预计净残值率 | 开始使用日期 | 折旧方法 | 月折旧率 | 本月应计提折旧额 |
|---|---|---|---|---|---|---|---|
| 管理部门（管理费用） | 1001 办公楼 | 100,000.00 | 5% | 2018/2/29 | 平均年限法 | 0.79% | 791.67 |
| | 1002 办公设备 | 30,000.00 | 5% | 2019/2/27 | 年数总和法 | 1.67% | 450.00 |
| | 小计 | 130,000.00 | | | | | 1241.67 |
| 销售部门（销售费用） | 2001 房屋 | 80,000.00 | 5% | 2018/2/29 | 平均年限法 | 0.79% | 633.33 |
| | 2002 运输设备 | 50,000.00 | 5% | 2019/4/20 | 工作量法 | | 475.00 |
| | 2003 办公设备 | 12,000.00 | 5% | 2019/2/16 | 双倍余额递减法 | 3.33% | 144.00 |
| | 小计 | 142,000.00 | | | | | 1252.33 |
| 生产车间（制造费用） | 3001 厂房 | 240,000.00 | 5% | 2018/3/22 | 平均年限法 | 0.79% | 1900.00 |
| | 3002 车床 | 45,000.00 | 5% | 2018/4/24 | 平均年限法 | 0.79% | 356.25 |
| | 3003 生产线 | 60,000.00 | 5% | 2019/3/26 | 工作量法 | | 513.00 |
| | 小计 | 345,000.00 | | | | | 2769.25 |
| | 合计 | 617,000.00 | | | | | 5263.25 |

图 2-5-24　固定资产折旧汇总表

### 操作步骤

固定资产折旧汇总表中的数据均可以从前面几个表格中得到，可以直接在 Excel 中建立相关单元格之间的相等关系。采用双倍余额递减法和年数总和法计提折旧的固定资产在"开始使用时间"月份相同时，需要调整其月折旧额。

（1）用平均年限法计算月折旧率。计算机公式为"(1-预计净残值率)/预计使用年限/12"，其中预计使用年限可从平均年限法工作表中提取数据。如选中 G3 单元格，输入"=平均年限法!D3/平均年限法!E3/12"或者输入"=(1-D3)/平均年限法!E3/12"，由于平均年限法的 4 个固定资产的预计净残值和使用年限均相同，所以这 4 个固定资产的月折旧率相等，以同样的方法依次输入 G6、G10、G11 单元格数据，然后将 G3、G6、G10、G11 单元格格式设置为百分比格式。

（2）用工作量法计算月折旧率没有意义，所以无需输入数据。

（3）用双倍余额递减法计算月折旧率。首先需要分析这是第几年的折旧率，开始使用日期为 2019 年 2 月，当月不计提折旧，下个月开始计提折旧，所以该资产第一年折旧时间为 2019 年 3 月—2020 年 2 月，第二年折旧时间为 2020 年 3 月—2021 年 2 月，第三年折旧时间为 2021 年 3 月—2022 年 2 月，由于 2020 年 3 月折旧率在第三年折旧范围内，则 G8 单元格中的公式为"=双倍余额递减法!C5"。

（4）用年数总和法计算月折旧率。年数总和法和双倍余额递减法一样都需要判断当前会计期间是在哪一年折旧范围内，经判断确定是在第三年折旧范围内，则 G4 单元格公式为“=年数总和法!G5”。

（5）本月应计提折旧额可从前面几个表格中得到，编号 1001 办公楼的数值为 791.67、编号 2001 房屋的数值为 633.33、编号 3001 厂房的数值为 1,900.00、编号 3002 车床的数值为 356.25，这些数值都是从图 2-5-2 所示的固定资产折旧表（平均年限法）中获得，如，H3 单元格的公式为“=平均年限法!H3”，按照此方法依次输入 H6、H10、H11 单元格的公式。编号 2002 运输设备的数值 475.00 和编号 3003 生产线的数值 513.00 是从图 2-5-7 所示的固定资产折旧表（工作量法）中获得，如，H7 单元格的公式为“=工作量法!J4”，按此方法输入 H12 单元格的公式。编号 2003 办公设备的数值 144.00 是从图 2-5-12 所示的固定资产折旧表（双倍余额递减法）中获得，如，H8 单元格的公式为“=双倍余额递减法!D5”。编号 1002 办公设备的数值 450.00 是从图 2-5-19 所示的固定资产折旧表（年数总和法）中获得，如，H4 单元格的公式为“=年数总和法!H5”。将 H 列单元格格式设置为数值型格式。

（6）计算各部门当月应计提折旧额，即小计金额。利用 SUM 求和公式进行计算。

（7）本月计提折旧会计分录如下：

借：管理费用　1,241.67

　　销售费用　1,252.33

　　制造费用　2,769.25

　　贷：累计折旧　5,263.25

实际工作中，企业可以在开始计提折旧的第一个月，按照每一固定资产计算其应计提的折旧额，编制固定资产折旧计算汇总表，在随后的月份可以编制如图 2-5-25 所示的固定资产折旧核算表。

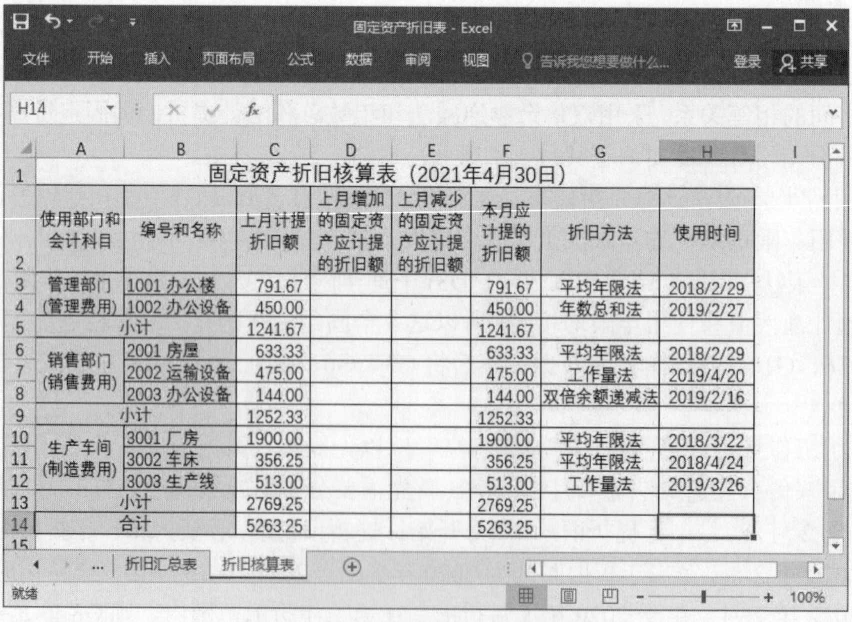

固定资产折旧核算表（2021年4月30日）

| 使用部门和会计科目 | 编号和名称 | 上月计提折旧额 | 上月增加的固定资产应计提的折旧额 | 上月减少的固定资产应计提的折旧额 | 本月应计提的折旧额 | 折旧方法 | 使用时间 |
|---|---|---|---|---|---|---|---|
| 管理部门（管理费用） | 1001 办公楼 | 791.67 | | | 791.67 | 平均年限法 | 2018/2/29 |
| | 1002 办公设备 | 450.00 | | | 450.00 | 年数总和法 | 2019/2/27 |
| 小计 | | 1241.67 | | | 1241.67 | | |
| 销售部门（销售费用） | 2001 房屋 | 633.33 | | | 633.33 | 平均年限法 | 2018/2/29 |
| | 2002 运输设备 | 475.00 | | | 475.00 | 工作量法 | 2019/4/20 |
| | 2003 办公设备 | 144.00 | | | 144.00 | 双倍余额递减法 | 2019/2/16 |
| 小计 | | 1252.33 | | | 1252.33 | | |
| 生产车间（制造费用） | 3001 厂房 | 1900.00 | | | 1900.00 | 平均年限法 | 2018/3/22 |
| | 3002 车床 | 356.25 | | | 356.25 | 平均年限法 | 2018/4/24 |
| | 3003 生产线 | 513.00 | | | 513.00 | 工作量法 | 2019/3/26 |
| 小计 | | 2769.25 | | | 2769.25 | | |
| 合计 | | 5263.25 | | | 5263.25 | | |



图 2-5-25　固定资产折旧核算表

当月新增加的固定资产当月不计提折旧，下个月开始计提折旧，当月减少的固定资产当月必须计提折旧。所以本月应计提的折旧额为 F3=C3+D3-E3，其他项可以利用自动填充功能进行计算。其中 C3 单元格数据可从图 2-5-24 所示的固定资产折旧汇总表中获得，C3 单元格的公式为"=折旧汇总表!H3"，其他项可以利用自动填充功能进行计算。最后美化并保存表格。

## 牛刀小试

请根据本实例的内容，利用 Excel 制作如图 2-5-26 所示的"固定资产折旧明细表"。

固定资产折旧明细表

2017.9.30

| 序号 | 名称 | 型号 | 单位 | 数量 | 类别 | 入账日期 | 单价 | 原值 | 使用年限 | 残值率 | 净残值 | 月折旧率 | 月折旧额 | 已提期间 | 已提折旧 | 本年减少折旧 | 累计折旧 | 净值 | 剩余可提折旧 |
|---|---|---|---|---|---|---|---|---|---|---|---|---|---|---|---|---|---|---|---|
| 1 | 空压机 | | 台 | 1 | 生产 | 2016-8-31 | 5800.00 | 5,800.00 | 10 | 10% | 580.00 | 0.75% | 43.50 | 9 | 391.50 | | | 5800.00 | 5,220.00 |
| 2 | 干燥机 | | 台 | 1 | 生产 | 2016-8-31 | 2800.00 | 2,800.00 | 10 | 10% | 280.00 | 0.75% | 21.00 | 9 | 189.00 | | | 2800.00 | 2,520.00 |
| 3 | 家具 | | 批 | 1 | 办公 | 2016-8-31 | 17316.00 | 17,316.00 | 5 | 10% | 1,731.60 | 1.50% | 259.74 | 9 | 2337.66 | | | 17316.00 | 15,584.40 |
| 4 | 电脑 | | 套 | 1 | 办公 | 2016-8-31 | 21897.00 | | 5 | 10% | | 1.50% | | | | | | | |
| 5 | 冷热饮水机 | VW-03I | 台 | 2 | 办公 | 2016-8-31 | 1900.00 | | 5 | 10% | | 1.50% | | | | | | | |
| 6 | 热水炉 | | 台 | 2 | 办公 | 2016-8-31 | 9400.00 | | 5 | 10% | | 1.50% | | | | | | | |
| 7 | 美的KF-LW | | 套 | 1 | 办公 | 2016-8-31 | 4250.00 | | 5 | 10% | | 1.50% | | | | | | | |
| 8 | 电话 | | 台 | 1 | 办公 | 2016-8-31 | 13420.00 | | 5 | 10% | | 1.50% | | | | | | | |
| 9 | 剥线机 | 50L | 台 | 2 | 生产 | 2016-8-31 | 36040.00 | | 10 | 10% | | 0.75% | | | | | | | |
| 10 | 芯线剥皮机 | 3F | 台 | 2 | 生产 | 2016-8-31 | 2332.00 | | 10 | 10% | | 0.75% | | | | | | | |
| 11 | 剥皮机 | 310 | 台 | 1 | 生产 | 2016-8-31 | 2544.00 | | 10 | 10% | | 0.75% | | | | | | | |
| 12 | 端子机 | XO-820 | 台 | 12 | 生产 | 2016-8-31 | 4982.00 | | 10 | 10% | | 0.75% | | | | | | | |
| 13 | 端子机 | 1500 | 台 | 4 | 生产 | 2016-8-31 | 7314.00 | | 10 | 10% | | 0.75% | | | | | | | |
| 14 | 电动机 | | 台 | 1 | 生产 | 2016-8-31 | 4028.00 | | 10 | 10% | | 0.75% | | | | | | | |
| 15 | 家具 | | 台 | 1 | 办公 | 2016-8-31 | 5750.00 | | 5 | 10% | | 1.50% | | | | | | | |
| 16 | 电脑 | | 台 | 1 | 办公 | 2016-9-30 | 4699.00 | | 5 | 10% | | 1.50% | | | | | | | |
| 17 | 端子机 | XO820 | 台 | 4 | 生产 | 2016-10-31 | 4982.00 | | 10 | 10% | | 0.75% | | | | | | | |
| 18 | 测试机 | L200HV | 台 | 3 | 生产 | 2016-10-31 | 7000.00 | | 10 | 10% | | 0.75% | | | | | | | |
| 19 | 电脑 | E1060 | 台 | 1 | 办公 | 2016-12-31 | 4218.00 | | 5 | 10% | | 1.50% | | | | | | | |
| 20 | 芯线剥皮机 | | 台 | 1 | 生产 | 2017-1-31 | 4664.00 | | 10 | 10% | | 0.75% | | | | | | | |
| 21 | 电脑 | | 台 | 2 | 办公 | 2017-3-29 | 4190.00 | | 5 | 10% | | 1.50% | | | | | | | |
| 22 | 空调 | KF-50LW | 台 | 1 | 办公 | 2017-4-5 | 3780.00 | | 5 | 10% | | 1.50% | | | | | | | |
| 23 | 照相机 | VPC-J4 | 台 | 1 | 办公 | 2017-6-30 | 2290.00 | | 5 | 10% | | 1.50% | | | | | | | |
| 24 | 电脑 | | 台 | 1 | 办公 | 2017-6-30 | 6200.00 | | 5 | 10% | | 1.50% | | | | | | | |
| | | | | | | | | | | | | | | | | | | |
| | 合计 | | | | | | | | | | | | | | | | | | |
| | 其中：生产设备 | | | | | | | | | | | | | | | | | | |
| | 办公设备 | | | | | | | | | | | | | | | | | | |

图 2-5-26　固定资产折旧明细表

# 项目 6　Excel 在产品成本核算中的应用

产品的生产成本是指企业在一定时期内为生产一定数量产品所支出的全部费用的总和。企业的生产按照工艺过程的特点可以分为单步骤生产和多步骤生产两种类型。按照生产组织的特点划分，可以分为大量生产、成批生产和单件生产。

品种法的成本计算

## 任务 1　品种法的成本计算

### 任务描述

企业按照管理上的要求的不同分为要求计算半成品成本和不要求计算半成品成本两种类型。企业的生产类型和管理上的要求的不同，决定了成本计算方法的不同，表现在成本计算对象、成本计算期和生产费用在完工产品和在产品之间的分配不同上。一般来说，大批大量的单步骤生产应采用品种法计算成本，小批单件的单步骤生产应采用分批法计算成本，多步骤生产应采用分步法计算成本。

下面介绍使用 Excel 进行品种法的成本计算。

本案例企业属于大批大量单步骤生产，只生产一种产品。工厂设有 4 个基本生产车间和 1 个辅助生产车间——机修车间，企业在 2021 年 3 月发生下列经济业务。

（1）根据不同生产车间各种用途的领退料凭证汇总表编制"材料费用分配表"，见表 2-6-1。

表 2-6-1　材料费用分配表

| 车间 | 材料名称 | 数量/吨 | 单价/元 | 金额/元 |
|---|---|---|---|---|
| 一车间 | A 材料 | 112 | 1,452.5 | 162,680 |
| 二车间 | B 材料 | 119 | 1,452.5 | 172,847.5 |
| 三车间 | C 材料 | 0 | 0 | 0 |
| 四车间 | D 材料 | 0 | 0 | 0 |
| 机修车间 | E 材料 | 0 | 0 | 0 |
| 合计 | | | | 335,527.5 |

（2）根据各生产车间工资结算凭证汇总表编制"工资及福利费用分配表"，见表 2-6-2。

表 2-6-2   工资及福利费用分配表

| 车间 | 工资/元 | 福利费/元 | 合计/元 |
|------|---------|-----------|---------|
| 一车间 | 5,000 | 250 | 5,250 |
| 二车间 | 6,120 | 306 | 6,426 |
| 三车间 | 5,000 | 250 | 5,250 |
| 四车间 | 5,000 | 250 | 5,250 |
| 机修车间 | 5,000 | 250 | 5,250 |
| 合计 | 26,120 | 1,306 | 27,426 |

（3）根据工资结算凭证汇总表，车间管理人员工资 28,980 元。

（4）根据固定资产折旧计算表，各车间本月计提折旧费 2,769.25 元。

（5）本月应付生产用水费 20,000 元。

（6）结转本月产品负担的保险费 3,000 元。

**操作步骤**

1. 创建材料费用分配表和工资及福利费用分配表

（1）打开 Excel 应用程序，系统将自动建立一个新的工作簿。

（2）单击快速访问工具栏上的"保存"按钮 ，在弹出的"另存为"对话框中将工作簿命名为"产品成本计算"并选择保存的位置，单击"确定"按钮，保存工作簿。

（3）双击工作表标签 Sheet1，将其命名为"品种法"。

（4）输入相应数据信息，结果如图 2-6-1 所示。

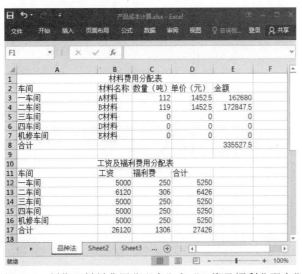

图 2-6-1   制作"材料费用分配表"和"工资及福利分配表"

2. 创建"生产成本明细账"

（1）在"品种法"工作表的下方根据要求输入"生产成本明细账"的表头，输入完成后，对表中的数据进行适当的格式化，结果如图 2-6-2 所示。

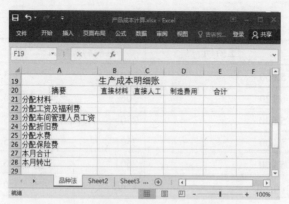

图 2-6-2　创建"生产成本明细账"结构

（2）在单元格 B21 中输入公式"=E8"，直接引入 E8 单元格中的数据；在单元格 C22 中输入公式"=D17"，直接引入 D17 单元格中的数据。

（3）在其他单元格中输入相应的数据，输入完成后对合计栏进行求和，计算结果如图 2-6-3 所示。

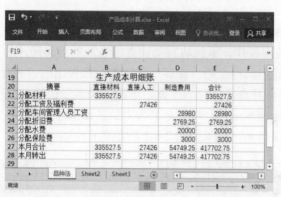

图 2-6-3　输入其他数据及对合计栏求和

3. 创建"产品成本表"

（1）在"生产成本明细账"的下方创建"产品成本表"的表头，如图 2-6-4 所示。

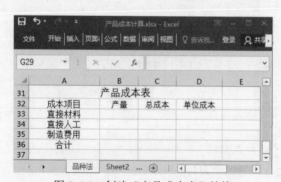

图 2-6-4　创建"产品成本表"结构

（2）在 C32 单元格中输入公式"=B28"，在 C33 单元格中输入公式"=C28"，在 C34 单元格中输入公式"=D28"，最后进行合计计算，完成后结果如图 2-6-5 所示。

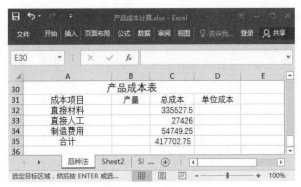

图 2-6-5　计算总成本

（3）输入产量并计算单位成本。在 B32:B34 单元格中均输入产量值 500，在 D32 单元格中输入公式"=C32/B32"，按 Enter 键计算产品的单位成本，利用自动填充功能计算 D33 单元格和 D34 单元格的值并计算单位成本合计（即 D35 单元格的值），结果如图 2-6-6 所示。

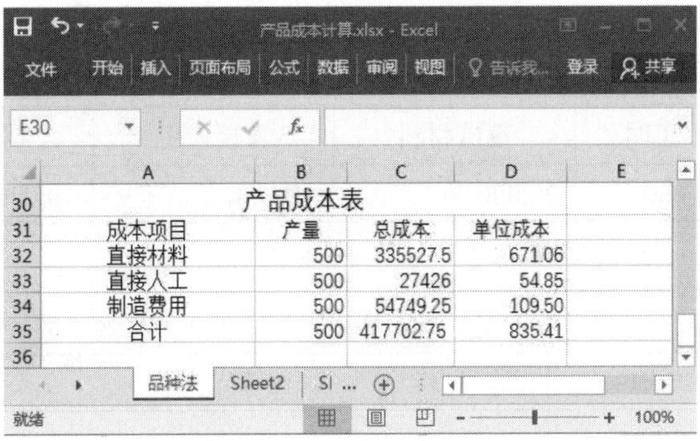

图 2-6-6　计算产品单位成本

通过品种法的成本计算实例，介绍了品种法成本计算的操作流程。首先确定采用品种法，其次需要输入相关资料，在这些资料的基础上编制生产成本明细账，最后在明细账的基础上制作产品成本单，计算出产品的总成本和单位成本。本实例中的操作难点不是编写公式，而是成本的计算过程。

# 任务 2　分批法的成本计算

分批法的成本计算

## 任务描述

分批法的成本计算是以产品的批别或订单作为成本计算对象来归集生产费用计算产品成本的方法。它一般适用于小批单件的多步骤生产和某些按小批单件组织生产、而管理上又要求分批计算成本的单步骤生产，前者如重型机械、船舶、精密仪器和专用设备的制造，后者如某些特殊或精密铸件的熔铸。另外，某些主要生产之外的新产品试制、来料加工、辅助生产的工具模具制造、修理作业等，也可采用分批法的成本计算。

在小批单件生产的情况下，企业的生产活动通常是按照订货单位的订单签发生产任务通知单组织生产的。各张订单所定产品往往种类不同或规格不一，一批产品一般不重复生产，因此企业需要按照购货单位订单的要求分批组织生产，也就需要分别计算各批产品的成本。

按照分批法计算产品成本，往往也就是按照订单计算产品成本，因此，分批法也叫订单法。

某公司是单件小批生产企业，投产产品批次较多，但完工批次较少，采用分批法计算产品成本，该企业 2021 年 5 月份从事生产加工，批次编号分别是 101#、102#、103#、104#，成本包括"直接材料""直接人工""制造费用"3 项，本月完工 101#和 102#。本例应设置下列 4 张产品成本计算单，分别对应上述 4 个批次。

产品成本计算单（101#）

批量：20 台　完工：20 台　投产日期：2021 年 4 月　完工日期：2021 年 5 月

| 摘要 | 工时 | 直接材料 | 直接人工 | 制造费用 | 合计 |
|---|---|---|---|---|---|
| 月初在产品成本 | 1,000 | 60,000 | 40,000 | 20,000 | 120,000 |
| 5 月发生费用 | 4,000 | 40,000 | 30,000 | 20,000 | 90,000 |

产品成本计算单（102#）

批量：5 台　完工：5 台　投产日期：2021 年 5 月　完工日期：2021 年 5 月

| 摘要 | 工时 | 直接材料 | 直接人工 | 制造费用 | 合计 |
|---|---|---|---|---|---|
| 本月发生费用 | 3,000 | 20,000 | 10,000 | 10,000 | 40,000 |

产品成本计算单（103#）

批量：13 台　完工：10 台　投产日期：2021 年 4 月　完工日期：2021 年 5 月

| 摘要 | 工时 | 直接材料 | 直接人工 | 制造费用 | 合计 |
|---|---|---|---|---|---|
| 月初在产品成本 | 500 | 8,000 | 4,000 | 4,000 | 16,000 |
| 5 月发生费用 | 4,000 | 30,000 | 20,000 | 20,000 | 70,000 |

103#单台计划单位成本为 7,000 元，其中直接材料 4,000 元，直接人工 2,000 元，制造费用 1,000 元。

产品成本计算单（104#）

批量：3 台　完工：0 台　投产日期：2021 年 5 月

| 摘要 | 工时 | 直接材料 | 直接人工 | 制造费用 | 合计 |
|---|---|---|---|---|---|
| 月初在产品成本 | | | | | |
| 发生费用 | 3,000 | 10,000 | 5,000 | | |

要求：根据以上资料制作产品成本计算单。

**操作步骤**

1. 生成"分批法"下的产品成本计算单

（1）打开"产品成本计算"工作薄。

（2）双击工作表标签 Sheet2，将其重命名为"分批法"。

（3）根据要求，在"分批法"工作表中输入实例中所给数据资料，输入完成后结果如图 2-6-7 所示。

图 2-6-7  输入已知数据资料

2．定义计算公式

（1）选中单元格 B6，输入公式"=SUM(B4:B5)"，然后按 Enter 键，用鼠标拖拽 B6 单元格填充柄向右复制公式至 F6 单元格，计算出其他合计数。

（2）因为当月 101#产品已经全部完成生产，所以在单元格 B7 中输入公式"=B6"，将公式向右复制到 C7:F7 单元格区域，计算出其他转出数额。

（3）选定单元格 B8，在单元格中输入公式"=B7/20"后按 Enter 键，用鼠标拖拽 B8 单元格填充柄向右复制公式至 F8 单元格，计算其他单位成本。

（4）对产品成本计算单 102#作类似的处理，不同之处是各单元格内的公式不同，如 B6 单元格内的公式为"B16=B15/5"，处理完成后结果如图 2-6-8 所示。

（5）在计算 103#产品成本时，需先输入完工产品成本的计划单位成本，然后选中 C25 单元格，在单元格中输入公式"=C24*10"，按 Enter 键，用鼠标拖拽 C25 单元格填充柄向右复制公式至 F25 单元格，计算出其他总成本。

（6）选中单元格 C26，在单元格中输入公式"=C23-C25"，然后按 Enter 键，用鼠标拖拽 C26 单元格填充柄向右复制公式至 F26 单元格，计算出其他单位成本。

处理完成后的结果如图 2-6-9 所示。

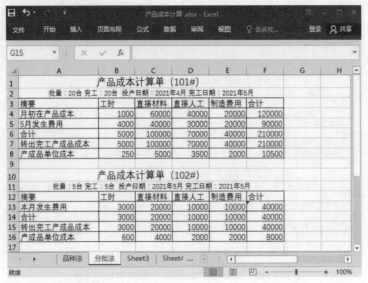

图 2-6-8　对 102#产品作类似处理后的结果

图 2-6-9　对 103#产品单位成本的计算

（7）因 104#产品本月投产全部未完工，所以不需计算成本，只把本月发生的费用进行合计处理即可。处理完成后的结果如图 2-6-10 所示。

图 2-6-10　对 104#产品的处理结果

通过分批法的制作实例可以看出，成本计算在函数上并不是特别复杂，其难点主要是理解计算过程中各部分之间的关系。

# 任务 3   分步法的成本计算

分步法的成本计算

**任务描述**

在实际工作中，由于成本管理的要求不同，分步法按照是否要求计算每一步骤半成品为标志，分为逐步结转分步法和平行结转分步法两种方法。

逐步结转分步法也称为计算半成品成本法，这种方法按照产品加工步骤的顺序，逐步计算并结转半成品成本，直到最后步骤计算出产成品成本。逐步结转分步法按照半成品在上下步骤之间的转移方式不同又可以分为综合结转分步法和分项结转分步法，其中综合结转分步法需要进行成本还原。

平行结转分步法也称为不计算半成品成本法，这种方法只核算本步骤由产品负担的份额，然后平行汇总，即可计算出完工产品的成本。

某企业生产甲产品，经过 3 个生产步骤，原材料在生产开始时一次投入。月末在产品按约当产量法计算。有关数据资料见表 2-6-3 和表 2-6-4。

表 2-6-3   产量数据资料

| 项目 | 步骤一 | 步骤二 | 步骤三 |
| --- | --- | --- | --- |
| 月初在产品数量 | 60 | 60 | 60 |
| 本月投产数量 | 80 | 100 | 130 |
| 本月完工产品数量 | 100 | 130 | 150 |
| 月末在产品数量 | 40 | 30 | 40 |
| 在产品完工程度 | 50% | 50% | 50% |

表 2-6-4   生产费用数据资料

| 成本项目 | 月初在产品成本 | | | 本月发生费用 | | |
| --- | --- | --- | --- | --- | --- | --- |
| | 步骤一 | 步骤二 | 步骤三 | 步骤一 | 步骤二 | 步骤三 |
| 直接材料 | 1,000 | 2,000 | 1,500 | 20,000 | | |
| 燃料 | 500 | 1,000 | 600 | 10,000 | 7,000 | 8,000 |
| 直接人工 | 2,000 | 2,500 | 1,400 | 15,000 | 13,000 | 12,000 |
| 制造费用 | 1,500 | 3,500 | 2,500 | 15,000 | 20,000 | 30,000 |
| 合计 | 5,000 | 9,000 | 6,000 | 60,000 | 40,000 | 50,000 |

要求：采用综合结转分步法计算完工产品的成本。

**操作步骤**

1. 生成"分步法"下的"产量数据资料"及"生产费用数据资料"

（1）打开"产品成本计算"工作薄。

（2）双击工作表标签 Sheet3，将其重命名为"分步法"。

（3）输入实例数据资料后结果如图 2-6-11 所示。

图 2-6-11　输入数据资料

2. 制作"第一步骤产品成本计算单"

（1）输入"第一步骤产品成本计算单"的表头以及其他各项目名称，如图 2-6-12 所示。

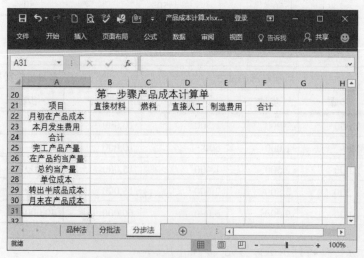

图 2-6-12　输入表头及其他各项目名称

，（2）在 B22 单元格中输入公式 "=B14"，在 C22 单元格中输入公式 "=B15"，在 D22 单元格中输入公式 "=B16"，在 E22 单元格中输入公式 "=B17"，引入第一步骤月初在产品的成本。

（3）在 B23 单元格中输入公式 "=E14"，在 C23 单元格中输入公式 "=E15"，在 D23 单元格中输入公式 "=E16"，在 E23 单元格中输入公式 "=E17"，引入第一步骤的本月发生费用。

（4）选定 B24 单元格，单击 "开始" / "编辑" 组的 "自动求和" 按钮 **Σ**，对 B22:B23 单元格求和。

（5）选定 B24 单元格，用鼠标拖拽 B24 单元格填充柄向右复制公式至 E24 单元格，计算出各项的本月费用总额。

（6）在 B25 单元格中输入公式 "=$B$5"，用鼠标拖拽填充柄复制公式至 E25 单元格，引入完工产品产量。

（7）在 B26 单元格中输入数值 40 后，选定单元格 C26，在单元格中输入公式 "=PRODUCT($B$6:$B$7)"，用鼠标拖拽填充柄复制公式至 E26 单元格，计算出在产品的约当产量。

（8）在单元格 B27 中输入公式 "=SUM(B25:B26)"，用鼠标拖拽填充柄将公式向右复制至 E27 单元格，计算出各项总产量。

（9）在单元格 B28 中输入公式 "=B24/B27"，用鼠标拖拽填充柄将公式向右复制至 E28，计算出各项的单位成本。

（10）在 B29 单元格中输入公式 "=PRODUCT(B25,B28)"，用鼠标拖拽填充柄将公式复制至 E29 单元格，计算出各项的转出半成品成本。

（11）在 B30 单元格中输入公式 "=B24-B29"，用鼠标拖拽填充柄将公式复制至 E30 单元格，计算出各项的月末在产品成本。

（12）选定 F22 单元格，单击 "开始" / "编辑" 组中的 "自动求和" 按钮 **Σ**，对 B22:E22 单元格区域进行自动求和，用鼠标拖拽填充柄将相应公式复制至 F30，将产量类的项目删除后对费用类的项目进行求和。完成后的 "第一步骤产品成本计算单" 如图 2-6-13 所示。

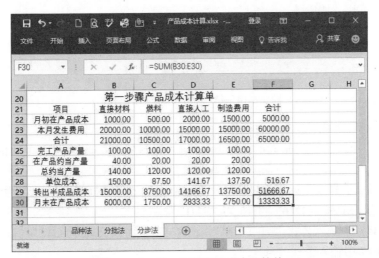

图 2-6-13　第一步骤产品成本计算单

　　3. 制作"第二步骤产品成本计算单"

　　（1）选中"第一步骤产品成本计算单"的全部内容，单击"开始"/"剪贴板"组中的"复制"按钮🗐，将光标定位于计算单下面的 A32 单元格中，再单击"粘贴"按钮🗎，将新粘贴的计算表标题修改为"第二步骤产品成本计算单"。

　　（2）对"第二步骤成本计算单"的部分单元格中的公式进行修改，B34 为"=C14"，C34 为"=C15"，D34 为"=C16"，E34 为"=C17"。

　　（3）在 B35 单元格中输入公式"=F28*C5"，在 C35 单元格中输入公式"=F15"，在 D35 单元格中输入公式"=F16"，在 E35 单元格中输入公式"=F17"。

　　（4）在 B37 中输入公式"=$C$5"，将此公式依次复制到 C37、D37 和 E37 单元格中。在 B38 中输入公式"=C6"，在 C38 中输入公式"=PRODUCT($C$6,$C$7)"，将此公式复制到 D38 和 E38 单元格中。

　　（5）在单元格 B40 中输入公式"=B36/B39"，再将公式复制到其后的单元格 C40、D40 和 E40 中，计算出各项的单位成本值。

　　（6）在单元格 B41 中输入公式"=PRODUCT(B37,B40)"后，拖拽填充柄将公式向右复制至 C41:E41 单元格。

　　（7）保存"第二步骤产品成本计算单"。制作完成后的结果如图 2-6-14 所示。

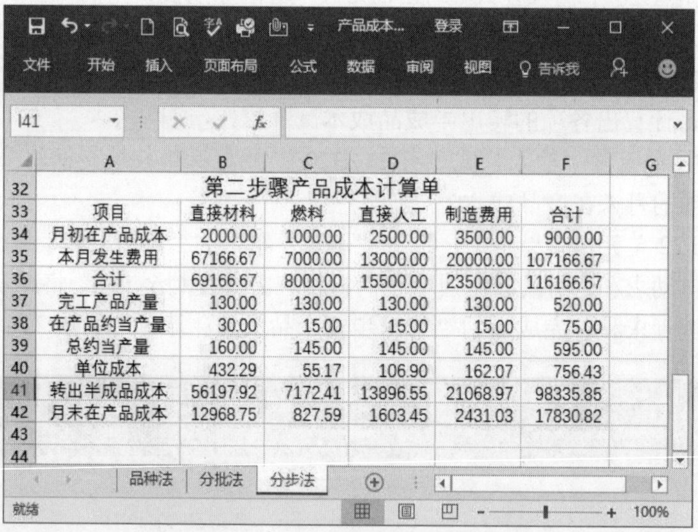

图 2-6-14　第二步骤产品成本计算单

　　4. 制作"第三步骤产品成本计算单"

　　（1）选定"第一步骤产品成本计算单"，将该数据列表复制到 A44 单元格，将新复制的计算表标题修改为"第三步骤产品成本计算单"。

　　（2）对"第三步骤成本计算单"的部分单元格中的公式进行修改，B46 单元格为"=D14"，C46 为"=D15"，D6 为"=D16"，E46 为"=D17"。

　　（3）在 B47 中输入公式"=F40*D4"，在 C47 中输入公式"=G15"，在 D47 输入公式"=G16"，在 E47 中输入公式"=G17"。

　　（4）在 B49 中输入公式"=$D$5"，将公式复制到 C49、D49 和 E49 单元格中。在 B50

中输入公式"=D7"，在 C50 中输入公式"=PRODUCT($D$6:$D$7)，将公式复制到 D50 和 E50 单元格中。

（5）在单元格 B52 中输入公式"=B48/B51"，将公式复制到其后的单元格 C52、D52、E52 中，计算出其他单位成本值。

（6）在单元格 B53 中输入公式"=PRODUCT(B49,B52)"后，拖拽填充柄将公式向右复制至 F53 单元格中。

（7）保存"第三步骤产品成本计算单"。制作完成的成本计算单如图 2-6-15 所示。

| | A | B | C | D | E | F | G |
|---|---|---|---|---|---|---|---|
| 42 | 月末在产品成本 | 12968.75 | 827.59 | 1603.45 | 2431.03 | 17830.82 | |
| 43 | | | | | | | |
| 44 | 第三步骤产品成本计算单 | | | | | | |
| 45 | 项目 | 直接材料 | 燃料 | 直接人工 | 制造费用 | 合计 | |
| 46 | 月初在产品成本 | 1500.00 | 600.00 | 1400.00 | 2500.00 | 6000.00 | |
| 47 | 本月发生费用 | 98335.85 | 8000.00 | 12000.00 | 30000.00 | 148335.85 | |
| 48 | 合计 | 99835.85 | 8600.00 | 13400.00 | 32500.00 | 154335.85 | |
| 49 | 完工产品产量 | 150.00 | 150.00 | 150.00 | 150.00 | 600.00 | |
| 50 | 在产品约当产量 | 0.50 | 20.00 | 20.00 | 20.00 | 60.50 | |
| 51 | 总约当产量 | 150.50 | 170.00 | 170.00 | 170.00 | 660.50 | |
| 52 | 单位成本 | 663.36 | 50.59 | 78.82 | 191.18 | 983.95 | |
| 53 | 转出半成品成本 | 99504.17 | 7588.24 | 11823.53 | 28676.47 | 147592.40 | |
| 54 | 月末在产品成本 | 331.68 | 1011.76 | 1576.47 | 3823.53 | 6743.45 | |

图 2-6-15　第三步骤产品成本计算单

# 任务 4　综合结转分步法的成本还原

综合结转分步法
的成本还原

**任务描述**

所谓的成本还原，是指在综合结转分步法下将产成品中的综合成本项目分解还原为原始的成本项目的过程。因为采用综合结转分步法在最后步骤计算出来的完工产品成本中，燃料、人工、制造费用等加工费用只是最后步骤发生的数额，而直接材料费用却包含了以前各步骤发生的材料、燃料、人工和制造费用，这样，在最后一步成本计算单上的"半成品"成本在产品成本中的比重就太大，不能反映原始的成本构成，所以需要进行成本还原。

根据任务 3 的资料，采用按耗用半成品成本占完工半成品总成本的比重还原。

**操作步骤**

1. 创建"产品成本还原计算表"的结构

（1）打开"产品成本计算"工作薄。

（2）在工作表标签栏中单击"新工作表"按钮⊕，在当前工作表之后插入一张新的空白工作表。

（3）双击新插入的工作表标签，将其重命名为"成本还原表"，在工作表中输入成本还原表头及各项目内容。输入完成后的结果如图 2-6-16 所示。

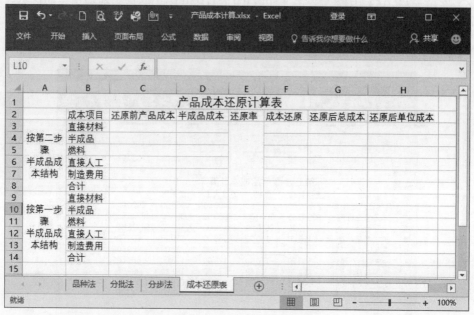

图 2-6-16　创建成本还原表结构

**2. 定义"按第二步骤半成品成本还原"计算公式**

（1）选定单元格 C4，在单元格中输入公式"=分步法!B53"，在 D4 单元格中输入公式"=分步法!B41"。

（2）用同样的方法分别在单元格 C5、D5、C6、D6、C7、D7 中输入公式"=分步法!C53""=分步法!C41""=分步法!D53""=分步法!D41""=分步法!E53""=分步法!E41"。

（3）选中单元格 C8，在单元格中输入公式"=SUM(C3:C7)"后按 Enter 键，然后将公式复制到 D8 单元格中。

（4）选定单元格区域 E3:E8，单击"开始"/"对齐方式"组中的"合并后居中"按钮▤，将其合并为一个单元格。

（5）选定 E3 单元格，在单元格中输入公式"=C4/D8"，然后按 Enter 键，计算出还原率。

（6）分别在单元格 F3、G3、H3、F5、G5、H5 内输入公式"=E3*D4""=F3""=G3/分步法!D6""=$E$3*D5""=F5+C5""=G5/分步法!$D$6"。

（7）用鼠标指针框选 F5:H5 单元格区域，再拖拽选定区域的填充柄向下拖拽复制公式至 G6:H6 和 F7:H7 单元格区域。

（8）选定单元格 F8，利用"开始"/"编辑"组中的"自动求和"按钮∑，对 F3:F7 单元格区域进行求和。选定单元格 F8，向右拖拽填充柄复制公式至 H8 单元格，完成"按第二步骤半成品成本还原"工作，结果如图 2-6-17 所示。

图 2-6-17　按第二步骤半成品成本还原

3.　定义"按第一步骤半成品成本还原"的计算公式

（1）在 D9 单元格中输入公式"=分步法!B29"，引入第一步骤的直接材料。

（2）在 C10 单元格中输入公式"=G3"，直接从第二步骤还原后的总成本中引入半成品成本。

（3）在 C11 单元格中输入公式"=G5"，直接从第二步骤还原后的总成本中引入燃料成本。

（4）选定 C11 单元格，用鼠标拖拽其填充柄向下复制公式至 C13 单元格。

（5）分别在 D11、D12、D13 单元格中输入公式"=分步法!C29""=分步法!D29""=分步法!E29"，导入其在第一步骤成本计算单中的值。

（6）选中 C14 单元格，单击"开始"/"编辑"组中的"自动求和"按钮∑，对 C9:C13 区域求和。选定 C14 单元格，向右拖拽填充柄复制公式至 D14 单元格，完成"第一步骤半成品成本还原"工作，结果如图 2-6-18 所示。

图 2-6-18　按第一步骤半成品成本还原

（7）在单元格 E9 中输入公式"=C10/D14"，计算还原率。

（8）选中单元格 F9，在单元格中输入公式"=E9*D9"，在 G9 单元格中输入公式"=F9"。

（9）在单元格 H9 中输入公式"=G9/分步法!D6"。

（10）在单元格 F11 中输入公式"$E$9*D11"后，将公式向下复制至 F12 和 F13 单元格。

（11）在单元格 G11 中输入公式"=F11+C11"后，将公式向下复制至 G12 和 G13 单元格。

（12）在单元格 H11 中输入公式"=G11/分步法!$D$6"后，将公式向下复制至 H12 和 H13 单元格。

（13）选中单元格 F14，单击"开始"/"编辑"组中的"自动求和"按钮∑，对 F9:F13 单元格区域求和。再选定单元格 F14，向右拖拽填充柄复制公式至 H14 单元格，完成产品成本还原计算表，如图 2-6-19 所示。

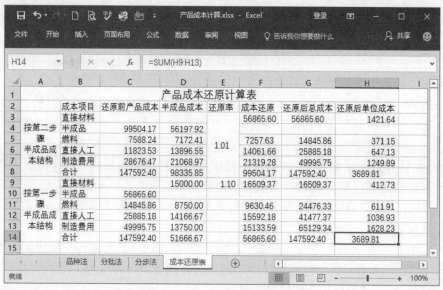

图 2-6-19　产品成本还原计算表

平行结转分步法

# 任务 5　平行结转分步法

**实例描述**

平行结转分步法也称不计算半成品成本法，这种方法是各步骤不计算半成品成本，而只归集各步骤本身所发生的费用及各步骤应计入产品成本的份额，将该步骤应计入产品成本的份额平行汇总，即可计算出完工产品成本的一种方法。采用平行结转分步法，各步骤不计算所耗上步骤半成品的成本，而只计算本步骤所发生的费用中应计入产品成本中的份额，将这一份额平行汇总即可计算出产品成本。

某企业生产 C 产品需经过 3 个车间连续加工而成，原材料在生产开始时一次性投入，月末在产品按照约当产量法计算，在产品的完工程度为 50%，有关数据资料见表 2-6-5 和表 2-6-6。

表 2-6-5　产量资料

| 项目 | 第一车间 | 第二车间 | 第三车间 |
|---|---|---|---|
| 期初在产品数量 | 60 | 180 | 300 |
| 本期投入产品数量 | 1500 | 1320 | 1200 |
| 本期完工产品数量 | 1320 | 1200 | 1380 |
| 期末在产品数量 | 240 | 300 | 120 |
| 完工程度 | 50% | 50% | 50% |
| 总约当产量 | 1920 | 1650 | 1440 |

表 2-6-6　费用资料

| 项目 | | 直接材料 | 燃料 | 直接人工 | 制造费用 | 合计 |
|---|---|---|---|---|---|---|
| 一车间 | 月初在产品成本 | 405,000 | 63,000 | 90,000 | 90,000 | 648,000 |
| | 本月发生费用 | 972,000 | 225,000 | 255,600 | 255,600 | 1,708,200 |
| 二车间 | 月初在产品成本 | | 76,500 | 99,000 | 99,000 | 274,500 |
| | 本月发生费用 | | 27,000 | 272,250 | 272,250 | 571,500 |
| 三车间 | 月初在产品成本 | | 36,000 | 54,000 | 54,000 | 144,000 |
| | 本月发生费用 | | 352,800 | 378,000 | 378,000 | 1,108,800 |

要求：采用平行结转分步法计算产品成本。

**操作步骤**

1. 输入"产量资料"和"费用资料"等原始数据

（1）打开"产品成本计算"工作簿。

（2）在工作表标签栏中单击"新工作表"按钮⊕，在当前工作表之后插入一张新的空白工作表。

（3）双击新插入的工作表标签，将其重命名为"平行结转"，在工作表中输入"产量资料"的数据，结果如图 2-6-20 所示。

图 2-6-20　输入"产量资料"的数据

（4）在"产量资料"数据的右侧输入"制作费用资料"的数据，如图 2-6-21 所示。

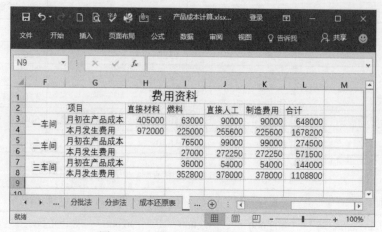

图 2-6-21　输入"费用资料"的数据

2. 制作"第一车间成本计算单"

（1）创建"第一车间成本计算单"的结构，如图 2-6-22 所示。

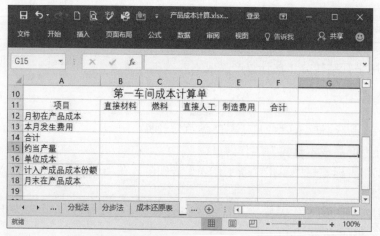

图 2-6-22　创建"第一车间成本计算单"的结构

（2）在单元格 B12 中输入公式"=H3"，用拖拽填充柄的方法向右复制公式至 E12 单元格，将公式复制到 B13 单元格，再用拖拽填充柄的方法将公式从 B13 复制至 E13 单元格。

（3）在单元格 B14 中输入公式"=SUM(B12:B13)"，用拖拽填充柄的方法将公式复制至 E14 单元格，计算出各项的费用合计数（合计）。

（4）在单元格 B15 中输入公式"=D5+D6+C6+B6"，在单元格 C15 中输入公式"=$B$8"，选中 C15 单元格，将公式复制至 E15 单元格，计算出各项的约当产量。

（5）在单元格 B16 中输入公式"=B14/B15"，用拖拽填充柄的方法将公式复制至 E16 单元格，计算出各项的单位成本。

（6）在单元格 B17 中输入公式"=B16*$D$5"，用拖拽填充柄的方法将公式复制至 E17 单元格，计算出各项的计入产成品成本份额。

（7）在单元格 B18 中输入公式“=B14−B17”，用拖拽填充柄的方法将公式复制至 E18 单元格，计算出各项的月末在产品成本。

（8）单击 F12 单元格，单击“开始”/“编辑”组的“自动求和”按钮Σ，计算 SUM(B12:E12) 的值，再向下拖拽填充柄至 F18 单元格，复制合计公式，计算每个项目的合计。

完成后的“第一车间成本计算单”如图 2-6-23 所示。

| 第一车间成本计算单 | | | | | |
| --- | --- | --- | --- | --- | --- |
| 项目 | 直接材料 | 燃料 | 直接人工 | 制造费用 | 合计 |
| 月初在产品成本 | 405000.00 | 63000.00 | 90000.00 | 90000.00 | 648000.00 |
| 本月发生费用 | 972000.00 | 225000.00 | 255600.00 | 225600.00 | 1678200.00 |
| 合计 | 1377000.00 | 288000.00 | 345600.00 | 315600.00 | 2326200.00 |
| 约当产量 | 2040.00 | 1920.00 | 1920.00 | 1920.00 | 7800.00 |
| 单位成本 | 675.00 | 150.00 | 180.00 | 164.38 | 1169.38 |
| 计入产成品成本份额 | 931500.00 | 207000.00 | 248400.00 | 226837.50 | 1613737.50 |
| 月末在产品成本 | 445500.00 | 81000.00 | 97200.00 | 88762.50 | 712462.50 |

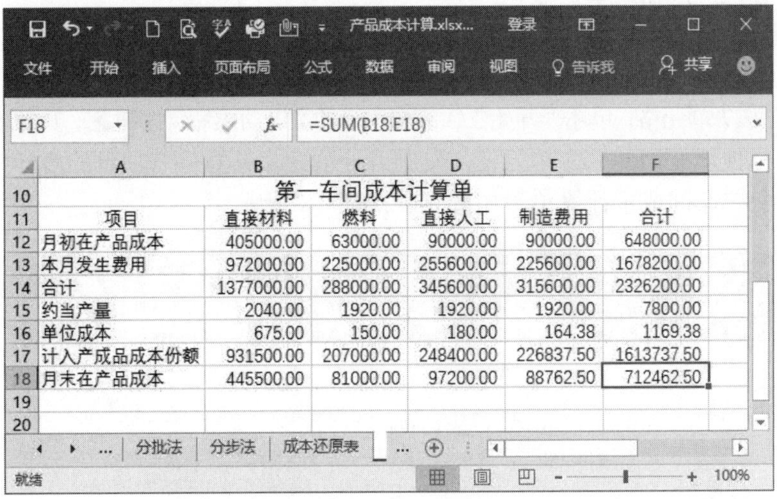

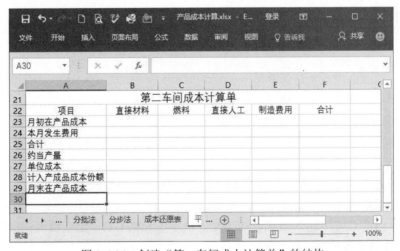

图 2-6-23　完成后的“第一车间成本计算单”

3. 制作“第二车间成本计算单”

（1）创建“第二车间成本计算单”的结构，完成后结果如图 2-6-24 所示。

| 第二车间成本计算单 | | | | | |
| --- | --- | --- | --- | --- | --- |
| 项目 | 直接材料 | 燃料 | 直接人工 | 制造费用 | 合计 |
| 月初在产品成本 | | | | | |
| 本月发生费用 | | | | | |
| 合计 | | | | | |
| 约当产量 | | | | | |
| 单位成本 | | | | | |
| 计入产成品成本份额 | | | | | |
| 月末在产品成本 | | | | | |

图 2-6-24　创建“第一车间成本计算单”的结构

（2）在单元格 C23 中输入公式“=I5”，用拖拽填充柄的方法将 C23 中的公式复制至 F24 单元格（即单元格区域 D23:F24），引入二车间的期初数（月初在产品成本）。

（3）在单元格 C25 中输入公式“=SUM(C23:C24)”，用拖拽填充柄的方法将公式复制至 F25 单元格，计算出各项的成本费用合计数（合计）。

（4）在单元格C26中输入公式“=$C$8”，选中单元格C26，用拖拽填充柄的方法将公式复制至E26，计算出各项的约当产量。

（5）在单元格C27中输入公式“=C25/C26”，用拖拽填充柄的方法将公式复制至E27，计算出各项的单位成本。

（6）在单元格C28中输入公式“=C27*$D$5”，用拖拽填充柄的方法将公式复制至E28，计算出各项的计入产成品成本份额。

（7）在单元格C29中输入公式“=C25-C28”，用拖拽填充柄的方法将公式复制至E29，计算出各项的月末在产品成本。

（8）单击F27单元格，单击“开始”/“编辑”组的“自动求和”按钮Σ，计算SUM(C27:E27)的值，再向下拖拽填充柄至F29单元格，复制合计公式，计算每个项目的合计。

完成的“第二车间成本计算单”如图2-6-25所示。

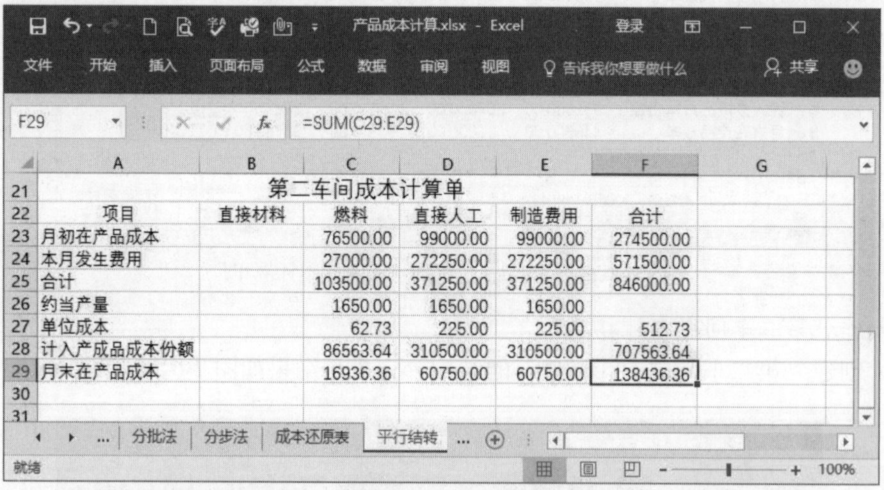


| 第二车间成本计算单 | | | | | |
|---|---|---|---|---|---|
| 项目 | 直接材料 | 燃料 | 直接人工 | 制造费用 | 合计 |
| 月初在产品成本 | | 76500.00 | 99000.00 | 99000.00 | 274500.00 |
| 本月发生费用 | | 27000.00 | 272250.00 | 272250.00 | 571500.00 |
| 合计 | | 103500.00 | 371250.00 | 371250.00 | 846000.00 |
| 约当产量 | | 1650.00 | 1650.00 | 1650.00 | |
| 单位成本 | | 62.73 | 225.00 | 225.00 | 512.73 |
| 计入产成品成本份额 | | 86563.64 | 310500.00 | 310500.00 | 707563.64 |
| 月末在产品成本 | | 16936.36 | 60750.00 | 60750.00 | 138436.36 |

图2-6-25 完成的“第二车间成本计算单”

4. 制作“第三车间成本计算单”

（1）将“第二车间成本计算单”复制到其下面的单元格中，修改标题及公式，制作“第三车间成本计算单”。

（2）在单元格C33中输入公式“=I7”，用拖拽填充柄的方法将C33中的公式分别复制到区域D33:F33、C34:F34中，引入三车间的期初数。

（3）在单元格C35中输入公式“=SUM(C33:C34)”，用拖拽填充柄的方法将公式复制至F35，计算出各项的成本费用合计数。

（4）在单元格C36中输入公式“=$D$8”，选中单元格C36，用拖拽填充柄的方法将公式复制至E36，计算出各项的约当产量。

（5）在单元格C37中输入公式“=C35/C36”，用拖拽填充柄的方法将公式复制至E37，计算出各项的单位成本。

（6）在单元格C38中输入公式“=C37*$D$5”，用拖拽填充柄的方法将公式复制至E38，计算出各项的应计入产成品成本的份额。

（7）在单元格C39中输入公式“=C35-C38”，用拖拽填充柄的方法将公式复制至E39，计算出各项的月末在产品成本。

（8）单击 F37 单元格，单击“开始”/“编辑”组的“自动求和”按钮Σ，计算 SUM(C37:E37) 的值，再向下拖拽填充柄至 F39 单元格，复制合计公式，计算每个项目的合计。

完成的“第三车间成本计算单”如图 2-6-26 所示。

| 第三车间成本计算单 | | | | | |
|---|---|---|---|---|---|
| 项目 | 直接材料 | 燃料 | 直接人工 | 制造费用 | 合计 |
| 月初在产品成本 | | 36000.00 | 54000.00 | 54000.00 | 144000.00 |
| 本月发生费用 | | 352800.00 | 378000.00 | 378000.00 | 1108800.00 |
| 合计 | | 388800.00 | 432000.00 | 432000.00 | 1252800.00 |
| 约当产量 | | 1440.00 | 1440.00 | 1440.00 | |
| 单位成本 | | 270.00 | 300.00 | 300.00 | 870.00 |
| 计入产成品成本份额 | | 372600.00 | 414000.00 | 414000.00 | 1200600.00 |
| 月末在产品成本 | | 16200.00 | 18000.00 | 18000.00 | 52200.00 |

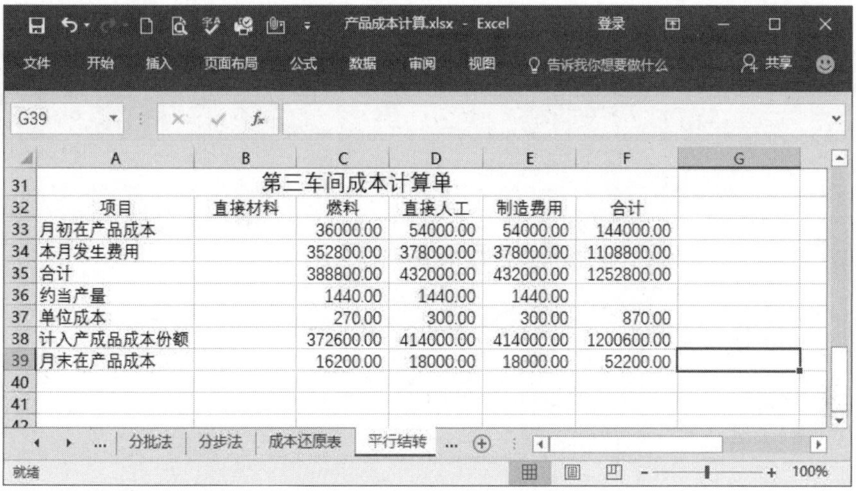

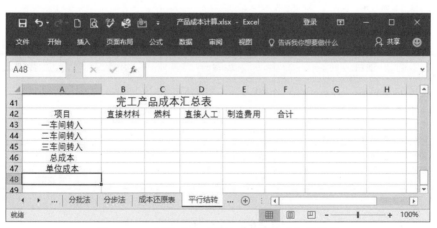

图 2-6-26　完成的“第三车间成本计算单”

5. 制作“完工产品成本汇总表”

（1）在上述完成的各车间成本计算单下面建立“完工产品成本汇总表”的结构，如图 2-6-27 所示。

| 完工产品成本汇总表 | | | | | |
|---|---|---|---|---|---|
| 项目 | 直接材料 | 燃料 | 直接人工 | 制造费用 | 合计 |
| 一车间转入 | | | | | |
| 二车间转入 | | | | | |
| 三车间转入 | | | | | |
| 总成本 | | | | | |
| 单位成本 | | | | | |

图 2-6-27　创建“完工产品成本汇总表”的结构

（2）在单元格 B43 中输入公式“=B17”，单击“输入”按钮✔，然后拖拽填充柄向右复制公式至 F43，导入第一车间的成本资料。

（3）在单元格 B44 中输入公式“=B28”，单击“输入”按钮✔，然后拖拽填充柄向右复制公式至 F44，导入第二车间的成本资料。

（4）在单元格 B45 中输入公式“=B38”，单击“输入”按钮✔，然后拖拽填充柄向右复制公式至 F45，导入第三车间的成本资料。

（5）在单元格 B46 中输入公式"=SUM(B43:B45)"，单击"输入"按钮✔，然后拖拽填充柄向右复制公式至 F46，计算出各项总成本。

（6）在单元格 B47 中输入公式"=B46/$D$5"，单击"输入"按钮✔，然后拖拽填充柄向右复制公式至 F47，计算出各项的单位成本，完成的"完工产品成本汇总表"如图 2-6-28 所示。

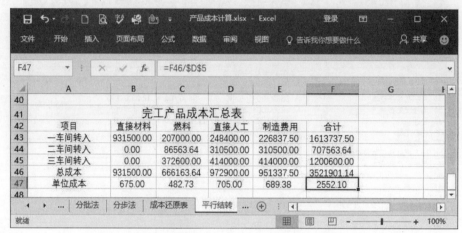

图 2-6-28　完成的"完工产品成本汇总表"

## 牛刀小试

某企业采用逐步结转分步法综合结转计算产品成本，资料见表 2-6-7 至 2-6-11，请使用 Excel 完成成本计算。

表 2-6-7　产量资料

| 项目 | 步骤一 | 步骤二 | 步骤三 |
| --- | --- | --- | --- |
| 月初在产品数量 | 20 | 20 | 50 |
| 本月投产数量 | 200 | 180 | 200 |
| 本月完工产品数量 | 180 | 200 | 150 |
| 月末在产品数量 | 40 | 0 | 100 |
| 在产品完工程度 | 50% | — | 50% |

表 2-6-8　生产费用资料

| 成本项目 | 月初在产品成本 | | | 本月发生费用 | | |
| --- | --- | --- | --- | --- | --- | --- |
| | 步骤一 | 步骤二 | 步骤三 | 步骤一 | 步骤二 | 步骤三 |
| 直接材料 | 160,000 | 200,000 | 650,000 | 173,000 | | |
| 直接工资 | 80,000 | 10,000 | 10,000 | 172,000 | 208,000 | 90,000 |
| 制造费用 | 12,000 | 20,000 | 15,000 | 208,000 | 154,000 | 125,000 |
| 合计 | | | | | | |

表 2-6-9　第一步骤产品成本计算单

| 项目 | 直接材料 | 直接工资 | 制造费用 | 合计 |
|---|---|---|---|---|
| 月初在产品成本 | | | | |
| 本月发生费用 | | | | |
| 合计 | | | | |
| 产品产量 | | | | |
| 在产品约当产量 | | | | |
| 合计 | | | | |
| 单位成本 | | | | |
| 转出半成品成本 | | | | |
| 在产品成本 | | | | |

表 2-6-10　第二步骤产品成本计算单

| 项目 | 直接材料 | 直接工资 | 制造费用 | 合计 |
|---|---|---|---|---|
| 月初在产品成本 | | | | |
| 本月发生费用 | | | | |
| 合计 | | | | |
| 产品产量 | | | | |
| 在产品约当产量 | | | | |
| 合计 | | | | |
| 单位成本 | | | | |
| 转出半成品成本 | | | | |
| 在产品成本 | | | | |

表 2-6-11　第三步骤产品成本计算单

| 项目 | 直接材料 | 直接工资 | 制造费用 | 合计 |
|---|---|---|---|---|
| 月初在产品成本 | | | | |
| 本月发生费用 | | | | |
| 合计 | | | | |
| 产品产量 | | | | |
| 在产品约当产量 | | | | |
| 合计 | | | | |
| 单位成本 | | | | |
| 完工产品成本 | | | | |
| 在产品成本 | | | | |

# 项目 7　Excel 在会计报表中的应用

## 任务 1　资产负债表

资产负债表

### 任务描述

资产负债表是企业常用的一种报表，是反映企业在某一特定日期的财务状况的报表，主要反映资产、负债和所有者权益三方面的内容，并满足“资产=负债+所有者权益”平衡式。我国企业的资产负债表采用账户式结构，分左右两方。左方为资产项目，按流动性排列；右方为负债及所有者权益项目，一般按要求清偿时间排列。资产各项目的合计等于负债和所有者权益各项目的合计，即“资产=负债+所有者权益”。

资产负债表的编制主要有以下 4 种方法：

（1）根据总账科目的余额直接填列。

（2）根据明细账科目余额计算填列。

（3）根据总账科目和明细账科目余额分析计算填列。

（4）根据有关科目余额减去其备抵科目余额后的净额填列。

本公司期初余额如下：货币资金 215,000 元，其他应收款 3,800 元，应收账款 157,600 元，存货 372,165 元，固定资产 461,545 元，累计折旧 155,455 元，应付账款 183,060 元，实收资本 1,027,050 元。常用的资产负债表简表如图 2-7-1 所示。

| | A | B | C | D |
|---|---|---|---|---|
| 1 | 资产负债表 | | | |
| 2 | 资产 | 期初余额 | 负债及所有者权益 | 期初余额 |
| 3 | 流动资产: | | 流动负债: | |
| 4 | 货币资金 | 215000 | 应付账款 | 183060 |
| 5 | 应收账款 | 157600 | 应付职工薪酬 | |
| 6 | 其他应收款 | 3800 | 应交税费 | |
| 7 | 存货 | 372165 | 负债合计 | 183060 |
| 8 | 流动资产合计 | 748565 | 实收资本 | 1027050 |
| 9 | 长期资产 | | 资本公积 | |
| 10 | 固定资产 | 461545 | 盈余公积 | |
| 11 | 无形资产 | | 所有者权益合计 | 1027050 |
| 12 | 长期资产合计 | | | |
| 13 | 资产合计 | 1210110 | 负债及所有者权益合计 | 1210110 |

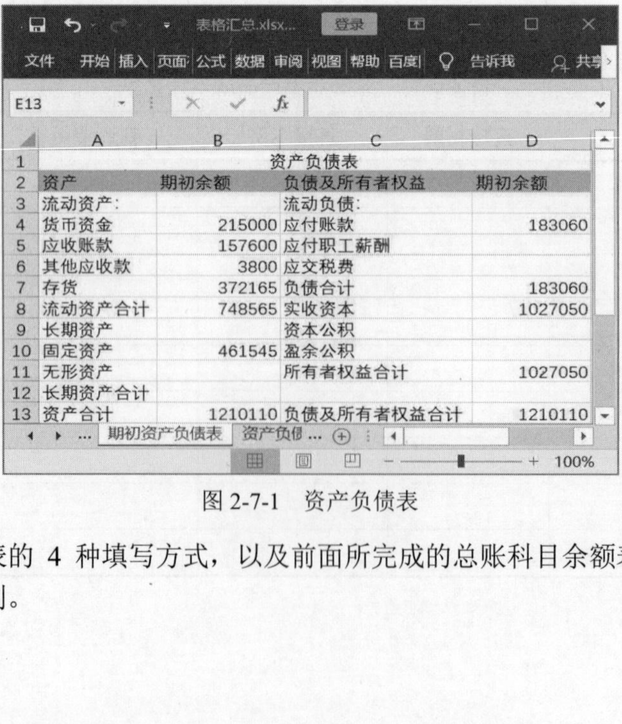

图 2-7-1　资产负债表

根据资产负债表的 4 种填写方式，以及前面所完成的总账科目余额表，完成本期资产负债表期末余额的填列。

## 操作步骤

### 1. 创建资产负债表结构

启动 Excel 后，在空白工作表中分别输入工作表标题“资产负债表”及设置表结构，如图 2-7-2 所示。

| 资产 | 期末余额 | 期初余额 | 负债及所有者权益 | 期末余额 | 期初余额 |
|---|---|---|---|---|---|
| 流动资产: | | | 流动负债: | | |
| 货币资金 | | 215000 | 应付账款 | | 183060 |
| 应收账款 | | 157600 | 应付职工薪酬 | | |
| 其他应收款 | | 3800 | 应交税费 | | |
| 存货 | | 372165 | 负债合计 | | 183060 |
| 流动资产合计 | | 748565 | 实收资本 | | 1027050 |
| 长期资产: | | | 盈余公积 | | |
| 固定资产 | | 461545 | 本年利润 | | |
| 无形资产 | | | 所有者权益合计 | | 1027050 |
| 长期资产合计 | | | | | |
| 资产合计 | | 1210110 | 负债及所有者权益合计 | | 1210110 |

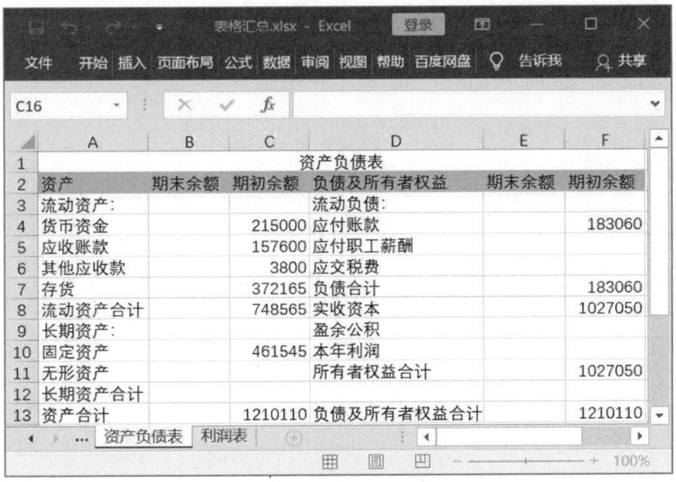

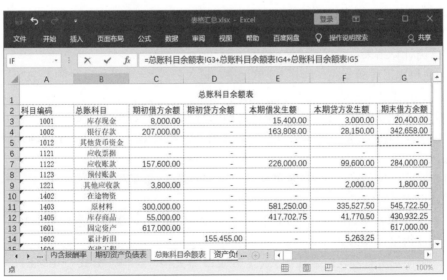

图 2-7-2　创建资产负债表结构

### 2. 定义公式

以总账科目余额表（图 2-7-3）为数据源，进行以下有关资产、负债和所有者权益项目的分析填列。

（1）货币资金公式。货币资金包括库存现金、银行存款和其他货币资金。选择资产负债表 B4 单元格，输入公式“=总账科目余额表!G3+总账科目余额表!G4+总账科目余额表!G5”，按 Enter 键确认公式，得出计算结果。

| 科目编码 | 总账科目 | 期初借方余额 | 期初贷方余额 | 本期借发生额 | 本期贷方发生额 | 期末借方余额 |
|---|---|---|---|---|---|---|
| 1001 | 库存现金 | 8,000.00 | - | 15,400.00 | 3,000.00 | 20,400.00 |
| 1002 | 银行存款 | 207,000.00 | - | 163,808.00 | 28,150.00 | 342,658.00 |
| 1012 | 其他货币资金 | - | - | - | - | - |
| 1121 | 应收票据 | - | - | - | - | - |
| 1122 | 应收账款 | 157,600.00 | - | 226,000.00 | 99,600.00 | 284,000.00 |
| 1123 | 预付账款 | - | - | - | - | - |
| 1221 | 其他应收款 | 3,800.00 | - | - | 2,000.00 | 1,800.00 |
| 1402 | 在途物资 | - | - | - | - | - |
| 1403 | 原材料 | 300,000.00 | - | 581,250.00 | 335,527.50 | 545,722.50 |
| 1405 | 库存商品 | 55,000.00 | - | 417,702.75 | 41,770.50 | 430,932.25 |
| 1601 | 固定资产 | 617,000.00 | - | - | - | 617,000.00 |
| 1602 | 累计折旧 | - | 155,455.00 | - | 5,263.25 | - |

图 2-7-3　总账科目余额表

（2）应收账款公式。选择 B5 单元格，输入公式"=总账科目余额表!G7"，按 Enter 键确认公式，得出计算结果。

（3）其他应收款公式。选择 B6 单元格，输入公式"=总账科目余额表!G9"，按 Enter 键确认公式，得出计算结果。

（4）存货公式。选择 B7 单元格，输入公式"=总账科目余额表!G11+总账科目余额表!G12+总账科目余额表!G28"，按 Enter 键确认公式，得出计算结果。

（5）流动资产合计的公式。在流动资产合计期末数 B8 单元格中输入公式"=SUM(B4:B7)"，如图 2-7-4 所示，按 Enter 键确认公式，得出计算结果。

图 2-7-4　流动资产合计公式

同理，用户可以分别在长期资产合计、负债合计及所有者权益合计期末数栏里分别输入相应的求和公式。

（6）固定资产公式。选择 B10 单元格，输入公式"=总账科目余额表!G13-总账科目余额表!H14"，按 Enter 键确认公式，得出计算结果。

（7）资产合计的公式。在资产合计期末数一栏，即 B13 单元格中输入公式"=B8+B12"，按 Enter 键确认公式，得出计算结果。

（8）应付账款公式。选择 E4 单元格，输入公式"=总账科目余额表!H19"，按 Enter 键确认公式，得出计算结果。

（9）应付职工薪酬公式。选择 E5 单元格，输入公式"=总账科目余额表!H20"，按 Enter 键确认公式，得出计算结果。

（10）应交税费公式。由于应交税费是期末借方有余额，所以应是负值，要在公式前面输入负号。选择 E6 单元格，输入公式"=-总账科目余额表!G21"，按 Enter 键确认公式，得出计算结果。

（11）实收资本公式。选择 E8 单元格，输入公式"=总账科目余额表!H24"，按 Enter 键确认公式，得出计算结果。

（12）本年利润公式。选择 E10 单元格，输入公式"=总账科目余额表!H26"，按 Enter 键确认公式，得出计算结果。

（13）负债及所有者权益合计的公式。在 E13 单元格一栏输入公式"=E7+E11"，按 Enter 键确认公式，得出计算结果。

资产负债表的最终计算结果如图 2-7-5 所示。

| | A | B | C | D | E | F |
|---|---|---|---|---|---|---|
| 1 | 资产负债表 | | | | | |
| 2 | 资产 | 期末余额 | 期初余额 | 负债及所有者权益 | 期末余额 | 期初余额 |
| 3 | 流动资产: | | | 流动负债: | | |
| 4 | 货币资金 | 363058 | 215000 | 应付账款 | 848922.5 | 183060 |
| 5 | 应收账款 | 284000 | 157600 | 应付职工薪酬 | 167266 | |
| 6 | 其他应收款 | 1800 | 3800 | 应交税费 | -49562.5 | |
| 7 | 存货 | 993819.75 | 372165 | 负债合计 | 966626 | 183060 |
| 8 | 流动资产合计 | 1642677.75 | 748565 | 实收资本 | 1091258 | 1027050 |
| 9 | 长期资产: | | | 盈余公积 | | |
| 10 | 固定资产 | 456281.75 | 461545 | 本年利润 | 41075.5 | |
| 11 | 无形资产 | | | 所有者权益合计 | 1132333.5 | 1027050 |
| 12 | 长期资产合计 | 456281.75 | | | | |
| 13 | 资产合计 | 2098959.5 | 1210110 | 负债及所有者权益合计 | 2098959.5 | 1210110 |

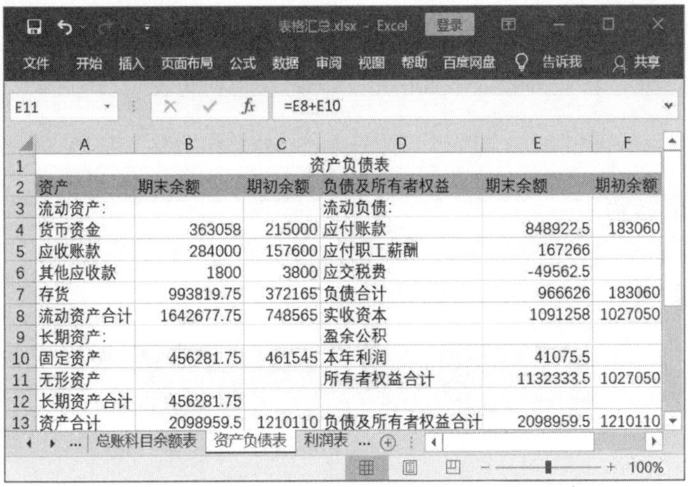

图 2-7-5　资产负债表最终计算结果

3. 保存并输出打印

双击工作表标签，改名为“资产负债表”，如图 2-7-6 所示，对工作表进行适当的美化，保存工作簿为“表格汇总”。最后进行页面设置，执行“文件”/“打印”命令将“资产负债表”进行打印输出。

| | A | B | C | D | E | F |
|---|---|---|---|---|---|---|
| 1 | 资 产 负 债 表 | | | | | |
| 2 | 资产 | 期末余额 | 期初余额 | 负债及所有者权益 | 期末余额 | 期初余额 |
| 3 | 流动资产: | | | 流动负债: | | |
| 4 | 货币资金 | 363,058.00 | 215,000.00 | 应付账款 | 848,922.50 | 183,060.00 |
| 5 | 应收账款 | 284,000.00 | 157,600.00 | 应付职工薪酬 | 167,266.00 | - |
| 6 | 其他应收款 | 1,800.00 | 3,800.00 | 应交税费 | -49,562.50 | - |
| 7 | 存货 | 993,819.75 | 372,165.00 | 负债合计 | 966,626.00 | 183,060.00 |
| 8 | 流动资产合计 | 1,642,677.75 | 748,565.00 | 实收资本 | 1,091,258.00 | 1,027,050.00 |
| 9 | 长期资产: | | | 盈余公积 | - | - |
| 10 | 固定资产 | 456,281.75 | 461,545.00 | 本年利润 | 41,075.50 | - |
| 11 | 无形资产 | - | - | 所有者权益合计 | 1,132,333.50 | 1,027,050.00 |
| 12 | 长期资产合计 | 456,281.75 | 461,545.00 | | | |
| 13 | 资产合计 | 2,098,959.50 | 1,210,110.00 | 负债及所有者权益合计 | 2,098,959.50 | 1,210,110.00 |

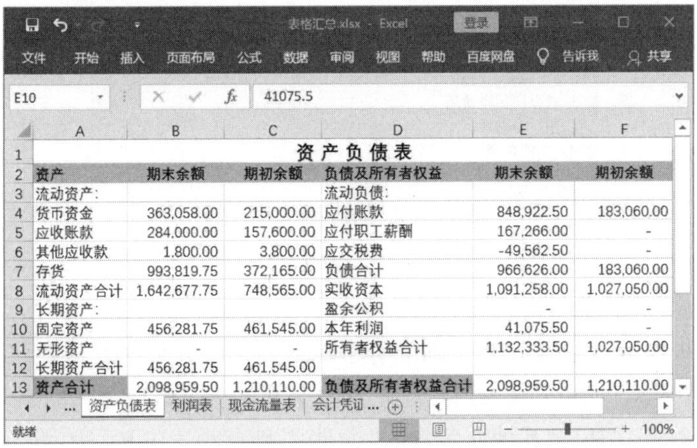

图 2-7-6　资产负债表

# 任务 2　利润表

利润表

## 任务描述

利润表是反映企业在一定会计期间的经营成果的报表。利润表可以反映企业在一定期间收入、费用及利润（或亏损）的数额构成情况，帮助财务报表使用者全面了解企业的经营成果，分析企业的获利能力及盈利增长趋势，从而为经济决策提供依据。我国企业的利润表采用多步式格式。

本公司本期主营业务收入 200,000 元，主营业务成本 41,770.50 元，销售费用 33,152.33 元，管理费用 89,201.67 元，营业外收入 5,200 元，编制本期利润表。

**操作步骤**

**1. 创建利润表结构**

在 Excel 中双击空白工作表标签，输入工作表名称为"利润表"，输入工作表标题"利润表"及完成构建表结构，如图 2-7-7 所示。

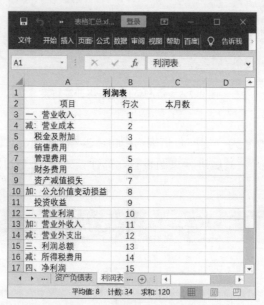

图 2-7-7　创建利润表结构

**2. 定义公式**

以总账科目余额表为数据源，进行利润表相关项目的填列。

（1）营业收入公式。营业收入原则上等于主营业务收入加上其他业务收入。选择 C3 单元格，输入公式"=SUMIF(总账科目余额表!B:B,"主营业务收入",总账科目余额表!F:F)+SUMIF(总账科目余额表!B:B,"其他业务收入",总账科目余额表!F:F)，如图 2-7-8 所示，按 Enter 键确认公式，得出计算结果。

（2）营业成本公式。营业成本原则上等于主营业务成本加上其他业务成本。选择 C4 单元格，输入公式"=SUMIF(总账科目余额表!B:B,"主营业务成本",总账科目余额表!E:E)+SUMIF(总账科目余额表!B:B,"其他业务成本",总账科目余额表!E:E)，按 Enter 键确认公式，得出计算结果。

（3）销售费用公式。选择 C6 单元格，输入公式"=SUMIF(总账科目余额表!B:B,"销售费用",总账科目余额表!E:E)，按 Enter 键确认公式，得出计算结果。

（4）管理费用公式。选择 C7 单元格，输入公式"=SUMIF(总账科目余额表!B:B,"管理费用",总账科目余额表!E:E)，按 Enter 键确认公式，得出计算结果。

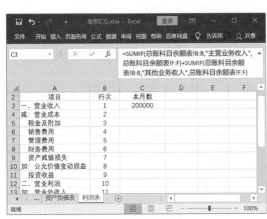

图 2-7-8　定义营业收入公式

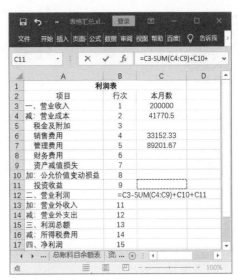

图 2-7-9　定义营业利润本月数公式

（5）营业利润公式。选择 C12 单元格，输入公式 "=C3-SUM(C4:C9)+C10+C11"，如图 2-7-9 所示，按 Enter 键确认公式，得出计算结果。

（6）利润总额公式。选择 C15 单元格，输入公式 "=C12+C13-C14"。

（7）所得税费用公式。选择 C16 单元格，输入公式 "=SUMIF(总账科目余额表!B:B,"所得税费用",总账科目余额表!E:E)，按 Enter 键确认公式，得出计算结果。

（8）净利润公式。选择 C17 单元格，输入公式 "=C15-C16"，按 Enter 键确认公式，得出计算结果。

利润表最终计算结果如图 2-7-10 所示。

**3. 美化、保存和输出**

适当对利润表进行美化，按 Ctrl+S 组合键保存工作簿，然后进行页面设置，如图 2-7-11 所示，执行"文件"/"打印"命令将利润表打印输出。

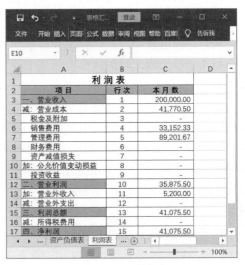

图 2-7-10　利润表最终计算结果　　　　　　图 2-7-11　利润表

现金流量表

# 任务3　现金流量表

**任务描述**

现金流量表是综合反映企业一定时期内现金来源、运用及增减变动情况的会计报表。现金流量表中的现金与一般所指的现金不同，通常包括现金和现金等价物。

现金是指企业的库存现金以及可以随时用于支付的存款。

会计上所说的现金通常指企业的库存现金。而现金流量表中的"现金"不仅包括"现金"账户核算的库存现金，还包括企业"银行存款"账户核算的存入金融企业、随时可以用于支付的存款，也包括"其他货币资金"账户核算的外埠存款、银行汇票存款、银行本票存款和在途货币资金等其他货币资金。应注意的是，银行存款和其他货币资金中有些不能随时用于支付的存款，如不能随时支取的定期存款等，不应作为现金，而应列作投资；提前通知金融企业便可支取的定期存款，则应包括在现金范围内。

现金等价物是指企业持有的期限短、流动性强、易于转换为已知金额现金、价值变动风险很小的投资。现金等价物虽然不是现金，但其支付能力与现金的差别不大，可视为现金。如企业为保证支付能力，手持必要的现金，为了不使现金闲置，可以购买短期债券，在需要现金时，随时可以变现。

一项投资被确认为现金等价物必须同时具备 4 个条件：期限短、流动性强、易于转换为已知金额现金、价值变动风险很小。其中，期限较短，一般是指从购买日起，3 个月内到期。例如可在证券市场上流通的 3 个月内到期的短期债券投资等。

现金流量是某一段时期内企业现金流入和流出的数量。如企业销售商品、提供劳务、出售固定资产、向银行借款等取得现金，形成企业的现金流入；购买原材料、接受劳务、购建固定资产、对外投资、偿还债务等而支付现金，形成企业的现金流出。现金流量信息能够表明企业经营状况是否良好，资金是否紧缺，企业偿付能力大小，从而为投资者、债权人、企业管理者提供非常有用的信息。应该注意的是，企业现金形式的转换不会产生现金的流入和流出，如企业从银行提取现金，是企业现金存放形式的转换，并未流出企业，不构成现金流量；同样，现金与现金等价物之间的转换也不属于现金流量，比如，企业用现金购买将于 3 个月内到期的国库券。

现金流量表的编制方法有直接法和间接法两种。直接法是通过现金收入和支出的主要类别反映来自企业经营活动的现金流量。间接法是以本期净利润为起算点，调整不涉及现金的收入、费用、营业外收支以及有关项目的增减变动，据此计算出经营活动的现金流量。现行会计准则规定采用直接法，同时要求在现金流量表附注中披露将净利润调节为经营活动现金流量的信息，也就是用间接法来计算经营活动的现金流量。这里我们将采用直接法进行现金流量表的编制。

现金流量表分正表和补充资料两部分。现金流量表是以"现金流入－现金流出=现金流量净额"为基础，采取多步式，分别为经营活动、投资活动和筹资活动，分项报告企业的现金流入量和流出量。现金流量表补充资料部分又细分为三部分，第一部分是不涉及现金收支的投资和筹资活动；第二部分是将净利润调节为经营活动的现金流量，即所谓现金流量表编制的净额法；第三部分是现金及现金等价物净增加情况。

本公司本月业务所涉及的现金流量项目并不多，所以这里主要介绍编制方法。编制现金流量表的基础是前期完成的会计凭证表。

**操作步骤**

1. 建立现金流量表

在 Excel 中双击空白工作表标签 Sheet3，将其重命名为"现金流量表"。以会计工作中"现金流量表"为模板完成现金流量表样式的设置，如图 2-7-12 所示。

图 2-7-12　现金流量表

2. 数据有效性设置和对会计业务进行现金流量分类

打开前面制作的会计凭证表，首先对会计凭证表中的 L 列进行数据有效性设置。数据有效性设置是将现金流量表中各项目分类设置为序列，具体方法如下所述。

（1）选择会计凭证表的 L 列，将其命名为"现金流量分类"，并对其格式进行设置。设置目的是将其作为辅助列，对会计凭证表中涉及现金流量的分录进行现金流量分类。

（2）将汇总的现金流量项目分类复制粘贴至会计凭证表，目的是将汇总的现金流量项目分类作为序列。

（3）设置 L 列的数据有效性。选中 L2 单元格，单击"数据"/"数据验证"，打开"数据验证"对话框，输入相应参数，如图 2-7-13 所示。然后利用填充柄将 L2 单元格数据有效性设置填充至表尾。

（4）筛选现金流量表相关会计分录。选择会计凭证表中的任意一个单元格，单击"数据"

/“筛选”，然后单击科目编码右下角的筛选按钮，在弹出的界面中取消勾选“全选”复选框，勾选 1001、100201 和 100202 项，然后单击“确定”按钮即可，如图 2-7-14 所示。

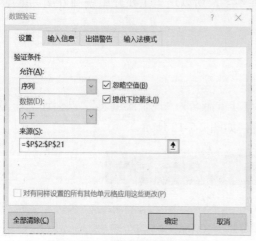

图 2-7-13 “数据验证”对话框

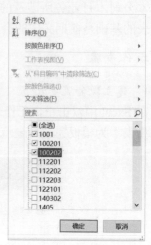

图 2-7-14 筛选会计科目

（5）对会计业务进行现金流量分类。对第 4 步筛选出来的会计业务进行判断，并选择相应的现金流量分类，如图 2-7-15 所示（注意提现业务不影响企业现金流入总量）。

| | 类别编 | 年 | 月 | 日 | 附 | 摘要 | 科目编 | 总账科目 | 明细科 | 借方金 | 贷方金 | 现金流量分类 |
|---|---|---|---|---|---|---|---|---|---|---|---|---|
| 2 | 现收1 | 2021 | 03 | 02 | 1 | 收到罚没款现金 | 1001 | 库存现金 | | 200.00 | | 收到的与经营活动有关的其他现金 |
| 4 | 银付1 | 2021 | 03 | 03 | 1 | 提现备用 | 1001 | 库存现金 | | 10,000.00 | | |
| 5 | 银付1 | 2021 | 03 | 03 | 1 | 提现备用 | 100201 | 银行存款 | 工行 | | 10,000.00 | |
| 6 | 银收1 | 2021 | 03 | 05 | 1 | 收到投资 | 100202 | 银行存款 | 中行 | 64,208.00 | | 收到的与投资活动有关的其他现金 |
| 10 | 银付2 | 2021 | 03 | 08 | 1 | 采购材料 | 100201 | 银行存款 | 工行 | | 16,950.00 | 购买商品、接受劳务支付的现金 |
| 11 | 银收2 | 2021 | 03 | 12 | 1 | 收到还款 | 100201 | 银行存款 | 工行 | 99,600.00 | | 销售商品或提供劳务收到现金 |
| 19 | 银付3 | 2021 | 03 | 16 | 1 | 支付业务招待费 | 100201 | 银行存款 | 工行 | | 1,200.00 | 支付的与经营活动有关的其他现金 |
| 21 | 现収2 | 2022 | 03 | 18 | 2 | 报销差旅费 | 1001 | 库存现金 | | 200.00 | | 支付的与经营活动有关的其他现金 |
| 33 | 现收3 | 2021 | 03 | 29 | 1 | 收到赔款 | 1001 | 库存现金 | | 5,000.00 | | 收到的与经营活动有关的其他现金 |
| 35 | 现付1 | 2021 | 03 | 31 | 1 | 支付广告费 | 1001 | 库存现金 | | | 3,000.00 | 支付的与经营活动有关的其他现金 |
| 81 | | | | | | | | | | | | |

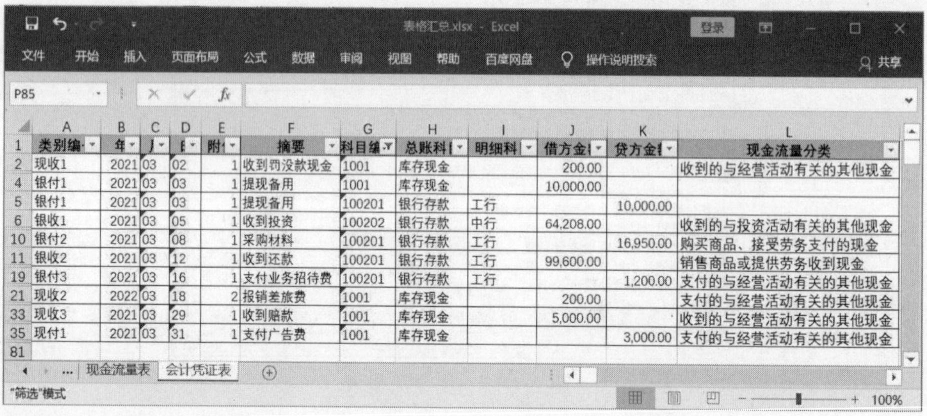

图 2-7-15 筛选会计科目

（6）名称定义。选择 L 列，单击“公式”/“定义名称”选项，将其名称定义为“现金流量分类”；选择 J 列，单击“定义名称”，将其名称定义为“会计凭证借方金额”；选择 K 列，单击“定义名称”，将其名称定义为“会计凭证贷方金额”。

3. 定义公式

（1）选择 C4 单元格，输入 SUMIF()函数，单击“公式”/“用于公式”，输入参数，如图 2-7-16 所示，按 Enter 键确认公式。然后利用填充柄，将 C4 单元格公式填充至 C5 和 C6 单元格。同理，用户可以定义 C8 至 C11 单元格的公式，注意将 SUMIF()函数第 3 个参数修改为“会计凭证表贷方金额”。

（2）选择 C7 单元格，输入公式“=SUM(C4:C6)”，按 Enter 键确认公式。同理，用户可以分别在 C12、C19 和 C23 单元格中输入相应的求和公式。

图 2-7-16　定义 C4 单元格公式

（3）可以参照 C4 单元格的公式定义 C15 至 C18 单元格的公式；可以参照 C8 至 C11 单元格的公式定义 C20 至 C22 单元格的公式。

（4）本书业务不涉及筹资活动和外汇业务，这里不再阐述筹资活动的公式定义和汇率变动对现金的影响。

（5）选择 C36 单元格，输入公式"=SUM(C13+C24+C34)"，按 Enter 键确认公式。

（6）选择 C37 单元格，输入公式"=资产负债表!C4"，按 Enter 键确认公式。

（7）选择 C38 单元格，输入公式"=SUM(C36+C37)"，按 Enter 键确认公式。

现金流量表的最终结果如图 2-7-17 所示。

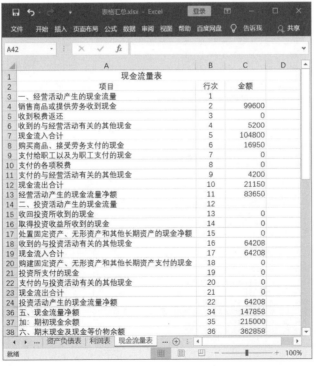

图 2-7-17　现金流量表的最终结果

### 4. 保护工作表

（1）单击"审阅"/"更改"组的"保护工作表"按钮 ，打开"保护工作表"对话框，如图 2-7-18 所示。

图 2-7-18 　"保护工作表"对话框

（2）在"取消工作表保护时使用的密码"文本框中输入设定的保护密码，单击"确定"按钮，将工作表进行保护。

### 5. 美化、保存和输出

按 Ctrl+S 组合键保存"现金流量表"，然后再进行页面设置，如图 2-7-19 所示。最后执行"文件"/"打印"命令将现金流量表打印输出。

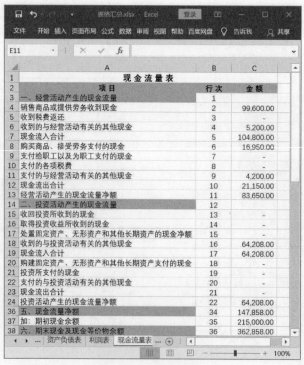

图 2-7-19 　现金流量表

**牛刀小试**

1. ××石化公司 202×年 12 月 31 日有关账户科目余额表如图 2-7-20 所示（单位：万元）。

科目余额表

| 科目名称 | 借方余额 | 科目名称 | 贷方余额 |
|---|---|---|---|
| 库存现金 | 4 000 | 短期借款 | 16 124 |
| 银行存款 | 10 000 | 应付票据 | 23 243 |
| 其他货币资金 | 747 | 应付账款 | 52 967 |
| 应收票据 | 7 143 | 预收账款 | 14 086 |
| 应收账款 | 15 296 | 应付职工薪酬 | 4 488 |
| 坏账准备 | -764 | 应交税费 | 5 262 |
| 其他应收款 | 11 487 | 其他应付款 | 25 991 |
| 预付账款 | 5 051 | 预计负债 | 512 |
| 材料采购 | 400 | 长期借款 | 118 690 |
| 原材料 | 80 000 | 注：一年内到期的长期借款 | 15 198 |
| 材料成本差异 | 6 | 应付债券 | 14 187 |
| 库存商品 | 8 000 | 递延所得税负债 | 16 |
| 发出商品 | 10 | 实收资本 | 86 702 |
| 委托加工物资 | 120 | 资本公积 | 37 121 |
| 周转材料 | 500 | 盈余公积 | 33 434 |
| 存货跌价准备 | -100 | 利润分配 | 58 366 |
| 长期股权投资 | 15 000 | | |
| 长期股权投资减值准备 | -854 | | |
| 固定资产 | 543 082 | | |
| 累计折旧 | -265 611 | | |
| 固定资产减值准备 | -6 234 | | |
| 工程物资 | 555 | | |
| 在建工程 | 48 073 | | |
| 无形资产 | 6 000 | | |
| 累计摊销 | -76 | | |
| 长期待摊费用 | 3 657 | | |
| 递延所得税资产 | 5 701 | | |
| 合计 | 491 189 | 合计 | 491 189 |

图 2-7-20　科目余额表

试根据上述余额资料编制如图 2-7-21 所示的××石化公司资产负债表。

资产负债表

| 编制单位：××石化公司 | 202×年12月31日 | | 企会01表 单位：万元 |
|---|---|---|---|
| **资　　产** | 期末金额 | **负债及所有者权益** | 期末金额 |
| 流动资产 | | 流动负债 | |
| 货币资金 | | 短期借款 | |
| 交易性金融资产 | | 应付票据 | |
| 应收票据 | | 应付账款 | |
| 应收账款 | | 预收账款 | |
| 预付账款 | | 应付职工薪酬 | |
| 应收利息 | | 应交税费 | |
| 应收股利 | | 应付利息 | |
| 其他应收款 | | 应付股利 | |
| 存货 | | 其他应付款 | |
| 一年内到期的非流动资产 | | 一年内到期的非流动负债 | |
| 其他流动资产 | | 其他流动负债 | |
| 流动资产合计 | | 流动负债合计 | |
| 非流动资产： | | 长期借款 | |
| 可供出售金融资产 | | 长期借款 | |
| 持有至到期投资 | | 应付债券 | |
| 长期应收款 | | 长期应付款 | |
| 长期股权投资 | | 专项应付款 | |
| 投资性房地产 | | 预计负债 | |
| 固定资产 | | 递延所得税负债 | |
| 在建工程 | | 其他非流动负债 | |
| 工程物资 | | 非流动负债合计 | |
| 固定资产清理 | | 负债合计 | |
| 生产性生物资产 | | 所有者权益： | |
| 油气资产 | | 实收资本 | |
| 无形资产 | | 资本公积 | |
| 开发支出 | | 减：库存股 | |
| 商誉 | | 盈余公积 | |
| 长期待摊费用 | | 未分配利润 | |
| 递延所得税资产 | | 所有者权益合计 | |
| 其他非流动资产 | | | |
| 非流动资产合计 | | | |
| 资产总计 | | 负债及所有者权益总计 | |

图 2-7-21　资产负债表

表中数据的填写依据如下所述。

应收票据、其他应收款、应收股利、应收利息、长期股权投资、工程物资、在建工程、长期待摊费用、递延所得税资产、短期借款、应付票据、应付职工薪酬、应交税费、应付利息、应付股利、其他应付款按照其总分类账的余额列示。

货币资金=库存现金+银行存款+其他货币资金

　　=4,000+10,000+747=14,747

应收账款=应收账款明细账借方余额+预收账款明细账借方余额-坏账准备

　　=15,296-764=14,532

预付账款=应付账款明细账借方余额+预付账款明细账借方余额=5,051

存货=材料采购（或者在途物资）+原材料+材料成本差异+生产成本+库存商品+发出商品+周转材料+委托加工物资-存货跌价准备

　　=400+80,000+6+8,000+10+500+120-100=88,936

固定资产=固定资产-累计折旧-固定资产减值准备

　　=543,082-26,5611-6,234=271,237

无形资产=无形资产-累计摊销-无形资产减值准备

　　=6,000-76=5,924

应付账款=应付账款明细账贷方余额+预付账款明细账贷方余额=52,967

预收账款=应收账款明细账贷方余额+预收账款明细账贷方余额=14,086

一年内到期的非流动负债，分析长期借款、长期应付款、应付债券具体内容，将其中必须自资产负债表日起一年内偿还的金额单独列示于此。

长期借款、长期应付款、应付债券按照其总账余额扣除一年内要偿还的剩余金额列示。

长期借款=长期借款-一年内到期的长期借款

　　=118,690-15,198=103,492

预计负债、递延所得税负债按照其总账余额列示。

实收资本、资本公积、库存股、盈余公积均按照总分类账账户余额填列。

未分配利润需分析利润分配和本年利润账户余额填列。资产负债表和利润表在此处有衔接。期末的未分配利润金额=期初未分配利润金额+本会计年度利润表里列示的税后净利润。

2．利用 Excel 制作如图 2-7-22 所示的利润表。

**利 润 表**

编制单位：××石化公司　　　　　　　　202×年12月　　　　单位：元

| 项目 | 本期金额 | 上期金额 |
|---|---|---|
| 一、营业收入 | 800 954 | |
| 减：营业成本 | 669 249 | |
| 营业税金及附加 | 17 152 | |
| 销售费用 | 29 101 | |
| 管理费用 | 23 330 | |
| 财务费用 | 5 266 | |
| 资产减值损失 | 5 000 | |
| 加：公允价值变动收益（损失以"-"号填列） | | |
| 投资收益（损失以"-"号填列） | 813 | |
| 其中：对联营企业和合营企业的投资收益 | | |
| 二、营业利润（亏损以"-"号填列） | | |
| 加：营业外收入 | 9 782 | |
| 减：营业外支出 | 969 | |
| 其中：非流动资产处置损失 | | |
| 三、利润总额（亏损总额以"-"号填列） | | |
| 减：所得税费用 | 18 903 | |
| 四、净利润（净亏损以"-"号填列） | | |
| 五、每股收益： | | |
| （一）基本每股收益 | | |
| （二）稀释每股收益 | | |

图 2-7-22　利润表

3. 利用 Excel 制作如图 2-7-23 所示的所有者权益变动表。

**所有者权益变动表**

编制单位:××电子有限公司 单位:元

| 项目 | 2019年 | 2018年 | 变动额 | 变动率（%） |
|---|---|---|---|---|
| 一、上年年末余额 | 660899184.8 | 626872384.3 | | |
| 加: 会计政策变更 | | | | |
| 前期差错更正 | | | | |
| 二、本年年初余额 | 660899184.8 | 626872384.3 | | |
| 三、本期增减变动金额（减少以"—"填列） | 263823080.9 | 34026800.5 | | |
| （一）净利润 | 209957136.6 | 132593289.3 | | |
| （二）其他综合收益 | 1099927.55 | -80438774.51 | | |
| 上述（一）和（二）小计 | 211057064.1 | 52154514.77 | | |
| （三）所有者投入和减少资本 | 82468416.77 | 140000 | | |
| 1所有者投入资本 | 82182702.5 | 140000 | | |
| 2股份支付计入所有者权益的金额 | | | | |
| 3其他 | 285714.27 | | | |
| （四）利润分配 | -29702400 | -18267714.27 | | |
| 1提取盈余公积 | | | | |
| 2提取一般风险准备 | | | | |
| 3对所有者（或股东）的分配 | -29702400 | -12994800 | | |
| 4其他 | | -5272914.27 | | |
| （五）所有者权益内部结转 | | | | |
| 1资本公积转增资本（或股本） | | | | |
| 2盈余公积转增资本（或股本） | | | | |
| 3盈余公积弥补亏损 | | | | |
| 4其他 | | | | |
| （六）专项储备 | | | | |
| 1本期提取 | | | | |
| 2本期使用 | | | | |
| 四．本年年末余额 | 924722265.7 | 660899184.8 | | |

图 2-7-23 所有者权益变动表

# 项目 8　Excel 在投资决策中的应用

企业为了扩大经营规模，往往会制定投资决策。正确的投资决策是高效地投入和运用现金的关键，它将直接影响企业未来的经营状况，对提高企业利润、降低企业风险至关重要，因此，投资决策是企业财务管理的一项重要内容。

本项目将分为 5 个任务，分别介绍 5 种项目是否可行的评价方法，但现实中在评价一个项目是否可行时，不是只看一个评价指标，往往需要通过结合不同的评价指标从而作出最优的判断。

投资回收期法

## 任务 1　投资回收期法

### 任务描述

制定投资决策需要合理地预计投资方案的收益和风险，做好可行性分析。投资回收期法是静态指标，也称非贴现指标，是指不考虑货币的时间价值。

判断项目是否可行的标准：如果计算得来的实际投资回收期小于预计投资回收期，则项目可行，否则项目不可行。

某企业计划购买新厂房扩大生产，需要一次性投资人民币 330 万元，预计年平均净现金流量为 70 万元，该项目的基准投资回收期预计为 6 年，现在需要确认该投资项目是否可行。

### 操作步骤

1. 输入原始数据

启动 Excel，在空白工作表中输入投资项目的原始数据，如图 2-8-1 所示。

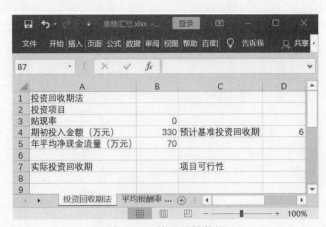

图 2-8-1　输入原始数据

**2. 计算实际投资回收期**

选择 B7 单元格，单击"公式"/"函数库"组中的"数学和三角函数"按钮，在弹出的下拉列表中选择 CEILING.MATH 函数，打开"函数参数"对话框，输入如图 2-8-2 所示的参数。

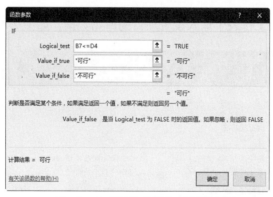

图 2-8-2　"函数参数"对话框 1

单击"确定"按钮，B7 单元格获得实际投资回收期为 5 年。

**3. 判断项目可行性**

选择 D7 单元格，单击"公式"/"函数库"组中的"逻辑"按钮，在弹出的下拉列表中选择 IF 函数，打开"函数参数"对话框，输入如图 2-8-3 所示的参数。

图 2-8-3　"函数参数"对话框 2

单击"确定"按钮，D7 单元格获得项目可行性为"可行"，如图 2-8-4 所示。

图 2-8-4　投资回收期判定结果

结论：根据判定结果，由于实际的投资回收期 5 小于预计投资回收期 6，所以，本次购买新厂房项目是可行的。

平均报酬率法

# 任务 2　平均报酬率法

## 任务描述

平均报酬率法是静态指标，也称非贴现指标，即不考虑货币的时间价值，在贴现率为零时计算得来。

判断项目是否可行的标准：如果计算得来的实际平均报酬率大于预计平均报酬率，则项目可行，否则项目不可行。

某企业计划购买新厂房扩大生产，需要一次性投资人民币 330 万元，预计年平均净现金流量为 70 万元，该项目的基准投资回收期预计为 6 年，基准平均报酬率为 19%，现在需要确认该投资项目是否可行。

## 操作步骤

### 1. 输入原始数据

启动 Excel，在空白工作表中输入投资项目的原始数据，如图 2-8-5 所示。

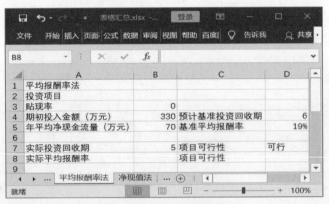

图 2-8-5　输入原始数据

### 2. 计算实际平均报酬率

选择 B8 单元格，输入公式 "=B5/B4"，按 Enter 键计算购买新厂房的实际平均报酬率为 21%（需要设置 B8 单元格格式为百分比，小数位数为 0）。

### 3. 判断项目可行性

选择 D8 单元格，单击 "公式" / "函数库" 组的 "逻辑" 按钮 🔽，在弹出的下拉列表中选择 IF 函数，打开 "函数参数" 对话框，输入如图 2-8-6 所示的参数。

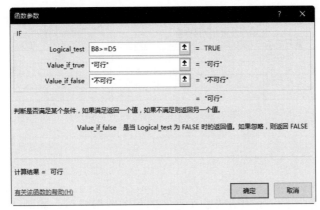

图 2-8-6　"函数参数"对话框

单击"确定"按钮，D8 单元格获得项目可行性为"可行"，如图 2-8-7 所示。

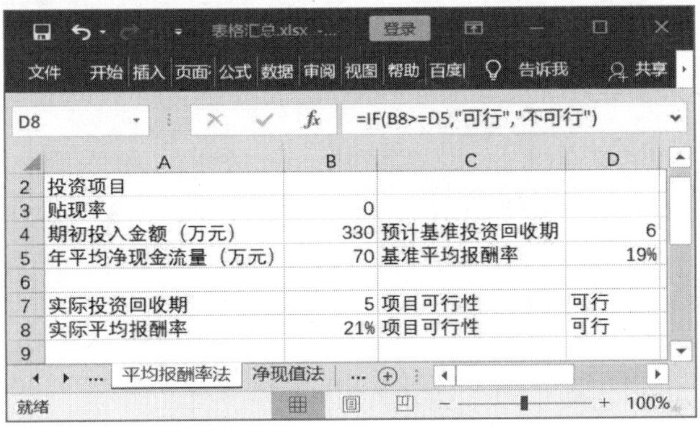

图 2-8-7　投资收益率判定结果

结论：根据判定结果，实际的平均报酬率 21%大于预计平均报酬率 19%，所以，本次购买新厂房项目是可行的。

# 任务 3　净现值法

净现值法

**任务描述**

净现值和现值指数是动态指标也称贴现指标，需要考虑货币的时间价值。净现值法是指一项投资所产生的未来现金流的折现值与项目投资成本之间的差值，是绝对数。

判断项目是否可行的标准：如果净现值为正数，则项目可行，否则项目不可行。

某企业计划购买一批生产设备扩大生产，现有两种方案供选择：一种是购买国产设备，另一种是购买进口设备，其相关资料如图 2-8-8 所示。请用净现值法确定哪种方案最优。（这里对设备的折旧采用直线折旧法，收益的 5 年内销售量与单价、变动成本均为已知，不考虑其他成本。）

| 设备原始资料 | | | 投入设备后的收益预测 | | |
|---|---|---|---|---|---|
| | 国产设备 | 进口设备 | | 国产设备 | 进口设备 |
| 购买成本 | 260000 | 450000 | 销售数量 | 3000 | 5000 |
| 安装费 | 2000 | 4000 | 单价 | 90 | 90 |
| 使用年限 | 5 | 5 | 单位变动成本 | 21 | 23 |
| 资产残值 | 20000 | 40000 | 每年设备折旧 | | |
| | | | 年净收益 | | |

图 2-8-8 购买设备的相关资料

**操作步骤**

1. 输入原始数据

启动 Excel，在空白工作表中输入购买设备的相关数据资料，如图 2-8-9 所示。

| | A | B | C | D | E | F | G |
|---|---|---|---|---|---|---|---|
| 1 | | 设备原始资料 | | 投入设备后的收益预测 | | | |
| 2 | | 国产设备 | 进口设备 | | 国产设备 | 进口设备 | |
| 3 | 购买成本 | 260000 | 450000 | 销售数量 | 3000 | 5000 | |
| 4 | 安装费 | 2000 | 4000 | 单价 | 90 | 90 | |
| 5 | 使用年限 | 5 | 5 | 单位变动成本 | 21 | 23 | |
| 6 | 资产残值 | 20000 | 40000 | 每年设备折旧 | | | |
| 7 | | | | 年净收益 | | | |
| 8 | | | | | | | |



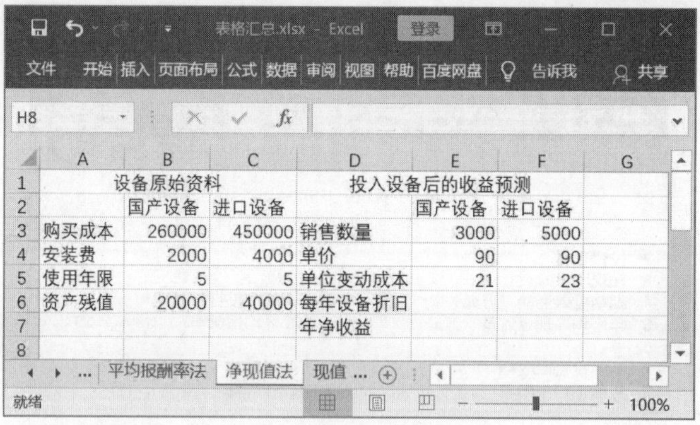

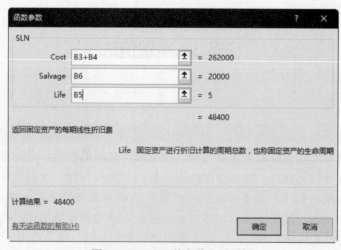

图 2-8-9 输入相关数据资料

2. 计算每年设备折旧额

选择 E6:E7 单元格，单击“公式”/“函数库”组中的“财务”按钮，在弹出的下拉列表中选择 SLN 函数，打开“函数参数”对话框，输入如图 2-8-10 所示的参数。

图 2-8-10 “函数参数”对话框

按 Ctrl+Enter 组合键，计算国产设备和进口设备的每年折旧额，如图 2-8-11 所示。

图 2-8-11　计算每年设备折旧

**3. 计算年净收益**

选择 E7:F7 单元格，输入公式 "=E3*(E4-E5)-E6"，按 Ctrl+Enter 组合键，计算两种设备的年净收益，如图 2-8-12 所示。

图 2-8-12　计算年净收益

**4. 计算初期投资额**

首先，创建收益净现值计算表，如图 2-8-13 所示。然后，选择 B11:C11 单元格，输入公式 "=-(B3+B4)"，按 Ctrl+Enter 组合键，计算两种设备初期的投资额，如图 2-8-14 所示。

图 2-8-13　创建收益净现值表

图 2-8-14　计算初期投资额

**5. 计算第 1 年至第 5 年的收益值**

选择 B12:C16 单元格区域，输入公式"=E$7"，按 Ctrl+Enter 组合键，分别计算两种设备第 1 年到第 5 年的收益值，如图 2-8-15 所示。

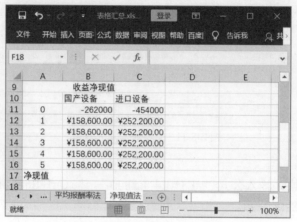

图 2-8-15　计算 5 年的收益值

**6. 计算净现值**

首先，在 A19:C19 单元格中依次输入"贴现率"、10%、"最优方案"，然后选择 B17:C17 单元格，输入公式"=NPV($B$19,B12:B16)+B11"，按 Ctrl+Enter 组合键，分别计算两种设备收益净现值，如图 2-8-16 所示。

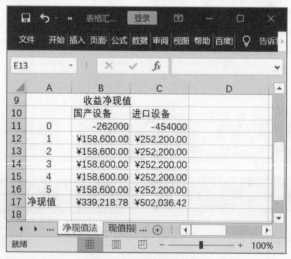

图 2-8-16　计算净现值

**7. 确定最优方案**

选择 D19 单元格，单击"公式"/"函数库"组中的"逻辑"按钮 ，在弹出的下拉列表中选择 IF 函数，打开"函数参数"对话框，输入如图 2-8-17 所示的参数。

单击"确定"按钮，显示当贴现率为 10%时的最佳投资方案，结果如图 2-8-18 所示。

图 2-8-17　"函数参数"对话框

图 2-8-18　确定最优方案

# 任务 4　现值指数法

现值指数法

**任务描述**

现值指数即获利指数，是指投资方案未来现金净流量现值与原始投资额现值的比值，即：现金指数=现金净流量现值÷原始投资额现值，是相对数。

判断项目是否可行的标准：如果现值指数大于 1，则项目可行，否则项目不可行。当有多个方案进行比较时，则选择现值指数最大的作为最优项目。

某企业为进行的某项投资提供了 4 种可能性的方案，这些方案的初期投资均设为同一个值，其方案资料如图 2-8-19 所示。请根据 4 种方案每年不同的收益，用现值指数法评估出最优方案。

| 现值指数法投资分析表 | | | | | |
|---|---|---|---|---|---|
| 单位 | 万元 | 贴现率 | | 10% | |
| 方案 | 方案A | 方案B | 方案C | 方案D | 选择方案 |
| 一年前的初期投资 | −25,000 | −25,000 | −25,000 | −25,000 | |
| 第一年的收益 | 5,800 | 6,500 | 6,000 | 7,000 | |
| 第二年的收益 | 6,200 | 6,900 | 6,350 | 7,280 | |
| 第三年的收益 | 7,300 | 7,200 | 7,100 | 7,350 | |
| 第四年的收益 | 8,000 | 7,600 | 7,900 | 7,600 | |
| 第五年的收益 | 8,500 | 8,900 | 8,400 | 8,100 | |
| 现值指数 | | | | | |

图 2-8-19　投资的 4 种可能性方案

**操作步骤**

1. 输入基础数据

启动 Excel，在空白工作表中输入 4 种可能性方案的基础数据，如图 2-8-20 所示。

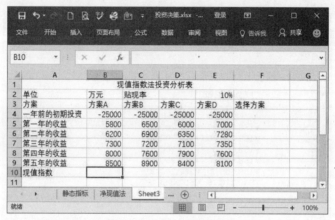

图 2-8-20　输入基础数据

2. 计算方案 A 的现值指数

选择 B10 单元格，单击"公式"/"函数库"组中的"财务"按钮，在弹出的下拉列表中选择 NPV 函数，打开"函数参数"对话框，输入如图 2-8-21 所示的参数。

图 2-8-21　"函数参数"对话框

单击"确定"按钮，然后单击编辑栏，接着输入"/-B4"，单击"输入"按钮✔，计算方案 A 的现值指数，如图 2-8-22 所示。

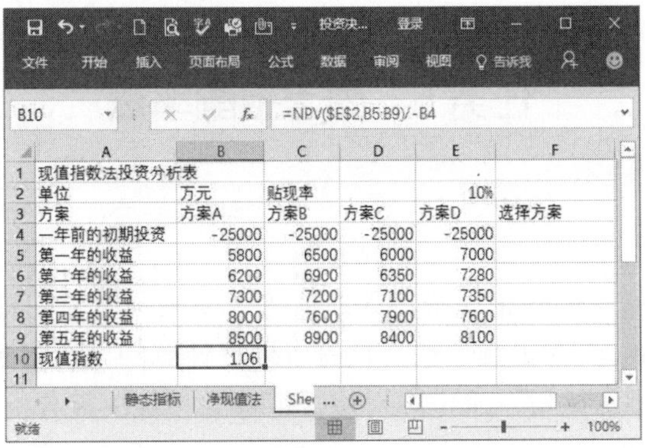

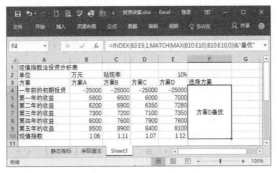

图 2-8-22　计算方案 A 的现值指数

3. 计算其他方案现值指数

拖拽 B10 单元格右下角填充柄，向右复制公式，计算其他方案的现值指数，如图 2-8-23 所示。

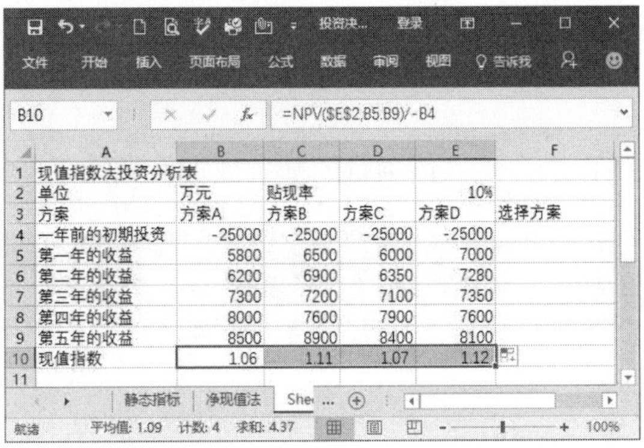

图 2-8-23　计算其他方案的现值指数

4. 评估最优方案

选择 F4 单元格，输入公式"=INDEX(B3:E9,1,MATCH(MAX(B10:E10),B10:E10,0))&"最优""，按 Enter 键，评估最优方案为"方案 D"，如图 2-8-24 所示。

图 2-8-24　评估最优方案

结论：方案 A～方案 D 的现值指数均大于 1，因此，这 4 种方案均可行，而方案 D 的现值指数最大，所以，方案 D 为最优方案。

内含报酬率法

# 任务5　内含报酬率法

## 任务描述

内含报酬率，是指能够使未来现金流入现值等于未来现金流出现值的，或者说是使投资方案净现值为零的贴现率。内含报酬率法是把投资项目计算的内含报酬率与企业要求的最低报酬率或企业的资本成本进行比较，确定项目是否可行的一种决策分析方法。

判断项目是否可行的标准：如果计算的内含报酬率大于企业的最低报酬率或资本成本，则项目可行，否则项目不可行。

某企业拟投资一个项目，该项目在建设起点一次性投资 254,580 元，当年完工并投产，投产后每年可获净现金流量 50,000 元，经营期为 15 年，企业要求的最低报酬率为 15.6%。求该项目的内含报酬率并判断该项目是否可行。

## 操作步骤

### 1. 输入基础数据

启动 Excel，在空白工作表中输入该项目的基础数据，如图 2-8-25 所示。

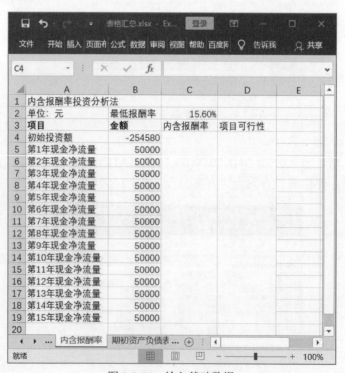

图 2-8-25　输入基础数据

2．计算内含报酬率

选择 C4 单元格，单击"公式"/"函数库"组中的"财务"按钮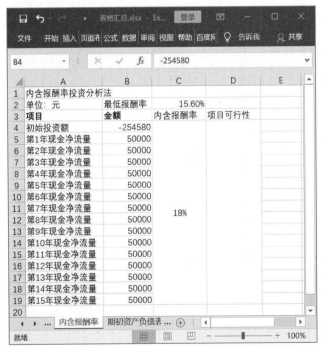，在弹出的下拉列表中选择 IRR 函数，打开"函数参数"对话框，输入如图 2-8-26 所示的参数。

图 2-8-26　"函数参数"对话框 1

注意这里的 B4 单元格表示的是初始投资额，用负号表示投出去的资金。使用这个函数应当至少包含一个正值和一个负值。"函数参数"对话框 1 中的第二个参数 Guess 是对函数 IRR() 计算结果的估计值，多数情况下可以忽略不填。设置好参数后，单击"确定"按钮返回到工作表中，可以看到计算出的内含报酬率为 18%（需要设置 B8 单元格格式为百分比，小数位数为 0），如图 2-8-27 所示。

图 2-8-27　计算实际内含报酬率

### 3. 判断项目可行性

选择 D4 单元格，单击"公式"/"函数库"组中的"逻辑"按钮 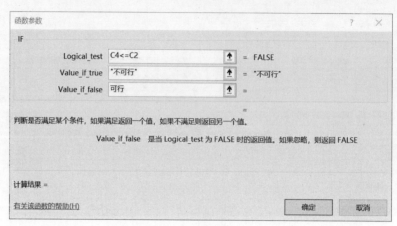，在弹出的下拉列表中选择 IF 函数，打开"函数参数"对话框，输入如图 2-8-28 所示参的数。

图 2-8-28 "函数参数"对话框 2

单击"确定"按钮，D4 单元格获得项目可行性为"可行"，如图 2-8-29 所示。

图 2-8-29 内含报酬率法的判定结果

结论：根据判定结果，由于内含报酬率为 18%，大于企业要求的最低报酬率 15.6%，所以，本投资项目是可行的。

**牛刀小试**

1．某公司计划购买原材料扩大生产，需要一次性投资人民币 200 万元，预计年平均净现金流量为 60 万元，该项目的基准投资回收期预计为 5 年，基准投资收益率为 26%，请根据本例所学内容确认该投资项目是否可行。

2．华艺影视为投资某影视节目，提供了 4 种可能性的方案，这些方案的初期投资均设为同一个值，其方案资料如图 2-8-30 所示。请根据 4 种方案每年不同的收益，用现值指数法评估出最优方案。

现值指数法投资分析

| 单位 | 万元 | 贴现率 | | 15% |
|---|---|---|---|---|
| 方案 | 方案A | 方案B | 方案C | 方案D |
| 一年前的初期投资 | -5000000 | -5000000 | -5000000 | -5000000 |
| 第一年的收益 | 5000 | 6500 | 6000 | 7000 |
| 第二年的收益 | 7500 | 6900 | 7500 | 7280 |
| 第三年的收益 | 10000 | 7200 | 8000 | 7560 |
| 第四年的收益 | 125000 | 7600 | 8500 | 7830 |
| 第五年的收益 | 15000 | 8900 | 9500 | 8110 |
| 现值指数 | | | | |

图 2-8-30　4 种可能性方案

# 参考文献

[1]  赵艳莉，耿聪慧. Excel 2016 在会计工作中的应用[M]. 北京：中国水利水电出版社，2017.

[2]  恒盛杰资讯. Excel 会计与财务职场实践技法[M]. 北京：机械工业出版社，2016.